高等职业教育园林类专业系列教材

园林植物遗传育种 第5版

YUANLIN ZHIWU YICHUAN YUZHONG

主　编　李淑芹　孟泉科

副主编　彭金根　周　圆　雷　颖　熊朝勇

主　审　李凌

重庆大学出版社

内容提要

本书是高等职业教育园林类专业系列教材之一,是根据高等职业院校园林类专业人才培养目标的要求,从生产实际角度构建内容体系,在植物遗传理论的基础上,更加注重园林植物育种的实践性和对生产的指导性,注重技能的训练与培养而编写的。全书分为3篇共18章,第1篇园林植物遗传学基础包括:园林植物的细胞学基础,遗传物质的分子基础,遗传的基本规律,数量性状的遗传,遗传物质的变异,群体的遗传,园林植物主要观赏性状的遗传等内容;第2篇园林植物一般育种技术包括:园林植物种质资源,园林植物引种,选择育种,有性杂交育种,诱变及倍性育种,园林植物良种繁育等内容;第3篇主要园林植物育种技术包括:一、二年生花卉育种,宿根花卉育种,球根花卉育种,花木育种,实训指导等内容。教材配有电子教案。书中含20个二维码,可扫码学习。

本教材突出了科学性、实用性、先进性和针对性,适用于园林类高等职业技术学院、成教学院等,也可供园艺、种植等相关专业及园林行业人员自学参考使用。

图书在版编目(CIP)数据

园林植物遗传育种/李淑芹,孟泉科主编.--5 版
.--重庆:重庆大学出版社,2023.7(2024.8 重印)
高等职业教育园林类专业系列教材
ISBN 978-7-5624-9729-5

Ⅰ.①园… Ⅱ.①李… ②孟… Ⅲ.①园林植物—遗
传育种—高等职业教育—教材 Ⅳ.①S680.32

中国版本图书馆 CIP 数据核字(2022)第 127245 号

高等职业教育园林类专业系列教材
园林植物遗传育种
(第 5 版)

主 编 李淑芹 孟泉科
副主编 彭金根 周 圆 雷 颖 熊朝勇
主 审 李 凌
策划编辑 何 明

责任编辑:何 明 版式设计:莫 西 何 明
责任校对:刘志刚 责任印制:赵 晟

*

重庆大学出版社出版发行
出版人:陈晓阳
社址:重庆市沙坪坝区大学城西路 21 号
邮编:401331
电话:(023) 88617190 88617185(中小学)
传真:(023) 88617186 88617166
网址:http://www.cqup.com.cn
邮箱:fxk@ cqup.com.cn(营销中心)
全国新华书店经销
重庆长虹印务有限公司印刷

*

开本:787mm×1092mm 1/16 印张:16.5 字数:424 千
2006 年 2 月第 1 版 2023 年 7 月第 5 版 2024 年 8 月第 10 次印刷
印数:22 001—25 000
ISBN 978-7-5624-9729-5 定价:49.00 元

编委会名单

主　任　江世宏

副主任　刘福智

编　委（按姓氏笔画为序）

编写人员名单

主　编　李淑芹　黑龙江林业职业技术学院

　　　　孟泉科　三门峡职业技术学院

副主编　彭金根　深圳职业技术学院

　　　　周　圆　国有中牟县林场

　　　　雷　颖　甘肃林业职业技术学院

　　　　熊朝勇　内江职业技术学院

参　编　王丽君　唐山职业技术学院

　　　　姜效雷　三门峡职业技术学院

　　　　张翠翠　河南农业职业学院

主　审　李　凌　西南大学

第5版前言

园林植物育种是丰富园林植物、改良园林植物品种及发展园林植物种苗产业的基础,也是园林行业技术创新的源头。随着我国现代化进程的推进,园林事业正显现出巨大的生命力,与之不相适应的是目前我国的城市用花主要依赖于进口国外种子,自己的种子产业还在起步阶段。因此,培养具有坚实理论基础和实践技能的园林植物育种工作者,是一项十分迫切的任务。

《园林植物遗传育种》是根据园林产业实际生产的需要,针对高等职业教育"培养实用型、应用型人才"的目标要求而编写的。本教材在编写过程中,贯彻少而精的原则,力求做到内容丰富、翔实、资料新、覆盖面广,以及面向高职教育保证教材的针对性、科学性、先进性、实用性。全书分为3篇共18章,主要包括绪论;第1篇园林植物遗传学基础,包括:园林植物的细胞学基础,遗传物质的分子基础,遗传的基本规律,数量性状的遗传,遗传物质的变异,群体的遗传,园林植物主要观赏性状的遗传;第2篇园林植物一般育种技术,包括:园林植物种质资源,园林植物引种,选择育种,有性杂交育种,诱变及倍性育种,园林植物良种繁育;第3篇主要园林植物育种技术,包括:一、二年生花卉育种,宿根花卉育种,球根花卉育种,花木育种,实训指导等内容。教材内容充分考虑了园林植物特点,在基本遗传理论知识的基础上,遗传学部分增加了园林植物花色、彩斑、重瓣性、株型、抗性等性状的现代遗传变异原理。在常规育种基础上,育种学部分充实了杂种优势利用中的制种技术、诱变育种、倍性育种等内容。各论选择了有代表性的植物,由全国多个高职院校的多年从事园林植物遗传育种教学、科研和生产的专业老师撰写。教材突出基础理论知识的应用和实践能力的培养,具有针对性和实用性,目的是培养学生的实际生产技能。章后复习思考题,便于学生对章节内容很好地理解和掌握。

本教材学时分配建议:总学时78学时,其中理论讲授54学时,实验实训24学时。相关专业和不同层次的教学,教学内容和学时数可灵活掌握。

本次修订增加了20个二维码,学生扫码即可学习。还对全书内容进行了修订和校正。

本教材由李淑芹、孟泉科担任主编,负责全书的统稿,李凌主审,具体编写任务如下:绪论、

第7—10章、第14章、第18章,李淑芹、彭金根;第1章、第6章、第11—13章,孟泉科、彭金根;第2—5章,李淑芹、周圆;第15章,李淑芹、彭金根;16.1—16.3,张翠翠、王丽君;16.4、16.5,李淑芹、雷颖、熊朝勇;17.1、17.2,周圆、姜效雷;17.3,周圆;17.4—17.6,周圆、姜效雷、熊朝勇。全书微课视频由彭金根制作。本教材在编写的过程中,自始至终得到同行及朋友们的大力支持和帮助,在此一并致谢。

编　者

2023 年 5 月

目　录

0　绪　论 ……………………………………………………………… 1
　　0.1　遗传学研究的对象和任务 …………………………………… 1
　　0.2　遗传学的发展 ………………………………………………… 2
　　0.3　园林植物育种学的任务及作用 ……………………………… 3
　　0.4　国内外园林植物育种事业的发展 …………………………… 4
　　0.5　园林植物育种工作的基本途径 ……………………………… 6
　　复习思考题 ………………………………………………………… 7

第 1 篇　园林植物遗传学基础

1　园林植物的细胞学基础 ……………………………………………… 9
　　1.1　园林植物细胞的结构与功能 ………………………………… 9
　　1.2　染色体 …………………………………………………………… 11
　　1.3　细胞分裂 ………………………………………………………… 14
　　1.4　植物配子的形成与受精结实 ………………………………… 18
　　复习思考题 ………………………………………………………… 20

2　遗传物质的分子基础 ………………………………………………… 22
　　2.1　DNA 是主要的遗传物质 ……………………………………… 22
　　2.2　核酸的分子组成和结构 ………………………………………… 25
　　2.3　基因的表达过程 ………………………………………………… 28
　　2.4　基因工程 ………………………………………………………… 35
　　复习思考题 ………………………………………………………… 38

3　遗传的基本规律 ……………………………………………………… 40
　　3.1　分离规律 ………………………………………………………… 40
　　3.2　自由组合规律（独立分配规律） ……………………………… 44

3.3　连锁遗传规律 ································· 50
3.4　细胞质遗传 ······························· 54
复习思考题 ·································· 58

4　数量性状的遗传 ························· 60
4.1　数量性状的遗传特征及机理 ············· 60
4.2　数量性状的基本统计方法 ············· 64
4.3　遗传力 ································· 65
复习思考题 ·································· 71

5　遗传物质的变异 ························· 72
5.1　染色体变异 ······························· 72
5.2　基因突变 ································· 78
复习思考题 ·································· 81

6　群体的遗传 ························· 82
6.1　理想群体中的基因行为 ················· 82
6.2　影响群体遗传组成的因素 ············· 84
6.3　栽培群体的遗传 ······················· 87
6.4　物种的形成 ······························· 89
复习思考题 ·································· 90

7　园林植物主要观赏性状的遗传 ············· 92
7.1　花色遗传 ································· 92
7.2　彩斑遗传 ································· 101
7.3　花径与重瓣性遗传 ····················· 106
7.4　株型和抗性遗传 ······················· 110
复习思考题 ·································· 115

第 2 篇　园林植物一般育种技术

8　园林植物种质资源 ····················· 117
8.1　种质资源的概念和意义 ················· 117
8.2　种质资源的分类 ······················· 120
8.3　种质资源的收集、保存、研究和利用 ····· 121
复习思考题 ·································· 125

9　园林植物引种 ························· 126
9.1　植物引种概述 ························· 126
9.2　植物引种驯化的原理 ··················· 127

9.3　引种的程序和方法 ……………………………………………… 130
　　复习思考题 ……………………………………………………… 134

10　选择育种 …………………………………………………… 135

10.1　选择育种的概念和意义 ……………………………………… 135
10.2　选择育种的主要方法 ………………………………………… 136
10.3　影响选择效果的因素 ………………………………………… 144
　　复习思考题 ……………………………………………………… 145

11　有性杂交育种 ……………………………………………… 146

11.1　杂交育种概述 ………………………………………………… 146
11.2　杂交育种的准备工作 ………………………………………… 147
11.3　杂交技术 ……………………………………………………… 153
11.4　远缘杂交育种 ………………………………………………… 155
11.5　杂种优势 ……………………………………………………… 158
　　复习思考题 ……………………………………………………… 161

12　诱变及倍性育种 …………………………………………… 162

12.1　诱变育种 ……………………………………………………… 162
12.2　倍性育种 ……………………………………………………… 168
　　复习思考题 ……………………………………………………… 172

13　园林植物良种繁育 ………………………………………… 174

13.1　园林植物良种繁育的任务 …………………………………… 174
13.2　良种退化的原因及防止方法 ………………………………… 175
13.3　园林植物良种繁育 …………………………………………… 178
　　复习思考题 ……………………………………………………… 182

第 3 篇　主要园林植物育种技术

14　一、二年生花卉育种 ……………………………………… 184

14.1　一串红育种 …………………………………………………… 184
14.2　矮牵牛育种 …………………………………………………… 186
14.3　三色堇育种 …………………………………………………… 189
　　复习思考题 ……………………………………………………… 191

15　宿根花卉育种 ……………………………………………… 192

15.1　菊花育种 ……………………………………………………… 192
15.2　兰花育种 ……………………………………………………… 195
15.3　香石竹育种 …………………………………………………… 197

15.4　萱草属植物育种 ……………………………………… 200
15.5　玉簪属植物育种 ……………………………………… 202
15.6　鸢尾属植物育种 ……………………………………… 205
　　复习思考题 ………………………………………………… 208

16　球根花卉育种 …………………………………………… 209
16.1　百合育种 ……………………………………………… 209
16.2　荷花育种 ……………………………………………… 212
16.3　郁金香育种 …………………………………………… 214
16.4　仙客来育种 …………………………………………… 217
16.5　唐菖蒲育种 …………………………………………… 219
　　复习思考题 ………………………………………………… 221

17　花木育种 ………………………………………………… 223
17.1　牡丹芍药育种 ………………………………………… 223
17.2　梅花育种 ……………………………………………… 225
17.3　月季育种 ……………………………………………… 227
17.4　杜鹃花育种 …………………………………………… 229
17.5　茶花育种 ……………………………………………… 231
17.6　桂花育种 ……………………………………………… 233
　　复习思考题 ………………………………………………… 234

18　实训指导 ………………………………………………… 236
实训 1　植物花粉母细胞减数分裂的制片与观察 …………… 236
实训 2　分离规律的验证 …………………………………… 237
实训 3　园林植物遗传力的估计 …………………………… 238
实训 4　园林植物种质资源的调查 ………………………… 239
实训 5　园林植物引种因素分析 …………………………… 239
实训 6　单株选择 …………………………………………… 239
实训 7　混合选择法 ………………………………………… 240
实训 8　花粉的贮藏及花粉生活力的测定 ………………… 241
实训 9　有性杂交技术 ……………………………………… 242
实训 10　园林植物多倍体的诱发 ………………………… 243
实训 11　良种繁育 1——种子繁殖植物（选做） ………… 244
实训 12　良种繁育 2——采穗圃的经营管理（选做） …… 245
综合复习思考题 ……………………………………………… 246
　　复习思考题参考答案 …………………………………… 251
　　综合复习思考题参考答案 ……………………………… 251
参考文献 ……………………………………………………… 252

绪 论

0.1 遗传学研究的对象和任务

1) 研究的对象

生物区别于非生物的共同特点是繁殖,有了繁殖就有遗传变异。遗传学作为一门系统的科学是 20 世纪发展起来的,其名称是英国的 W. 贝特生(W. Bateson)1909 年提出的。

遗传学(genetics)是研究生物遗传和变异的科学。

遗传(heredity)是生物的亲代与子代之间性状的相似性。

变异(variation)是生物的亲代与子代之间和子代的不同个体之间性状的相异性。变异可分为可遗传的变异和不可遗传的变异。

遗传和变异是生物界最普遍和最基本的两个特征,遗传学研究就是以微生物、植物、动物和人类为对象,研究它们的遗传和变异。遗传是相对的、保守的,而变异是绝对的、发展的,没有遗传不可能保持性状和物种的相对稳定性;没有变异不会产生新的性状,也就不可能有物种的进化和新品种的选育,而生物和环境是统一的,研究生物必须密切联系其环境。

2) 遗传学研究的任务

自然界的生物种类繁多,形形色色。但无论是高等动植物还是低等微生物,其共同的特征之一就是自我繁殖:老的个体成长、繁殖新的后代、死亡。物种在这种不断繁殖的过程中得以延续。生物依靠这种自我繁殖,繁衍种族,即不仅繁殖了后代,同时还将自身的特征特性传递下去,产生和自己相似的后代。这种上下代之间性状的相似现象,即生物体世代间的连续性就是"遗传",亦即物生其类、"种瓜得瓜,种豆得豆"。在有性繁殖情况下,遗传通过性细胞实现,而在无性繁殖情况下,遗传通过体细胞实现。我们今天看到的生物就是昨天的生物的复制品,如果条件允许的话,今天看到的生物种将通过繁殖继续存在下去。生物体通过遗传,不仅传递了与亲代相似的一面,同时也传递了与亲代相异的一面。同种生物亲代与子代间以及子代不同个体之间的差异称为变异。

遗传和变异是有机体在繁殖过程中同时出现的两种普遍现象,是对立统一的一对矛盾。两者相互依存、相互制约,贯穿个体发育与系统发育的始终,在一定的条件下又可以相互转化。矛盾对立统一的结果,使生物向前发展。遗传和变异现象是生命活动的基本特征之一,是生物进化发展和品种形成的内在原因。在生命运动过程中,遗传是相对的、保守的,而变异是经常的、发展的。没有变异,生物界就失去了进化的动力,遗传只能是简单的重复。没有遗传,不可能保持物种的相对稳定,变异不能积累,变异就失去了意义,生物也就不可能进化。

遗传学研究的任务主要有 4 个方面:

①基因和基因组的结构分析。构成基因和基因组的核苷酸的排列顺序及其与之相对应的生物学功能的关系。

②基因在世代之间传递的方式和规律。

③基因转化为性状所需的内外环境,基因表达的规律。

④根据上述知识能动地改造生物,使之符合人类需求。

园林植物遗传学就是在掌握上述遗传学知识的基础上,对园林植物主要观赏性状的遗传和变异规律进行研究。阐明生物遗传和变异的现象及其表现的规律,深入探索生物遗传和变异的原因及其物质基础,揭露其内在的规律,从而进一步指导动植物和微生物的育种实践,提高医学水平,为人民谋福利,即运用遗传变异的客观规律,使之成为改造生物的有力武器。

0.2　遗传学的发展

18 世纪下半叶和 19 世纪上半叶,拉马克和达尔文对生物界的遗传和变异进行了系统的研究。

拉马克提出了器官的用进废退和获得性状遗传等学说,认为环境条件的改变是生物变异的根本原因。

1859 年达尔文发表了《物种起源》,提出了自然选择和人工选择的进化学说,承认了获得性状遗传,并提出了"泛生子假说",认为动物的每个器官都普遍存在微小的泛生粒,它们能够分裂繁殖,并能在体内流动,聚集到生殖器官里,形成生殖细胞。

魏斯曼(1843—1914)是新达尔文主义的首创者,提出了种质连续论,认为多细胞的生物体是由体质(其他组织)和种质(生殖组织)两部分所组成。体质由种质产生,种质是世代连绵不绝的。但他著名的若干代小鼠斩尾实验以及其他实验否定了达尔文的获得性遗传的观点,自然也否定了达尔文的"泛生子假说",但对于达尔文进化论的主要方面,魏斯曼是完全接受并继承了。基于魏斯曼种质连续理论的进化学说完全否定了获得性状遗传的存在,不妥协地强调自然选择,从而被称为新达尔文主义。可以说,魏斯曼是 19 世纪中在达尔文之后对进化论贡献最大的人。

真正有分析地研究生物的遗传变异是从孟德尔开始的。在孟德尔之前,人们对于遗传的认识是一种混合的遗传概念,好像白水加墨水,如至今仍然称为"混血儿"就是一个例证。我们把遗传学的发展历史高度概括为以下 3 个阶段:

1)遗传学的奠基阶段

奥地利人孟德尔(1822—1884)是一名修道士。孟德尔从 1856 年开始,经过 8 年的专心研究,写成一篇题为《植物杂交试验》的论文,然而,孟德尔为遗传学奠定了基础的、具有划时代意义的发现,竟被当时人们所忽视和遗忘,被埋没达 35 年之久。1900 年对孟德尔扬名具有重要意义。这一年,有 3 人几乎同时重新作出了孟德尔那样的发现。第一个人是德弗里斯,他于 1900 年 3 月 26 日发表了同孟德尔的发现相同的论文;第二个人是科仑斯,收到他论文的时间是 1900 年 4 月 24 日;第三个人是丘歇马克,收到他论文的时间是 1900 年 6 月 20 日。也就是在这一年里,他们也都发现了孟德尔的论文。这时他们才清楚,原来自己的工作,早在 35 年前就由孟德尔做过了。因此,1900 年被认为是遗传学建立和开始发展的一年。这一阶段的工作意义在于用实验证明了亲代传给子代的不是现成的性状本身,而是决定性状的遗传因子,推翻了混合遗传的观念,建立了颗粒遗传的观点。

2)染色体理论和基因概念的确立(经典遗传学)

　　1903 年首先发现了细胞分裂过程中染色体的行为和孟德尔所假设的遗传因子的行为的一致性,从而提出染色体是遗传的物质基础,并且认为生物个体的性状远远超过其染色体的数量,因此提出染色体是遗传物质的载体。1909 年丹麦的科学家约翰逊(Johanssen)创用了基因(gene)一词,代替了遗传因子,同一时期贝特生在豌豆的杂交实验中,美国的摩尔根在果蝇的遗传研究中,都发现了连锁遗传的现象。这一阶段的重要意义在于把遗传学的研究与细胞学紧密地结合起来,创立了染色体遗传理论,确立了基因作为功能单位、交换单位和突变单位三位一体的概念。

3)现代遗传学阶段(分子遗传学)

　　1944 年,美国学者埃弗里等首先在肺炎双球菌中证实了转化因子是脱氧核糖核酸(DNA),从而阐明了遗传的物质基础。1953 年,美国分子遗传学家沃森和英国分子生物学家克里克提出了 DNA 分子结构的双螺旋模型,这一发现常被认为是分子遗传学的真正开端。按照一个基因一种酶假设,蛋白质生物合成的中心问题是蛋白质分子中氨基酸排列顺序的信息究竟以什么形式储存在 DNA 分子结构中,这些信息又通过什么过程从 DNA 向蛋白质分子转移。前一问题是遗传密码问题,后一问题是蛋白质生物合成问题,这又涉及转录和翻译、信使核糖核酸(mRNA)、转运核糖核酸(tRNA)和核糖体的结构与功能的研究。这些分子遗传学的基本概念都是在 20 世纪 50 年代后期和 60 年代前期形成的。

　　20 世纪 70 年代,已进入人工合成基因的时代,开启了基因工程这一新领域。1977 年人工合成人下丘脑激素抑制因子,42 对碱基 14 个氨基酸的一个多肽,合成基因在大肠杆菌中 100 g 细菌内产生 35 mg 产品,相当于 50 万只绵羊中的提取量。目前,基因工程的研究已经广泛地应用于农业、工业、医学以及环保等方面。2001 年 1 月 6 日,美国、英国等 6 国科学家合作完成了人类基因组草图的绘制工作,基本上测定了人类基因组上的碱基序列,中国科学家承担了 1% (3 000 万对),模式植物(拟南芥)基因组图也绘制成功。

　　根据目前的相关研究,人类基因总数约为 21 000 多个;已经发现和定位了 26 000 多个功能基因;基因数量少得惊人;人与人之间 99.99% 的基因密码是相同的;人类基因组中存在"热点"和大片"荒漠";男性的基因突变率是女性的两倍;人类基因组中有 200 多个基因来自插入人类祖先基因组的细菌基因;发现了大约 140 万个单核苷酸多态性,并进行了精准定位,初步确定了 30 多种致病基因;人类基因组编码的全套蛋白质(蛋白质组)比无脊椎动物编码的蛋白质组更复杂。

0.3　园林植物育种学的任务及作用

　　园林植物育种学的基本任务是研究育种规律,充分发掘和利用自然界丰富的植物种质资源,创造出具有适应各种绿化功能要求,并具有丰富观赏价值和经济用途的园林植物新品种、新类型。

　　园林植物在园林事业中占有重要的地位,它是发展城市园林绿化的重要物质基础。改革开放以来,我国国民经济和科学技术高速发展,人民的生活水平不断提高,旅游事业蓬勃发展,对园林植物的品种提出了更新和更高的要求。据统计,2019 年我国城市绿化覆盖面积达 2 747 866 公顷,其中城市建成区绿化覆盖面积达 1 812 488 公顷、建成区绿化覆盖率 39.59%,城市绿地面积 2 367 842公顷,建成区绿地面积 1 635 240 公顷,建成区绿地率 35.72%。城市拥有公园绿地面积 517 815公顷,共有公园 11 604 个,公园总面积 306 245 公顷,人均公园绿地 12.26 平方米。从市政园林来看,2019 年,我国城镇化率已达到 57.35%,仍远低于发达国家的平均水平(80%),城市化进程仍将持续推进,尤其是在二、三线城市和中西部地区。整体来看,人们对生存空间的舒适度要求越来越高,20 世纪 90 年代的中国,花卉消费额以年均 16% 的速度在递增,一向落后的花卉业也随之迅猛崛起,成为农业中发展速度最快的新兴产业之一。人们不仅需要园林、绿地和风景名胜区来发挥美化环境的作用,更要求它们在改善环境与保护环境以及建立新的生态平衡方面作出贡献,还希望它们在绿化环境和美化环境的同时生产一些经济副产品。这就要求园林植物要有足够多的种类,以满足不同目的的需求。

　　园林植物是以美的形体奉献于世界,而营造美的基础就是园林植物的种类和数量,这就需要园林植物育种工作者不断地培育出新品种。目前,育种目标主要有抗性育种:抗病性、抗虫性、抗旱性、抗寒性、耐盐碱等;重瓣性、大花性、芳香性、早花和晚花期、花期长、多花性以及新奇和艳丽的花色;高产和耐储运等。

0.4　国内外园林植物育种事业的发展

1)我国园林植物育种工作发展概况

　　我国地跨热带、亚热带、温带及寒带,自然条件复杂,植物资源十分丰富。在北半球其他地区早已灭绝的一些古老植物类群在我国仍有保存,如银杏、水杉、银杉、水松、金钱松、珙桐、连香树、伯乐树和香果树等。在现今已知的 30 万种高等植物中,我国约有 3 万种。同时,我国还是世界上著名的八大栽培植物起源中心之一,也是最大、最早的起源中心。我国花卉资源也相当丰富,既有热带花卉、温带花卉、寒温带花卉,又有高山花卉、岩生花卉、沼泽生花卉、水生花卉等,是许多名花异卉的故乡,无愧为"世界园林之母"之美称。在历史的长河中,我国人民在不同地区的自然条件下,应用不同的栽培方法,按照自己的需要、爱好和感官的判断,选择最好的、奇特的植株和类型留种,开始了原始的育种工作。他们不但创造了极为丰富的园林植物栽培品种,也总结出了丰富的栽培经验,这些宝贵的栽培经验随着园林植物一起流传于世。如汉初修上林苑,远方各献名果异卉。另据《西京杂记》所载,当时所搜集的果树、花卉达 2 000 余种,其中梅花有猴梅、朱梅、紫花梅、同心梅、胭脂梅等许多品种。这说明早在 2 000 年前,我国就已开始了包括园林植物在内的大规模引种驯化试验。菊花自晋代开始已有 1 600 多年的栽培历史,至宋代,刘蒙泉等在《菊谱》中已记述了培育纯合的重瓣、并蒂、新型、大花的菊花品种的经验。牡丹是自魏晋南北朝时已有记载的名花,至唐代已有芽变选种的记录。如宋代大文学家欧阳修在他所著《洛阳牡丹记》中记载:潜溪绯者,千叶绯花,出于潜溪寺,寺在龙门山后,本唐相李藩别墅,本是紫花,急于聚中特出绯者,不过一二朵,明年移在他枝,洛人谓之转枝花,其花绯红。

新中国成立后,园林植物育种工作也得到了长足发展。首先,在园林植物种质资源方面做了大量的调查、整理、研究工作。如对梅花不仅写出了中国梅花分类系统的专著,而且对实生梅树的遗传变异、引种驯化进行了研究。对其他一些传统名花(如牡丹、山茶、杜鹃、桂花、菊花、芍药、水仙、荷花等)的起源、品种、花型等方面也都进行了系统的研究。在引种方面,中国科学院北京植物园,自1972年恢复重建后至1985年建园30年之际,就引种栽培植物约3 000种及品种,温室植物1 600种和品种。他们还与北京林业大学园林系协作,使梅花和水杉在北国安家落户。在选择育种方面,武汉市园林科研所等单位对天然授粉的荷花进行单株选择,选育出37个荷花品种。在杂交育种方面,南京林业大学已故叶培忠教授成功地进行了柳杉与杉木的属间杂交,并选育了中国马挂木和北美鹅堂楸的种间杂种。沈阳农学院园艺系在唐菖蒲和香味的仙客来育种上都有出色的成绩。上海植物园近年来在百合种间杂交育种工作中,取得了新的成功。

但是,在我国城市园林和风景名胜区中,现在栽培应用的园林植物种类却相当贫乏。例如在上海,1979年调查的14个市区公园,只有乔灌木141种(包括变种、变型);据重庆市各区及公园街道的调查,共有栽培、野生植物300种,其中栽培的只有100种左右;再如地处长江中游的武汉,据1981年《武汉绿地树种栽培名录》中记载,也不过511种。至于花卉、草坪和地被植物,在全国更是屈指可数,且有严重退化与混杂。因此,我国面临着丰富栽培园林植物种类的任务,这就要求园林工作者利用科学的技术方法,根据育种目标,不断地培育出符合人类要求的优良园林植物新品种,以提高我国园林建设的质量。

2)国外园林植物育种工作发展近况

近年来,国外园林植物育种发展动态,可概括为以下3个方面:

(1)突出以抗病为中心的育种目标 近年来,由于农药、化肥、除草剂等用量的不断增加,对生态环境已造成严重污染。因此,在园林植物育种上提出了选育抗多种病虫害品种的要求,并且取得了显著成效。

(2)重视品种资源的研究 国外对于园林植物品种资源的搜集、研究、鉴定和保存,都有比较完善的体制。例如,美国农业部约在20世纪初即设有植物引种局,负责植物种质资源的搜集、鉴定、繁殖及编制档案等工作,进行种苗检疫,长期保存种质资源,随时提供有关单位所需要资料与种苗、接穗。美国农业部近20年来搜集山茶属已有20个种,4个近缘属植物的71个引种材料。他们利用这批材料作为主要的杂交亲本,经过十多年的努力,终于在全世界首次育成了抗寒和芳香的山茶新品种,并已正式繁殖推广,他们的国家植物园又已于1980年1月从我国获得了世界珍稀植物金花茶(camellia. chrysantha)的种子,并已成功地培育成4株幼苗。准备今后用它们作为重要亲本,与山茶栽培品种进行种间杂交,以期选育出全球前所未有的黄色系重瓣大花山茶新品种。

近年来,我国各地在观赏植物资源调查及引种、推广中已初见成效,例如木兰科植物是多种用途的优良树种,广州华南植物园、昆明园林科学研究所、浙江富阳亚热带林业研究所、武汉园林科学研究所等已引种200余号,近90种,相当于国产木兰科植物种数的80%,其中有不少是我国特有植物和新发现种类。上海植物园收集国内外小檗属、槭属植物各数十种、栒子属植物60余种。北京植物园引种小檗、丁香等20余种。华南植物园引种石斛属植物近40种。广西南宁树木园和南宁市园林局收集金花茶20余种。武汉东湖磨山植物园收集梅花150多个品种。沈阳园林科研所引种辽宁地区野生花卉70余种获得成功,并在公园应用推广20多种。山西太原园林科学研究所采集鉴定野生观赏植物标本2 500号,隶属97科,168属,326种;引种成功103种,隶属43科,72属。开发利用当地野生观赏植物资源,既能丰富园林植物种类,克服各地园林植物种类单调的缺点,又能突出地方特色和克服从外地长途贩运苗木的弊端,具有事半功倍的效果。

（3）实行多学科协同作战的综合育种　育种原始材料的鉴定、杂种后代的筛选以及品种的比较、分析鉴定和栽培试验、区域试验等,由育种、遗传、细胞、解剖、生理生化、植保、土肥和栽培等学科的人员,以育种为中心,统一分工,协同研究。这种做法对于解决复杂的园林植物良种问题和加速良种进程,都是行之有效的,因此在国际上受到普遍重视。如对育种材料的分析鉴定,国外多采用高效准确的测试仪进行大量样品的快速分析（定性及定量）,而对含量极少的成分也能进行快速分析,关于植物组织解剖的细胞学的性状观察,则多用电子显微镜来进行。至亲本选配、配合力的测试手段等方法,大大提高了育种工作的效率。

0.5　园林植物育种工作的基本途径

新品种的选育和良种繁育是园林植物育种学的两大组成部分。引种、选择育种、人工培育新品种（如杂交育种、倍性育种、诱变育种、体细胞杂交等）是新品种选育的3个基本途径。

在自然界,植物常常存在一些自然变异,通过选择育种的方法,可迅速选育出符合人们需要的优良新品种。北京林业大学与上海植物园合作,以γ射线诱发悬铃木（又称法国梧桐）,选出了少毛单株,为进一步选育无毛悬铃木打下基础。牡丹、山茶、玫瑰、竹类、荷花、菊花、兰花等一些品种也是通过单纯选种而育成的。

引进国内外已有的园林植物优良品种或类型,在本地区进行栽培,也是迅速丰富本地园林植物新类型的一种育种途径。现已广泛用于城市绿化的欧美杨、悬铃木,花卉中的郁金香、风信子等品种,都是从国外引进的。

利用有性杂交、诱变育种、倍性育种、体细胞杂交及基因转移等手段,诱发变异类型,再通过选择获得新品种,是目前国内外选育花卉新品种的主要途径。育种中最常用的手段就是有性杂交。当前世界各地广泛栽培的百合、郁金香、牡丹、月季的大部分品种都是通过有性杂交途径培育而成的。

对培育的优良品种,要做好良种的繁育工作,以便在短时间内迅速、大量地繁育优良种苗,以满足园林绿化、美化的需要,并在繁育推广过程中,不降低优良品种的种性。

目前,世界园林植物育种已进入了一个新阶段,总的趋向是"采用现代化分析方法,实行多学科协作,重视育种新技术的研究,广泛搜集研究品种资源,突出以抗性为中心的育种目标"。随着遗传学、植物生理学和生物化学等基础科学的发展,园林植物育种工作的预见性日益加强,效率不断提高。而分子遗传学和遗传工程学的发展,已为人类能动地改变和控制园林植物的遗传变异展现出美好的前景。

复习思考题

1. 名词解释：
遗传　变异
2. 简述遗传学的发展。
3. 园林植物育种在园林生产中有哪些作用？
4. 目前国内外园林育种的发展趋势是什么？
5. 园林植物育种的基本途径有哪些？

第1篇

园林植物遗传学基础

1 园林植物的细胞学基础

微课

[本章导读]

　　本章主要介绍园林植物细胞的结构与功能,染色体的形态、结构、数目以及在细胞分裂过程中染色体的变化规律,并详细叙述了植物有丝分裂和减数分裂的过程、特点和遗传学意义以及雌雄配子的形成与受精结实等。在细胞水平上阐述了生物亲代与子代性状相似的原因,为园林植物育种奠定了细胞学基础。

　　细胞是生物体结构和生命活动的基本单位。生物界除了病毒和噬菌体这类最简单的生命形式外,所有的植物和动物,不论低等的或高等的,都是由细胞构成的。各种生物之所以能够表现出复杂的生命活动,主要是由于生物体内遗传物质的表达,推动生物体内新陈代谢过程的结果。生命之所以能够世代延续,也主要是由于遗传物质能够绵延不断地向后代传递的缘故。遗传物质 DNA(或 RNA)主要存在于细胞中,其贮存、复制、表达、传递和重组等重要功能都是在细胞中实现的。因此,研究园林植物的遗传机理,应以细胞学为基础。

1.1　园林植物细胞的结构与功能

　　园林植物细胞属真核细胞,最主要的特点是细胞内有膜,把细胞分隔成许多功能区,其中最明显的是含有由膜包围的细胞核,此外还有膜围成的细胞器,细胞外有以纤维素为主要成分的细胞壁(图1.1)。

1.1.1　细胞膜和细胞壁

　　细胞膜又称质膜,是细胞表面的膜。在细胞的整个生活周期中,膜的结构处于不断代谢、更新中。大多数质膜上还存在激素的受体、抗原结合点以及其他有关细胞识别的位点。质膜在物质运输、激素作用、免疫反应和细胞通信等过程中起着重要作用。

　　园林植物细胞在质膜外还有细胞壁,它是无生命的结构,其组成成分如纤维素等,都是细胞分泌的产物。细胞壁的功能是支持和保护细胞内的原生质体,同时还能防止细胞因吸涨而破裂,保持细胞的正常形态。

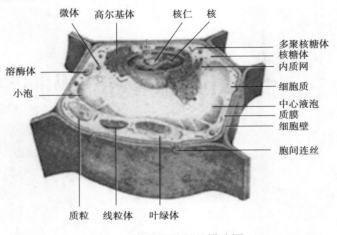

图 1.1　植物细胞结构模式图

1.1.2　细胞质和细胞器

细胞膜以内、细胞核以外的原生质,称细胞质。呈半透明、黏稠的胶体状态。在光镜下带折光性的颗粒,为内含物和细胞器。内含物是细胞内的代谢产物或贮存的营养物质,如油滴、色素、贮存蛋白质、淀粉等。细胞器则是细胞内具有一定形态和功能的重要结构,其中线粒体、质体、核糖体和内质网是细胞中具有遗传功能的主要的细胞器。

(1)线粒体　它是细胞里进行氧化作用和呼吸作用的中心,有细胞的动力工厂之称。线粒体含有脱氧核糖核酸(DNA)、核糖核酸(RNA)和核糖体等,具有独立合成蛋白质的能力,也具有自行加倍和突变的能力,因此,具有遗传功能,是核外遗传物质的载体之一。

(2)质体　它是植物细胞特有的细胞器,分白色体、有色体和叶绿体3种。白色体主要存在于分生组织以及不见光的细胞中;有色体含有各种色素,有些有色体含有类胡萝卜素,花、成熟的水果以及秋天落叶的颜色主要是这种质体所致;叶绿体是3种质体中最主要的细胞器,叶绿体除了可进行光合作用外,还由于叶绿体内含有 DNA、RNA 和核糖体等,故既能分裂增殖,也能合成蛋白质,还能发生白化突变,因此具有遗传功能,也是核外遗传物质的载体之一。

(3)核糖体　它是由大小两个亚基构成的一个极为重要的成分,几乎占整个细胞质量的1/5。核糖体大约由 40% 的蛋白质和 60% 的 RNA 所组成,其中 RNA 主要是核糖体核糖核酸(rRNA),故称核蛋白体。主要存在于粗糙型内质网上,它是合成蛋白质的主要场所。

(4)内质网　它是在细胞质中广泛存在的膜结构。分粗糙型内质网(上有核糖体)和光滑型内质网(无核糖体)两种。内质网主要是转运蛋白质合成的原料和最终合成产物的通道。

1.1.3 细胞核

细胞核的出现是生物进化的重要标志之一。生物的细胞一般具有一个核,也有具有两个或多个核的。形状一般为球形,也有棱形等其他形状。核通常位于细胞中央,也有偏向一边的,如成熟的植物细胞的细胞核。在光学显微镜下,核可分为核膜、核仁、核质3部分。

(1)核膜 由内外两层单位膜组成,双层膜上有相连通形成的核孔,核孔是 RNA 和核糖体亚基进入细胞质的通道。

(2)核仁 在光学显微镜下,核仁是折光性很强的小球体。一个细胞核的核质中有一个或几个核仁,其形状、大小、位置不定。一般生理活动旺盛的细胞,核仁较大。已知核仁的功能是合成 rRNA。

(3)核质 核仁以外,核膜以内的物质是核质。经适当的药剂(如洋红、苏木精)处理后,核内易着色的部分称为染色质,不易着色的部分称为核液。核液是充满核内空隙的无定形基质,染色质悬浮其中。

细胞分裂间期核内染色质分散在核液中呈细丝状,光学显微镜下不能分辨。当核进入细胞分裂期时,这些染色质丝经过几级螺旋化形成光镜下可见的染色体。当分裂结束,进入分裂间期时,染色体的螺旋又松散开来,扩散成染色质。因此,染色质和染色体实际上是同一物质在细胞的不同时期表现出的不同形态。

1.2 染色体

染色体是细胞核中最重要、最稳定的成分。其基本化学成分是 DNA、组蛋白、非组蛋白和少量 RNA 等。染色体是生物遗传物质的主要载体,对生物的繁殖和遗传信息的传递具有重要作用,在细胞分裂过程中,染色体的形态和结构出现一系列规律性的变化。

1.2.1 染色体的形态

每一物种的染色体都有特定的形态特征。在细胞分裂的不同时期,染色体形态有规律地变化,其中以有丝分裂的中期和早后期表现得最为典型。在细胞分裂的中期,每个染色体通常包括着丝点和由着丝点分成的两条臂。每条染色体含有纵向并列的两条姊妹染色单体,由一个着丝点相连。细胞分裂时,纺锤丝就附着在着丝点上,着丝点对染色体在细胞分裂期间向两极移动起决定性作用。不含着丝点的染色体片段,常常在细胞分裂期间被丢失在细胞质中。坐落着丝点的部位称为主缢痕,有的染色体还有一个很细的凹陷部位称为次缢痕,次缢痕末端的圆形或长形的突出体称为随体(图1.2)。以上各部分的相对位置和形态大小,不同物种的不同染色体是相对恒定的,这是区别不同染色体的重要标志。

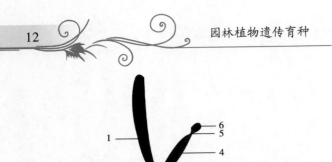

图 1.2　后期染色体形态示意图

1. 长臂　2. 主缢痕　3. 着丝点
4. 短臂　5. 次缢痕　6. 随体

图 1.3　后期染色体的形态

1. V 形染色体　2. L 形染色体
3. 棒状染色体　4. 粒状染色体

着丝点的位置关系到染色体的形态,染色体形态大致分为 4 种(图 1.3):

①V 形染色体,着丝点位于染色体中间,两臂大致等长,因而在细胞分裂后期染色体形状呈 V 形。

②L 形染色体,着丝点偏向染色体一极,两臂长短不一,因而在细胞分裂后期染色体向两极移动时呈 L 形。

③棒状染色体,着丝点靠近染色体一个末端,因而在细胞分裂后期呈棒形。

④粒状染色体,染色体极小,呈粒状。

1.2.2　染色体的结构

生物化学分析和电子显微镜观察均已证实,除了个别多线染色体外,每一条染色单体(相当于复制前的染色体)只含有一个 DNA 分子,这一特性称为染色体的单线性。DNA 如何与蛋白质结合形成染色质,直至形成有一定形态结构的染色体? 1974 年科恩伯格(Kornberg)提出了串珠模型来解释 DNA-蛋白质纤丝的结构,1977 年贝克(Bak. A. L.)提出了目前被认为较为合理的四级结构学说,解释从 DNA-蛋白质纤丝到染色体的结构变化(图 1.4)。一级结构是指染色质基本单位的核小体;二级结构是指核小体的长链进一步螺旋缠绕形成直径为 30 nm 左右的染色质纤维,即螺线体;三级结构是指进一步的螺旋化和蜷缩,形成一条直径为 400 nm 的染色线,称为超螺线体;四级结构是指超螺线体再次折叠和缠绕形成染色体。

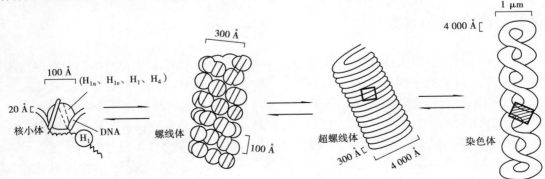

图 1.4　从 DNA 到染色体的四级结构模型示意图

染色体上各部分的染色质组成不同,对碱性染料的反应也不同。染色较深的染色质称为异染色质,这个部位称为异染色质区;染色较浅的染色质是常染色质区。常染色质与异染色质相比,核酸含量不同,反映遗传活性不一样。一般异染色质活性低,在细胞活动期间染色线不解旋,仍然紧密卷曲。而常染色质遗传活性较强,染色体要进行复制或转录,染色线解旋变得松散,不易被碱性染料染上色。因此,常染色质和异染色质反映了基因的活动情况。

1.2.3　染色体的数目与组型

1)染色体的数目

每种生物的染色体数目是相对恒定的。在体细胞中染色体成对存在($2n$),在性细胞中则是成单存在(n)。例如,银杏 $2n=24,n=12$;一串红 $2n=32,n=16$;茶花 $2n=30,n=15$;百合属 $2n=24,n=12$ 等。

各种生物的染色体数目差别很大。被子植物中,有一种菊科植物只有两对染色体,而隐花植物瓶尔小草属的一些物种含有 $400\sim600$ 对以上的染色体。染色体数目的多少一般与该物种的进化程度无关。现将一些园林植物的染色体数目列于表1.1,以供参考。

表1.1　一些常见园林植物的染色体数

种　类	染色体数	种　类	染色体数
翠菊	$2n=18$	一串红	$2n=32$
矮牵牛	$2n=2x,4x,5x$ $=14,28,35$	菊花	$2n=2x,4x,6x,8x,10x$ $=18,36,54,72,90$
芍药	$2n=10$	金鱼草	$2n=2x,4x=16,32$
大丽花	$2n=16$	唐菖蒲	$2n=30$
百合	$2n=24$	月季	$2n=2x,3x,4x,5x,6x,8x$ $=14,21,28,35,42,56$
朱顶红	$2n=22$	鸡冠花	$2n=36$
仙客来	$2n=48,96$	郁金香	$2n=2x,3x,4x=24,36,48$
荷花	$2n=16$	香石竹	$2n=30$
茶花	$2n=30$	牡丹	$2n=10,25$

不同生物的染色体在形态上各有差异,而在同一生物的不同染色体之间也存在着形态上的差异。例如银杏的24条染色体中,从具有相同形态的染色体而言,可以分成12对。我们把这种在形态和结构上相同的一对染色体,称为同源染色体;而把这一对与另一对形态、结构不同的染色体,称为非同源染色体。在体细胞中成对存在的各对同源染色体分别来自父本和母本。

2)染色体组型分析

对某一物种细胞核内所含的染色体进行分析,即对所有染色体的长度、长短臂的比率、着丝点的位置、随体的有无等特征进行分析,称为染色体组型分析或核型分析。核型是物种最稳定的性状标志,通常在体细胞有丝分裂中期时进行核型分析鉴定。例如,人类的染色体有 23 对 $(2n = 46)$,其中 22 对为常染色体,另一对为性染色体(X 和 Y 染色体的形态大小和染色表现均不同)(图 1.5)。这种染色体组型分析,对于人类鉴定和确诊染色体疾病具有重要的意义。

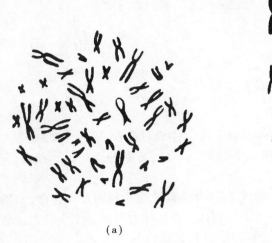

(a)

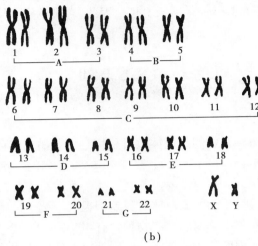

(b)

图 1.5 男性染色体的组型及其编号

(a)中期的染色体图像;(b)染色体分组

染色体组型分析的方法,可根据不同物种染色体的数目、大小,采用以芥子喹吖因染色的荧光带型分析法,或采用以吉姆萨染色的吉姆萨带型分析法。

1.3 细胞分裂

细胞分裂是生物繁衍的基础。通过细胞分裂,生物细胞得到增殖,生物体得到成长;通过细胞分裂,亲代的遗传物质传给子代。细胞分裂有 3 种方式:无丝分裂、有丝分裂和减数分裂。植物的个体发育是以有丝分裂为基础,减数分裂是在形成配子时所发生的一种特殊的有丝分裂,这里主要叙述这两种分裂方式。

1.3.1 有丝分裂

有丝分裂也称体细胞分裂或等数分裂。在有丝分裂中,细胞核和细胞质都会发生很大的变化,但变化最明显的是细胞核,特别是核内的染色体。一般根据细胞核分裂的变化特征,把有丝分裂分为前期、中期、后期和末期。另外,在两次细胞分裂之间的时期,称为间期。

1)有丝分裂的过程

(1)间期 它是指两次分裂的中间时期。通常讲的细胞形态和结构中的细胞核,都是指间期核。间期的细胞核中一般看不到染色体结构,这时细胞核在生长增大,所以代谢很旺盛,贮备细胞分裂时所需的物质。很多实验证明,DNA 在间期进行复制合成,使以 DNA 为主体的每条染色体成为含有两条染色单体的形式。

（2）前期　　前期核内的染色体细丝开始螺旋化，染色体缩短变粗，染色体逐渐清晰起来，着丝粒区域也变得相当清楚。前期快结束时，染色体缩得很短，同时核仁逐渐消失，最后核膜也崩解。

（3）中期　　染色体开始向赤道面移动，最后染色体排列在赤道面上。所谓排列在赤道面上，并不是所有染色体都平铺在一个平面上，而是每一染色体的着丝粒基本上排列在一个平面上，染色体的两臂仍可上下、左右自由地分布在细胞的空间内。这时染色体的着丝粒和纺锤体的纺锤丝连接起来。

（4）后期　　每一染色体的着丝粒分裂为二，着丝粒分开后，即被纺锤丝拉向两极，同时纵裂的染色单体也跟着分开，分别向两极移动，形成两条染色体。

（5）末期　　两组染色体分别到达两极，染色体的螺旋结构逐渐消失，出现核的重建过程，这正是前期的倒转，最后两个子核的膜重新形成，核旁的中心粒又成为两个，核仁重新出现，纺锤体消失。从前期到末期合称分裂期，分裂期经过的时间，也随生物的种类和外界环境条件而异。

（6）胞质分割　　两个子核形成后，接着便发生细胞质的分割过程。植物细胞由两个子核中间残留的纺锤丝先形成细胞板，最后成为细胞膜，把母细胞分隔成两个子细胞，到此一次细胞分裂结束（图1.6）。

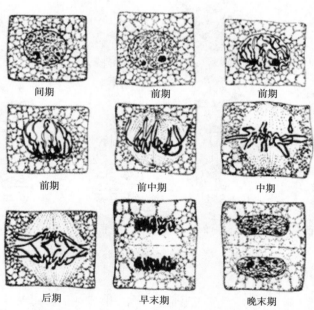

间期	前期	前期
前期	前中期	中期
后期	早末期	晚末期

图1.6　植物细胞的有丝分裂过程

2）有丝分裂的遗传学意义

首先是核内每个染色体都能准确地复制分裂为二，为形成的两个子细胞在遗传组成上与母细胞完全一样提供了基础。其次是复制的各对染色体有规则而均匀地分配到两个子细胞的核中去，从而使两个子细胞与母细胞具有同样质量和数量的染色体。也就是说，不论根、茎、叶、花、果实、种子等任何一部分的体细胞，都有同等数量和质量的染色体。

由于染色体是遗传物质 DNA 的载体，染色体在有丝分裂中的复制和分配，也就是 DNA 的复制和分配，这样就使每一物种在个体发育中保持着遗传的稳定性。大多数园林植物采用嫁接、扦插、压条与分株等进行无性繁殖，以及某些蔬菜和花卉植物利用块茎、球茎、鳞茎和根茎等器官进行无性繁殖,从同一个体的不同部分产生的后代,都能保持着与母体相同的遗传性状,其原因就在于体细胞都是从合子开始,通过无数次细胞的有丝分裂而形成的。通过细胞有丝分裂,能保证繁殖后代在遗传上的相似性。

对于细胞质来讲,在细胞分裂时,它们是随机而不均等地分配到两个子细胞中去。因此,由细胞质中的线粒体、叶绿体等细胞器所决定的遗传表现,不可能与染色体所决定的遗传表现有同样的规律性。

1.3.2 　减数分裂

高等植物繁殖后代,一般是依靠卵细胞和精子结合的有性生殖途径来实现的。如果它们的卵细胞和精子的染色体和体细胞一样多,那么精子和卵细胞结合所形成的合子(受精卵)的染色体就加倍了,如果这样逐代加倍繁殖下去,染色体数目就会无限递增。但事实上各个世代的染色体数目通常是恒定的,这是因为有性生殖过程存在另一种分裂方式——减数分裂(图1.7)。

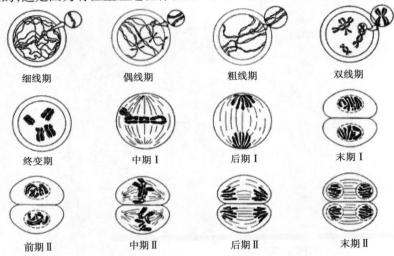

图1.7 　植物细胞减数分裂示意图

1)减数分裂的过程

减数分裂又称为成熟分裂,是在配子形成过程中,由成熟的性母细胞所发生的一种特殊的有丝分裂方式。通过减数分裂形成的配子的染色体数,比性母细胞减少了一半,故称为减数分裂。高等植物的减数分裂是发生在花蕾里面(雌蕊里的大孢子母细胞或雄蕊里的小孢子母细胞)。如翠菊的体细胞染色体数 $2n = 18$,经过减数分裂后形成的精子和卵细胞的染色体数变为 $n = 9$。但通过受精,精子和卵细胞结合形成合子,合子又恢复了体细胞的正常染色体数目 $(2n)$,从而保证了物种染色体数目的恒定性。

减数分裂的主要特点:各对同源染色体在细胞分裂的前期配对,又称为联会;细胞核连续分裂两次,而染色体只复制一次,第一次是减数的,第二次是等数的。由于核分裂两次,而染色体只复制一次,因此,形成染色体数减少一半的配子。

第一次分裂：

（1）前期Ⅰ　经历时间长，变化较为复杂，又分为 5 个时期。

①细线期　核内出现细长如线的染色体，由于染色体在细胞分裂间期已经复制，这时每个染色体都是由共同的一个着丝点联系的两条染色单体所组成。

②偶线期　染色体出现联会。所谓联会就是同源染色体配对，也就是各对同源染色体在两端先行靠拢配对，或者在染色体全长的各个不同部位开始配对，这是偶线期最显著的特征。这样联会的一对同源染色体称为二价体，有 n 对同源染色体就有 n 个二价体。

③粗线期　二价体逐渐缩短变粗，此时二价体实际上已经包含了 4 条染色单体，故又称为四合体或四联体。在二价体中，一个染色体的两条染色单体，互称为姊妹染色单体；而不同染色体的染色单体，则互称为非姊妹染色单体。这一时期还会出现相邻的非姊妹染色单体之间的片段交换，基因也随之交换。

④双线期　四合体继续缩短变粗，各个联会了的二价体虽因非姊妹染色单体相互排斥而松散，但仍被一两个至几个交叉联结在一起。这种交叉现象就是非姊妹染色单体之间某些片段在粗线期发生交换的结果。

⑤终变期　染色体螺旋化到最短最粗，交叉结向二价体的两端移动，并逐渐接近于末端，这种现象称为交叉端化，或称端化。此时，每个二价体分散于核内，可以一一区分开来。这时也是鉴定染色体数目观察染色体结构的最好时期。

（2）中期Ⅰ　核仁和核膜消失，细胞质里出现纺锤体，纺锤丝与各染色体着丝点相连。各二价体不像有丝分裂中期那样各同源染色体的着丝点整齐地排列在赤道板上，而是分散在赤道板的两侧，即二价体中两个同源染色体的着丝点是面向相反的两极的，并且每个同源染色体的着丝点朝向哪一极是随机的。这时也是鉴定染色体数目的最好时期。

（3）后期Ⅰ　这时期最显著的特点是联会的二价体瓦解，同源染色体彼此分开，在纺锤丝牵引下，分别移向两极，但着丝点不分裂，故每个染色体仍包含两条染色单体。这样每一极只分到同源染色体中的一个，实现了染色体数目的减半。而非同源染色体之间可以自由组合，有 n 对同源染色体就有 2^n 个组合。

（4）末期Ⅰ　染色体移到两极后松散变细，逐渐形成两个子核，同时细胞质分为两部分，于是形成两个子细胞，称为二分体。在末期Ⅰ后大都有一个短暂停顿时期，称为中间期，相当于有丝分裂的间期，但有两点显著不同于有丝分裂的间期：一是时间很短，二是 DNA 不复制，所以中间期的前后 DNA 含量没有变化。

第二次分裂：

（1）前期Ⅱ　前期Ⅱ的情况完全和有丝分裂前期一样，也是每条染色体具有两条染色单体。所不同的是只有 n 个染色体，而且每条染色体的两条染色单体并不是在减数分裂中间期进行复制，而是在减数分裂开始前的间期中已复制好了。

（2）中期Ⅱ　每个染色体的着丝点整齐地排列在各个分裂细胞的赤道板上，着丝点开始分裂。

（3）后期Ⅱ　着丝点分裂为二，各个染色单体成为一条独立的染色体，由纺锤丝分别拉向两极。

（4）末期Ⅱ　拉到两极的染色体形成新的子核，同时细胞质又分为两部分。

这样经过两次分裂，形成 4 个子细胞，称为四分体或四分孢子。各细胞核里只有最初细胞的半数染色体,即从 $2n$ 减为 n。

2)减数分裂的遗传学意义

在植物的生命周期中,减数分裂是配子形成过程中的必要阶段,减数分裂对有性繁殖植物在遗传学上具有重要意义。

①减数分裂时核内染色体严格按照一定的规律变化,最后分裂形成 4 个子细胞,发育成雌性细胞或雄性细胞,各具有半数的染色体(n),这样雌雄性细胞受精结合为合子,又恢复为全数的染色体($2n$)。从而保证了亲代与子代染色体数目恒定,保持了种质的连续性,同时保证了物种相对的稳定性。

②性母细胞的各对同源染色体在分裂中期 I 排列在赤道板上,在后期 I 各对同源染色体中的两个成员移向两极时是随机的。同源染色体间分离,各非同源染色体间都可能自由组合于一个子细胞里。有 n 对同源染色体,就可能有 2^n 种自由组合方式。如番茄 $n=12$,其非同源染色体间的可能组合数为 $2^{12}=4\ 096$。

③同源染色体的非姊妹染色体间的片段,还可能出现交叉而发生互换,产生的遗传物质重新组合,就会增加这种差异的复杂性,为植物子代的变异提供了物质基础,有利于植物的适应和进化,为人工选择提供了丰富的材料。

1.4　植物配子的形成与受精结实

高等植物的繁殖方式基本上有两种:一是无性生殖,它是通过亲本营养体的分割而产生许多后代,这种方式也称为营养体生殖。例如植物利用块根、块茎、鳞茎、球茎、芽眼和枝条等营养体产生后代,都属于无性生殖。由于它是通过体细胞的有丝分裂而产生的,后代与亲代具有相同的遗传组成,因而后代与亲代一般总是简单地保持相似的性状。二是有性生殖,是通过亲本的雌配子和雄配子受精而形成合子,随后进一步分裂、分化和发育而产生后代。当然,两者的划分是相对的。实际上,无性生殖的生物在一定条件下,也能进行有性生殖。

1.4.1　植物雌雄配子的形成

园林植物的个体成熟后,在花器的雄蕊和雌蕊里由体细胞分化出孢原细胞,孢原性母细胞经过减数分裂发育成为雄配子和雌配子,即精子和卵细胞(图 1.8)。

1)雄配子的形成

雄蕊的花药中分化出孢原细胞,进一步分化为小孢子母细胞($2n$),经过减数分裂形成 4 个单倍体小孢子(n),每个小孢子形成 1 个单核花粉粒。在花粉粒发育过程中,它经过一次有丝分裂,产生 1 个管核即营养核(n)和 1 个生殖核(n),而生殖核再进行一次有丝分裂,形成 2 个精核(n)。所以,1 个成熟的花粉粒包括 2 个精核和 1 个营养核。这样一个成熟的花粉粒称为雄配子体,其中的精核称为雄配子。

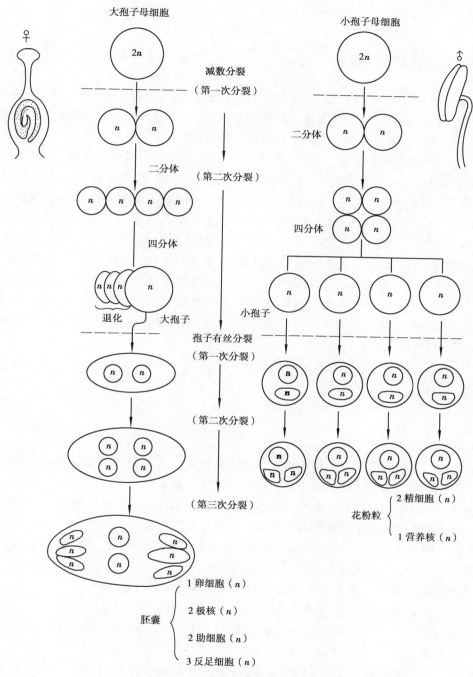

图 1.8　高等植物雌雄配子形成过程

2）雌配子的形成

雌蕊子房中分化出孢原细胞，进一步分化为大孢子母细胞($2n$)，经过减数分裂形成直线排列的 4 个单倍体大孢子(n)，即四分孢子。其中 3 个退化，只有一个远离珠孔的大孢子又经过 3 次有丝分裂形成 8 个单倍体核，其中 3 个是反足细胞，2 个是助细胞，2 个是极核，1 个是卵细胞，这样由 8 个核所组成的胚囊称为雌配子体，其中的卵细胞又称雌配子。

1.4.2　植物受精结实

雌雄配子体融合为一个合子的过程即为受精。根据植物的授粉方式不同,有自花授粉和异花授粉两类。同一朵花内或同株上花朵间的授粉,称为自花授粉。不同株的花朵间授粉,称为异花授粉。一般以天然异花授粉率来区分植物的授粉类型。

授粉后,花粉粒在柱头上萌发,随着花粉管的伸长,营养核与精核进入胚囊内,随后 1 个精核与卵细胞受精结合成合子,将来发育为胚($2n$);另 1 个精核与 2 个极核受精结合为胚乳核($3n$),将来发育成胚乳($3n$),这一过程被称为双受精。双受精现象是被子植物有性繁殖过程中特有的现象。通过双受精最后发育成种子。故种子的主要组成是:

胚($2n$):受精产物;种子胚乳($3n$):受精产物;种皮($2n$):母本的珠被,为营养组织。即胚乳和胚是双受精的产物,其中胚乳的遗传组成里 $2n$ 来自母本,$1n$ 来自父本;胚的遗传组成一半来自母本,一半来自父本。种子播种后,种皮和胚乳提供种子萌发和生长所需的营养而逐渐解体,故它不具遗传效应;只有 $2n$ 的胚才具有遗传效应,才能长成 $2n$ 的植株。另外,在育种上,柑橘、苹果和枣通过胚乳细胞的离体培养已获得三倍体植株。由此可见,双重受精对遗传和育种有重要的理论和实际意义。

复习思考题

1. 名词解释:

原核细胞　真核细胞　染色体　染色单体　着丝点　着丝粒　同源染色体　非同源染色体　有丝分裂　减数分裂　联会　授粉　受精　双受精现象

2. 植物的细胞质里包括哪些重要的细胞器? 各有什么特点和作用? 细胞核的构造如何?

3. 一般染色体的外部形态包括哪些部分? 染色体形态有哪些类型?

4. 有丝分裂和减数分裂的最根本区别在哪里? 从遗传学角度看,这两种分裂各有什么意义? 无性生殖后代会发生变异分离吗? 试加以说明。

5. 减数分裂过程中,染色体的哪些行为与生物的遗传变异关系密切?

6. 鸡冠花的体细胞里有 36 条染色体,写出下列各组织细胞中的染色体数目:

(1)叶　(2)根　(3)胚囊母细胞　(4)花粉母细胞　(5)胚　(6)卵细胞　(7)反足细胞　(8)胚乳　(9)花药壁　(10)花粉管核

7. 假定一个杂种细胞里含有 3 对染色体,其中 A,B,C 来自父本,A′,B′,C′来自母本。通过减数分裂能形成几种配子? 写出各种配子的染色体组成。

8. 蚕豆的体细胞有 12 条染色体,即 6 对同源染色体。一名学生说,在减数分裂形成的配子中,只有 1/4 配子的染色体是完全来自父本或母本,这一说法对吗? 为什么?

9. 某物质细胞的染色体数为 $2n = 24$,分别说明下列各细胞分裂时期中有关数据:

(1)有丝分离前期和后期染色体的着丝粒数。

(2)减数分裂前期Ⅰ、后期Ⅰ、前期Ⅱ和后期Ⅱ染色体着丝粒数。

（3）减数分裂前期Ⅰ、中期Ⅰ和末期Ⅰ的染色体数。

10. 说明以下问题：

（1）在高等植物中，10个小孢子母细胞、10个大孢子母细胞、10个小孢子和10个大孢子能分别产生多少个配子？

（2）在动物细胞中，100个精原细胞、100个初级精原细胞、100个卵原细胞和100个次级卵母细胞能分别产生多少个精子或卵子？

2 遗传物质的分子基础

微课

[本章导读]

　　本章介绍作为遗传物质核酸的分子结构和组成成分,比较详细地阐明主要遗传物质DNA 的复制过程和复制特点、基因表达的方式、蛋白质的合成过程、中心法则及其发展以及基因工程的概念和原理。本章在分子水平上解释了生物的遗传信息是如何进行遗传的,又是如何在遗传中发生变异的,基因是如何通过控制蛋白质的合成来控制生物性状表达的。

2.1　DNA 是主要的遗传物质

　　染色体的主要成分是核酸和蛋白质,那么两者何为遗传物质?

2.1.1　DNA 作为主要遗传物质的间接证据

　　(1)DNA 是所有生物共有的　从噬菌体、病毒到人类染色体中都含有 DNA,而蛋白质则不同,噬菌体和病毒的蛋白质不是存在于染色体上,而是在外壳上,在细菌的染色体上也没有蛋白质,只有真核生物的染色体上才有核蛋白。

　　(2)DNA 在代谢上比较稳定　利用放射性元素标记,发现细胞内除 DNA 分子外,大部分物质都是一边迅速合成,一边分解,而原子一旦组成 DNA 分子,则在细胞保持健全生长的情况下,它不会离开 DNA。

　　(3)DNA 含量稳定　同一种植物的不同组织的细胞,不论其大小和功能如何,它们的 DNA 含量基本上是相同的,配子的 DNA 含量正好是体细胞的一半,而蛋白质等其他化学物质则不是恒定的。

　　(4)基因突变与 DNA 分子变异密切相关　用不同波长的紫外线诱发各种生物突变时,最有效的波长是 260 nm,这正是 DNA 的紫外光谱吸收高峰,说明基因突变是与 DNA 分子变异密切相关的。

2.1.2 DNA 是主要遗传物质的直接证据

1）噬菌体浸染细菌试验

噬菌体是寄生在细菌中的病毒。有一种代号 T_2 的噬菌体,由 60% 的蛋白质和 40% 的核酸组成,T_2 噬菌体外壳是蛋白质,壳内是一条 DNA 分子(图 2.1)。

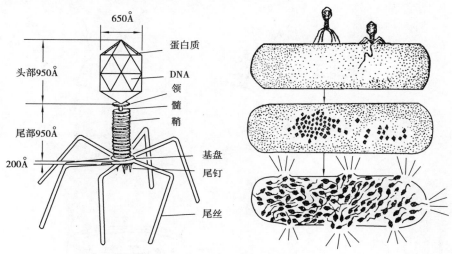

图 2.1 噬菌体结构及对大肠杆菌的浸染过程

当 T_2 噬菌体侵染大肠杆菌时,先用尾丝吸附在菌体的适当位置,然后,尾部的一种溶菌酶解出一个小孔,通过小孔,噬菌体只将它的 DNA 沿中央轴注入细菌内,而蛋白质外壳留在外面。这时,大肠杆菌不再繁殖,约 30 min 后,菌体裂解并释放出 200 ~ 300 个子代噬菌体。

在上述侵染过程中,T_2 噬菌体的 DNA 利用大肠杆菌的材料复制了自己的 DNA,也合成了自己的蛋白质,繁殖了自己。可见,在噬菌体的生活史中,只有 DNA 是上下代连续的物质。

赫尔歇(Hershey. A. D)等于 1952 年对噬菌体又做了同位素跟踪实验。根据 DNA 中含磷(P)而蛋白质中含硫(S)的事实,用放射性同位素 ^{32}P 和 ^{35}S 分别标记 DNA 和蛋白质,然后进行侵染实验。因为噬菌体是在细菌内产生子代的,用含 ^{32}P 的噬菌体去侵染细菌,在细菌没有裂解前进行搅拌离心,使去感染细菌的噬菌体与细菌分开,再用测量放射性的仪器来检验。发现被侵染的细菌内部含有放射性 ^{32}P,细菌裂解后,放出的子代噬菌体都含有放射性的 ^{32}P。用含有 ^{35}S 的噬菌体去侵染细菌,会发现细菌内部没有放射性。以上实验,足以说明遗传物质是 DNA,不是蛋白质。

2）细菌转化试验

细菌转化是指一种细菌由于接受另一种生物的遗传物质而表现出后者的遗传性状,或发生遗传性状改变的现象。

肺炎双球菌有两种:一种是光滑型的(S 型),有夹膜,菌落光滑,能使小鼠得败血症;另一种是粗糙型(R 型),无夹膜,菌落粗糙,对小鼠无害。1928 年,英国微生物学家格里菲斯(Frederick Griffith)对小鼠进行试验(图 2.2),他将加热杀死的 S 型细菌与活的 R 型细菌加在一起注射到小鼠体内,发现小鼠可以死亡,而且从鼠尸的血中找到了活的 S 型细菌,再用这些 S 型细菌注射到小鼠体内,也能使小鼠得败血症,而用死的 S 型细菌和活的 R 型细菌分别注射到小鼠体内,却不能引起败血症。这就说明,杀死的 S 型细菌中含有一种物质,能把某些活的 R 型细菌转化成 S 型细菌,并能遗传下去。当时格里费斯称这种物质为"转化因素",但不知道是什么物质。

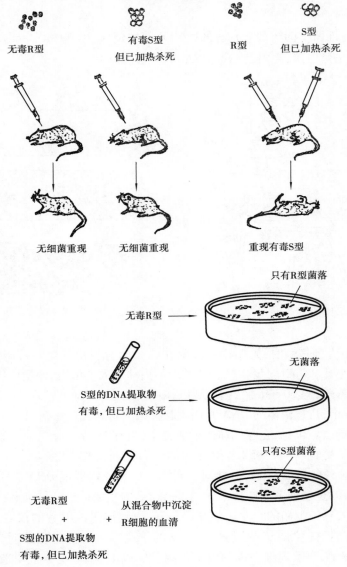

图 2.2　肺炎双球菌转化试验

　　1944 年阿维利(Avery. O. T)等作了离体实验。他先从活的 S 型细菌中分别提取出 DNA、蛋白质和夹膜物质,然后将 3 种组分分别与 R 型细菌混合培养,结果发现,只有 DNA 参与的这一组分能把 R 型细菌转化为 S 型细菌,而且 DNA 的纯度越高,转化的作用越大。如果事先用DNA 酶处理 DNA,使 DNA 分解,就不会出现转化现象,说明 DNA 是遗传物质。

3)烟草花叶病毒(TMV)的感染实验

　　烟草花叶病毒不含 DNA,却含有 RNA。1956 年格勒和施拉姆将 TMV 的 RNA 与蛋白质分开,分别用 RNA 和蛋白质接触烟草,结果只有 RNA 能使烟草发病。若用 RNA 酶处理提纯的 RNA,就会完全失去致病能力,说明在不含 DNA 的 TMV 中,RNA 是遗传物质。

2.2　核酸的分子组成和结构

2.2.1　核酸的分子组成

　　任何生物都含有核酸,核酸占细胞干重的 5% ~ 15%。核酸(Nucleic acid)可分为两大类:脱氧核糖核酸(DNA)和核糖核酸(RNA),在细胞中它们都是以与蛋白质结合的状态存在。真核生物的染色体 DNA 为双链线性分子,原核生物的"染色体"、质粒及真核细胞器 DNA 为双链环状分子。95% 的真核生物 DNA 主要存在于细胞核内,其他 5% 为细胞器 DNA,存在于线粒体、叶绿体等。RNA 分子在大多数生物体内均是单链线性分子,RNA 分子主要存在于细胞质中,约占 75%,另有 10% 在细胞核内,15% 在细胞器中。核酸是一种高分子化合物,基本单位是核苷酸,每个核苷酸由一分子五碳的核糖、一分子磷酸和一分子碱基组成。核糖与碱基结合形成核苷,核苷与磷酸结合形成核苷酸。

　　(1)核糖　五碳核糖有两种形式,在 RNA 中为 D-核糖,在 DNA 中为 D-2-脱氧核糖(图 2.3)。

　　(2)碱基　核酸的碱基(Base)有 5 种:2 种嘌呤(腺嘌呤 Adenine,简写为 A;鸟嘌呤 Guanine,简写为 G),3 种嘧啶(胞嘧啶 Cytosine,简写为 C;胸腺嘧啶 Thymine,简写为 T;尿嘧啶 Uracil,简写为 U)。组成 DNA 的碱基为 A,T,C,G,组成 RNA 的碱基是 A,U,C,G(图 2.4)。

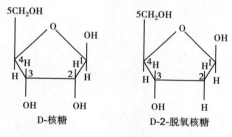

图 2.3　核糖的分子结构

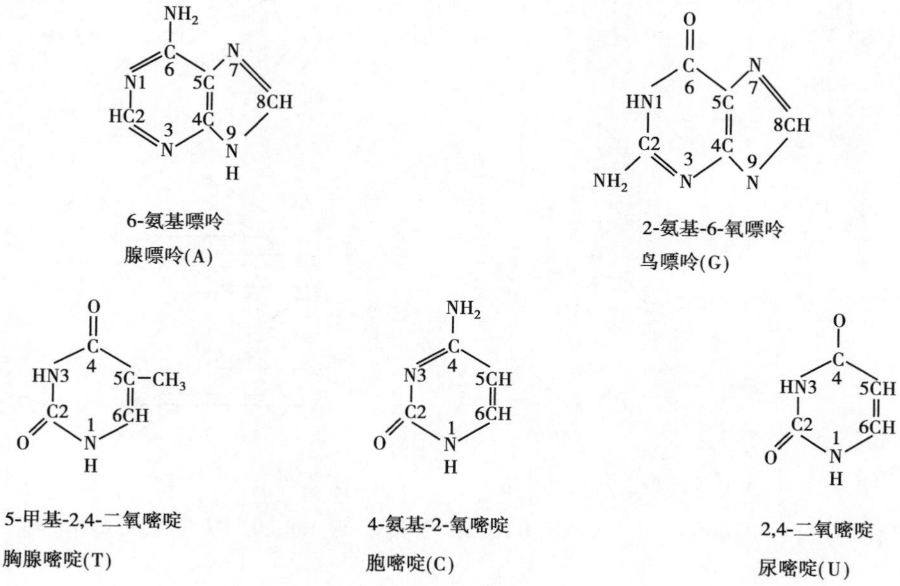

6-氨基嘌呤
腺嘌呤(A)

2-氨基-6-氧嘌呤
鸟嘌呤(G)

5-甲基-2,4-二氧嘧啶
胸腺嘧啶(T)

4-氨基-2-氧嘧啶
胞嘧啶(C)

2,4-二氧嘧啶
尿嘧啶(U)

图 2.4　DNA 和 RNA 中的碱基化学结构

（3）磷酸（H_3PO_4）　磷酸是核酸链上核糖间的连接部分。磷酸上、下2个羟基分别与2个核糖的3′,5′-碳原子的2个羟基缩去一分子水，形成3′,5′-磷酸二酯键。核酸链就是多个核苷酸分子通过3′,5′-磷酸二酯键连接而成。

2.2.2　核酸的分子结构

1953年,沃特森（J. D. Watson）和克里克（F. H. Crick）根据碱基互补配对的规律以及对DNA分子的X射线衍射研究的结果，提出了著名的DNA双螺旋结构模型。这个空间构型满足了分子遗传学需要解答的许多问题，如DNA的复制，DNA对于遗传信息的贮存、改变和传递等，从而奠定了分子遗传学基础。

1）DNA 分子结构

（1）DNA分子是由2条多核苷酸链组成，核苷酸之间通过3′,5′-磷酸二酯键连接而成。其中一条链的走向从5′→3′；另一条的走向从3′→5′，称为反向平行（图2.5）。2条核苷酸链围绕1个公共的轴形成右旋的双螺旋结构。

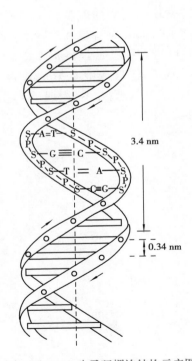

图2.5　DNA分子两条走向相反的链　　　　图2.6　DNA分子双螺旋结构示意图

（2）螺旋的直径为2 nm，相邻两碱基间的距离为0.34 nm，每10个核苷酸碱基绕螺旋转一圈，螺距为3.4 nm（图2.6）。

（3）碱基位于螺旋的内侧，而磷酸和脱氧核糖骨架在螺旋的外侧。两条反向链通过内侧碱基间形成的氢键相连。A 与 T 是两个氢键相连，C 与 G 是 3 个氢键相连。

（4）碱基是互补配对的，DNA 分子中 2 条多核苷酸链是碱基互补的，A 与 T 相配对，C 与 G 相配对。如果一条链上的碱基顺序确定，那么另一条链上必有相互对应的碱基序列（图 2.7）。组成 DNA 分子的脱氧核苷酸虽然只有 4 种，但是构成 DNA 分子的脱氧核苷酸数目极多（根据实验估计，不同生物染色体的 DNA 分子大致有几十到几十亿个核苷酸），其碱基排列顺序又不受限制。因此，核苷酸对在 DNA 分子中可以排列成无数样式。

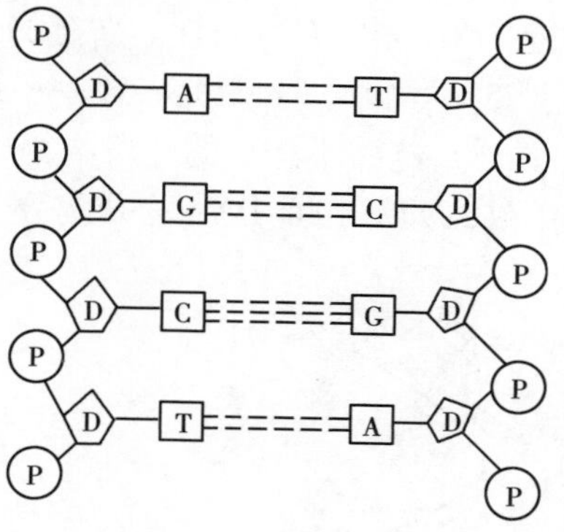

图 2.7　DNA 分子的碱基配对示意图

如果 1 个含有 100 个核苷酸对的 DNA 分子，就有可能有 $4^{100}=1.606\ 9\times10^{60}$ 种排列方式，而我们知道 1 个基因通常是有 500 ~ 1 500 个核苷酸，何况生物体 DNA 分子中的基因远远不止一个，这就是生物为什么能表现出千差万别的根本原因。

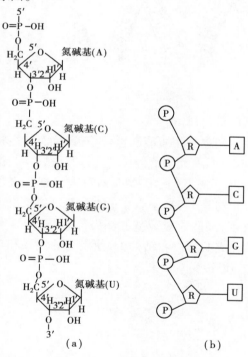

图 2.8　RNA 的分子结构

（a）RNA 分子中多核苷酸结构示意图；

（b）RNA 分子的结构示意图

2）RNA 的分子结构

（1）RNA 分子也有方向性，同 DNA 一样，RNA 分子链也有 3′ 羟基端和 5′ 磷酸端。

（2）RNA 分子大部分是以单链形式存在（图 2.8），但也可以折叠起来形成若干双键区域。在这些区域内，凡是互补的碱基就可以形成氢键结合，例如在蛋白质合成中涉及的 r-RNA 和 t-RNA 就是如此。

3）DNA 的复制

DNA 既然是主要的遗传物质，它必然具备自我复制的能力，才能保证遗传信息的自我传递。DNA 的复制是在细胞分裂的间期进行的。

（1）DNA 复制过程　DNA 在解旋酶作用下解开双螺旋，碱基间的氢键断裂，分解为两条单链。每条链以自身碱基序列为模板，在 DNA 聚合酶作用下，根据碱基互补配对的原则选择相应的脱氧核苷酸与模板链形成氢键。随着 DNA 聚合酶在模板链上的移动，合成了与模板链互补的一条新链。新链与模板链（老链）盘绕成新的双螺旋，1 个 DNA 分子就复制成 2 个 DNA 分子（图 2.9）。

（2）DNA 复制的特点　一是半保留复制。DNA 的复制是以亲代的 DNA 分子为模板，按照碱基配对的原则在酶的作用下完成的。新形成的 DNA 分子双链中保留了一条旧链，并合成了一条新链,所以 DNA 的复制又称半保留复制。二是 DNA 是边解旋边复制的,所以会出现复制又。三是 DNA 复制有方向性。新链的合成是按照从 5′→ 3′的方向,3′→ 5′方向的新链其合成也是按照 5′→3′的方向,只是一段一段地合成 DNA 单链小片段——"冈崎片段"(1 000 ~ 2 000个核苷酸长),这些不相连的片段再由 DNA 连接酶连接起来,形成一条连续的单链,完成 DNA的复制(图 2.9)。四是 DNA 合成需要 RNA 引物,位于 DNA 片段的 5′端,在 DNA 短链连接成长链前脱掉。

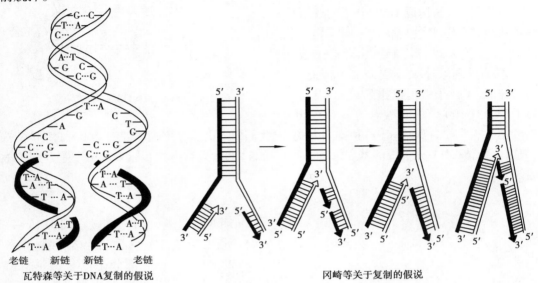

老链　新链　新链　老链
瓦特森等关于DNA复制的假说

冈崎等关于复制的假说

图 2.9　DNA 分子的复制及冈崎片段假说

　　DNA 分子的这种准确自我复制的能力,使控制性状的遗传物质能够世代相传,从而使性状在繁殖过程中保持其稳定性和连续性,在保证子代和亲代具有相同遗传性状上具有很重要的意义。但是在 DNA 复制过程中,也会发生差错,正常情况下每 10^3 ~ 10^9 碱基对可能出现一次误差,如果在强烈的理化因素影响下,其频率可大大增加,这是 DNA 分子可变的一面。如果出现成对碱基排列顺序的重新组合、一对或几对碱基的重复、某些成对碱基的缺失等差错,DNA 分子就会按照已发生改变的结构进行复制,并反映到新合成的蛋白质结构上,使生物的性状和功能发生变异,这样就在分子水平上圆满地解释了生物的遗传变异现象。

2.3　基因的表达过程

2.3.1　基因的概念

　　1906 年丹麦遗传学家约翰逊(Johannsen. W. L.)以基因(Gene)一词代替了 1866 年孟德尔提出的"遗传因子"。以后摩尔根等人提出经典基因概念:基因是突变的、交换的、功能的、三位一体的最小单位。20 世纪 50 年代拟等位基因和顺反子的发现,对经典的三位一体的概念产生了巨大的冲击。作为功能单位的顺反子并不是突变和重组的最小单位,说明基因在结构上是可以分割的。按照现代遗传学的概念,重组、突变和功能这 3 个单位应该分别是:

（1）突变子　它是指性状突变时产生突变的最小单位,一个突变子可以小到一个核苷酸对。

（2）重组子　也称为交换子,是指发生性状重组时,产生重组的最小单位,一个重组子可小到只包含一个核苷酸对。

（3）顺反子　也称为作用子,是现代分子遗传学中的基因。是指 DNA 分子上具有遗传功能的一个区段(包含有 500 ~ 1 500 个核苷酸对),是功能的一位一体的最小单位,是一个完整的不可分割的功能单位,决定一个多肽链的合成。一个顺反子内部可有若干交换子和突变子。

2.3.2　遗传密码

1)三联体密码

基因表达的过程就是生物表现相应的性状,这是一个与蛋白质合成密切相关的复杂过程。蛋白质的合成,就是将 DNA 分子上一定排列顺序的核苷酸(碱基序列)对应指导合成一定排列顺序的氨基酸(即蛋白质)的过程。将核苷酸(碱基)顺序对应"翻译"氨基酸顺序的是靠 DNA 分子上 3 个连续碱基构成的遗传密码。

我们知道,DNA 有 4 种碱基,氨基酸却有 20 种,如果 1 种碱基决定 1 种氨基酸,那么 4 种碱基只能决定 4 种氨基酸,是不够用的;如果 2 个碱基决定 1 种氨基酸,也只有 $4^2 = 16$ 种组合,也是不够用的。研究表明,1 个氨基酸是由 3 个碱基决定的,我们把相对应于 1 个氨基酸的 3 个相连的碱基称为 1 个密码子(codon),即三联体密码(triplet)。从 1961 年开始,经过大量实验,分别利用 $4^3 = 64$ 种已知三联体密码,找出了与它们对应的氨基酸。到 1966—1967 年,全部完成了这套密码的编典(表 2.1)。

表 2.1　20 种氨基酸的遗传密码字典

第一碱基 (5′—OH)	第二碱基				第三碱基 (3′—OH)
	U	C	A	G	
U	UUU 苯丙氨酸 UUC 苯丙氨酸 UUA 亮氨酸 UUG 亮氨酸	UCU 丝氨酸 UCC 丝氨酸 UCA 丝氨酸 UCG 丝氨酸	UAU 酪氨酸 UAC 酪氨酸 UAA 终止信号 UAG 终止信号	UGU 半胱氨酸 UGC 半胱氨酸 UGA 终止信号 UGG 色氨酸	U C A G
C	CUU 亮氨酸 CUC 亮氨酸 CUA 亮氨酸 CUG 亮氨酸	CCU 脯氨酸 CCC 脯氨酸 CCA 脯氨酸 CCG 脯氨酸	CAU 组氨酸 CAC 组氨酸 CAA 谷氨酰胺 CAG 谷氨酰胺	CGU 精氨酸 CGC 精氨酸 CGA 精氨酸 CGG 精氨酸	U C A G
A	AUU 异亮氨酸 AUC 异亮氨酸 AUA 异亮氨酸 AUG 甲硫氨酸 (起始密码)	ACU 苏氨酸 ACC 苏氨酸 ACA 苏氨酸 ACG 苏氨酸	AAU 天冬酰胺 AAC 天冬酰胺 AAA 赖氨酸 AAG 赖氨酸	AGU 丝氨酸 AGC 丝氨酸 AGA 精氨酸 AGG 精氨酸	U C A G

续表

第一碱基 (5′—OH)	第二碱基				第三碱基 (3′—OH)
	U	C	A	G	
G	GUU 缬氨酸 GUC 缬氨酸 GUA 缬氨酸 GUG 起始密码	GCU 丙氨酸 GCC 丙氨酸 GCA 丙氨酸 GCG 丙氨酸	GAU 天冬氨酸 GAC 天冬氨酸 GAA 谷氨酸 GAG 谷氨酸	GGU 甘氨酸 GGC 甘氨酸 GGA 甘氨酸 GGG 甘氨酸	U C A G

2)有关遗传密码的几点补充

（1）由于三联体密码数目（64 种）多于氨基酸数目（20 种），就有某种氨基酸同时可以由几个三联体密码所代表，如丙氨酸密码为 GCU,GCC,GCA,GCG。这种一个氨基酸可以受一个以上的三联体密码所决定的现象，称为简并现象。决定同一氨基酸的不同密码称为同义密码子，同义密码子越多，生物遗传的稳定性越强。因为即使 DNA 分子上的碱基发生突变，也不一定会影响多肽链上氨基酸的改变。

（2）一个 DNA 分子往往由几十万到几百万个核苷酸所组成，而蛋白质一般只包含几十或几百个氨基酸，因此，一个 DNA 分子可以控制合成许多蛋白质。

（3）AUG 表示起始密码，也是甲硫氨酸（蛋氨酸）的密码子。蛋白质合成后，通常有一种酶会将甲硫氨酸（蛋氨酸）去掉。UAA,UAG,UGA 则表示蛋白质合成的终止信号，是无意密码子，最常用的是 UAA。

（4）DNA 分子中碱基是 A,T,G,C，但密码中却是 A,U,G,C。这是因为蛋白质的合成不是直接用 DNA 分子做模板的，而是用 DNA 转录的 mRNA 做模板的。因此，U 代替了 T。

（5）整个生物界，从病毒到人类，遗传密码是通用的，即所有的核酸语言都是由 4 个基本的符号所编写，而所有的蛋白质语言，都是由 20 种氨基酸所编成。它们用共同的语言形成不同生物种类和性状，这从分子水平上进一步证实了生命的共同本质和共同起源，也说明了生物变异的原因和进化的漫长过程。

2.3.3　蛋白质的合成

蛋白质是由很多氨基酸连接在一起所构成的多聚体，每种蛋白质都有其特定的氨基酸序列。DNA 由 4 种不同的核苷酸组成，每种生物的 DNA 也各有其特定的核苷酸序列，核苷酸序列不同，表现为碱基的不同排列。因此，DNA 的碱基序列决定氨基酸序列的过程，也就是蛋白质合成的过程。这一过程需要 mRNA,tRNA,核糖体，还有一系列酶、蛋白质辅助因子以及作为原料的氨基酸和作为能源的 ATP 等参与。

1)信使核糖核酸（mRNA）

DNA 分子通常是不能越过核膜进入细胞质的，而蛋白质合成于细胞质内的核糖体颗粒上，于是需要一种中间物质把 DNA 的遗传信息传给核糖体。执行这一信息传递的就是 mRNA——信使核糖核酸（messenger RNA）。mRNA 在细胞中含量较少，约占 RNA 总量的 5%。不同细胞内分子量相差很大(20～200 个核苷酸)。

2)转运核糖核酸(tRNA)

tRNA 占 RNA 总量的 10%～15%,是 RNA 中大小最一致、分子量最小的 RNA(75～85 个核苷酸),在细胞质中游离存在。所有的 tRNA 其功能都是相似的,都是转运特定的氨基酸。在 tRNA 链上,有 20% 的碱基被特殊的酶加工修饰为稀有碱基,如假尿嘧啶核苷(ψ)、次黄嘧啶核苷(I),以及甲基化的其他异常碱基等。这些稀有碱基由于无法配对,形成突环而把部分碱基暴露出来,从而使 tRNA 产生识别外界物体的能力(如对 mRNA、核糖体以及氨基酸活化酶的识别)。没有加工修饰的碱基通过碱基互补配对形成 4 个双链区,成为 4 个分子臂,各自带着自己不配对的突环,最后成为三叶状的发夹结构(图 2.10),来完成其识别 mRNA 上的密码、识别氨基酸和把氨基酸转运

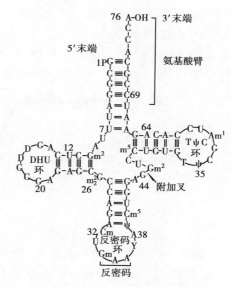

图 2.10 tRNA 分子结构示意图

到核糖体等功能,以实现蛋白质的合成。需要明确的是:tRNA 的前方是一个由 7 个暴露的碱基形成的突环,称为反密码子环。在反密码子环的最前端有一个三联体密码子,因为与 mRNA 上的三联体密码相反,故称反密码子。反密码子是 tRNA 性质的标志,不同的 tRNA 主要体现在它的反密码子上。tRNA 有 60 种,氨基酸只有 20 种,可见搬运同一氨基酸的可能有几种 tRNA 存在(1～4 种),这种可以接受相同的氨基酸的不同的 tRNA 称为同功 tRNA。在线粒体中没有同功 tRNA。

所有的 tRNA 3′,5′末端由 5～7 个碱基对组成,称为氨基酸臂。而 3′末端都是以 CCA 结尾,腺苷酸(A—OH)的核糖 3′位上的羟基可与氨基酸结合,成为氨酰基—tRNA,氨基酸与 tRNA 结合成为氨酰基—tRNA 后才能被运载到核糖体上。

3)核糖体核糖核酸(rRNA)与核糖体

核糖体是蛋白质合成中心。核糖体核糖核酸(rRNA)占 RNA 总量的 80%,它与蛋白质结合而成为核糖核蛋白体(简称核糖体)。它包括两个大小不同的亚基,一个 mRNA 分子翻译完成之后,两个亚基分开,当下一个 mRNA 分子翻译开始时它们再结合起来。核糖体的大小通常用离心时它们的沉降速率表示,其单位是 S(韦斯柏)。真核生物是由大亚基 60 S 和小亚基 40 S 结合成 80 S 的核糖体。

3 种 RNA 都是从 DNA 上转录下来的互补核苷酸单链,rRNA、tRNA 与 mRNA 不同的是它们不能翻译成相应的蛋白质。

4)蛋白质的合成过程

经过科学家的多年研究,证明遗传信息到蛋白质的合成过程要经过两大步:转录和翻译。

(1)转录 它是指以 DNA 两条链中的任意一条链为模板,将 DNA 的遗传信息通过碱基互补的方式记载到 mRNA 上的过程。转录开始时,首先由 RNA 聚合酶的 σ 因子辨认起始位点。

随后,RNA 聚合酶与模板 DNA 结合形成复合物,在结合区由双链在若干个碱基对的范围内解开,在 RNA 聚合酶的影响下,细胞核内游离的核苷酸以其中 DNA 双链中的任意一条链为模板,沿 DNA 3′→5′方向,按碱基配对原则(A—U,G—C),通过相邻核苷酸 3′,5′磷酸二酯键的连接。当 RNA 聚合酶继续前进到一定位置,转录的 5′→3′方向的 RNA 短链就从 DNA 链上脱离出来,这便是 mRNA。而拆开了的 DNA 双链,则随后合拢,恢复原状(图 2.11)。转录下来的 mRNA通过核膜微孔,进入细胞质中与核糖体结合在一起,完成蛋白质的合成。

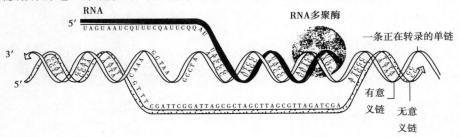

图 2.11　mRNA 转录过程示意图

（2）翻译　就是以 mRNA 为模板,将 tRNA 送来的各种氨基酸按照 mRNA 的密码顺序,相互连接起来成为多肽链,并进一步折叠起来成为立体蛋白质分子的过程。大致有 4 个阶段:

①氨酰基-tRNA 的合成。

②肽链合成的起始。

③肽链的延伸。

④肽链合成的终止与释放。

氨基酸缩合成肽链是需要能量的,提高氨基酸的能量被称为活化。氨基酸的活化是由特异的氨酰基-tRNA 合成酶催化完成的,其具体过程见图 2.12。

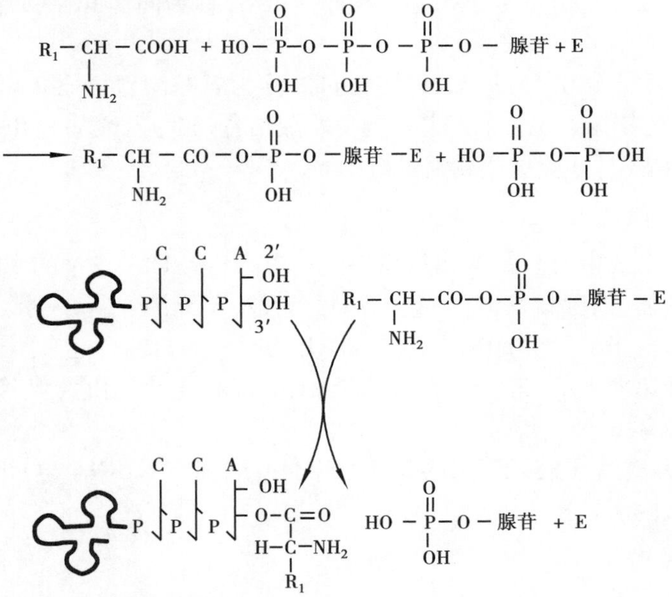

图 2.12　氨基酸的活化及其与 tRNA 相结合示意图

蛋白质合成开始时,首先核糖体小亚基与 mRNA 结合,构成小亚基-mRNA 起始复合体。带有活化的甲硫氨酰-tRNA（原核细胞中是甲酰甲硫氨酰-tRNA）进入起始复合体，甲硫氨酰-tRNA上的反密码子 UAC 识别出 mRNA 上起始密码子 AUG。大亚基结合到小亚基上，形成一个完整的核糖体。

　　完整的核糖体有两个供 tRNA 附着的位置：氨酰基附着位置，又称受位（A 位）；肽基附着位置，又称给位（P 位）。带有氨基酸的 tRNA 分子先进入 A 位，在肽基转移酶的作用下，它所带的氨基酸与 P 位上的 tRNA 所带的氨基酸通过肽键形成肽链。肽链转移到 A 位，P 位上的 tRNA 从核糖体释放出去，核糖体在 mRNA 上沿 5′→3′挪动一个密码子距离，原处于 A 位上带有肽链的 tRNA 随之转到 P 位上。新的 mRNA 密码子就在 A 位上显露出来，新的氨酰基-tRNA（其反密码子与密码子互补）进入 A 位，P 位上的肽链转到 A 位上，肽链又延长，直到 A 位上出现终止密码子 UAA（或 UAG 或 UGA），翻译密码的工作完成。新合成的多肽链就被释放到细胞质中，卷曲折叠形成具有立体结构的蛋白质。

　　最后核糖体与 mRNA 分开，脱离下来的核糖体在 1 个启动因子的参与下分解成大小 2 个亚基，等待合成新的蛋白质（图 2.13）。

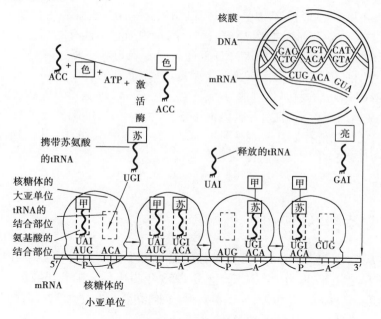

图 2.13　蛋白质合成过程示意图

还应注意：

①起始密码子不是 mRNA 上的第一组核苷酸，终止密码子也不是最后一组核苷酸。

②在 mRNA 上会有多个起始密码子和终止密码子，所以可以有多个核糖体同时翻译一个 mRNA 分子，大大提高了翻译的效率。

③如果在翻译中遇到起始密码 AUG，只翻译成甲硫氨酸（蛋氨酸），不会翻译成甲酰甲硫氨酸。

④尽管最初翻译的一定是甲酰甲硫氨酸，但在蛋白质合成过程中或合成后甲酰基就被分解了，或者是甲酰甲硫氨酸甚至前几个氨基酸都被分解掉了。所以合成的多肽链上第一个氨基酸可能是甲硫氨酸也可能是其他氨基酸。

2.3.4　基因对性状的控制

基因对性状的控制是通过 DNA 控制蛋白质的合成来实现的。根据基因是否有转录和翻译的功能,可以把基因分成三类:第一类是编码蛋白质的基因,这类基因具有转录和翻译的功能,包括编码酶和结构蛋白的结构基因,以及编码阻遏蛋白的调节基因;第二类是只有转录功能没有翻译功能的转运(tRNA)和核蛋白体(rRNA)基因;第三类是不转录的基因,这类基因对基因表达起调节控制的作用,包括启动基因和操纵基因。

生物体的每一个细胞都含有全套的遗传信息,同一个体在发育过程中形成不同的器官,行使各自的功能,是由于不同细胞选择了各自所需要的遗传密码进行转录和翻译。例如,一串红的全部细胞内(包括第一个受精卵)都有成花基因,但只有在植株有了一定的营养生长后才能开花,在种子萌芽阶段是不会开花的。

研究表明,在更多情况下,基因是通过控制酶的合成间接地控制生物性状表达的。例如,高茎豌豆(HH)与矮茎豌豆(hh)之所以有性状差异,是因为它们拥有的高茎基因 H 与矮茎基因 h 的差异。为什么拥有 H 就表现为高茎,而拥有 h 就表现为矮茎呢? 豌豆表现高茎是茎部节间细胞伸长的结果,而茎部节间细胞伸长需要赤霉素,赤霉素的产生需要一种酶的催化。高茎豌豆的 H 基因翻译后形成的就是这种酶,所以产生了赤霉素,细胞得以伸长,于是表现为高茎;矮茎豌豆中的 h 基因翻译后不是这种酶,因而不能产生赤霉素,细胞不能伸长,所以表现为矮茎。由此可见,基因之所以能控制性状表达是因为基因合成了一定分子结构的酶,酶能促进一定方式的新陈代谢(物质转化),就发育出一定的性状。

2.3.5　中心法则及其发展

遗传信息从 DNA 转录成 mRNA,再经翻译而合成蛋白质的过程,以及遗传信息从 DNA 经复制又回到 DNA 的过程称为中心法则,这是 1958 年提出的。随着研究的不断深入,中心法则又有了新的发展。很多 RNA 病毒,如烟草花叶病毒,在感染宿主细胞后,它们的 RNA 在宿主细胞内进行复制。这种复制以导入的 RNA 为模板,而不是通过 DNA。这种以 RNA 为模板的 RNA 合成,亦即 RNA 的复制是由 RNA 依赖的 RNA 聚合酶或复制酶来催化的。以后又发现在某些引起肿瘤的单链 RNA 病毒,如 Rous 肉瘤病毒和 Rauscher 小鼠白血病毒等,能以病毒 RNA 为模板在反转录酶的作用下,反向地合成 DNA,然后以这段病毒 DNA 为模板,互补地合成 RNA,这就丰富了中心法则的内容。这样,可以把遗传信息的传递方向用图 2.14 表示。

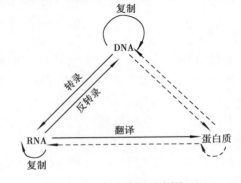

图 2.14　中心法则示意图

2.4 基因工程

2.4.1 基因工程的概念及原理

基因工程又称为遗传工程(广义的基因工程还包括细胞工程、染色体工程等),是20世纪70年代以后才开始兴起的一门综合技术。它是在分子遗传学的基础上,结合分子生物学、微生物学的现代技术而发展起来的。采用类似于工程建设的方式,按照预先设计好的施工蓝图,通过对遗传物质的直接操作,将目的基因从一种生物细胞中提取出来,在体外进行组装和重组,再引入另一种生物细胞中去,以改建后者的遗传结构,使它获得新的性状。这一技术克服了有性杂交存在的生殖隔离、周期长、不能在整体基因组中单独挑选目的基因等局限性,通过无性操作,跨越种间界限,实现超远缘基因重组,使基因能够在微生物、动物、植物等各大系统间进行交流,从而定向地创造新的生命类型,把遗传性的控制与建造提高到一个新的、任人设计和精巧施工的阶段,具有很高的预见性、精确性和严密性。这一技术的出现,标志着遗传学已进入一个更高的发展阶段——人工定向控制遗传性状的新阶段。

基因工程的实际操作,大体有以下几个步骤:

①目的基因或特定 DNA 片段的分离。

②目的基因或 DNA 片段与载体连接,做成重组 DNA 分子。

③重组 DNA 分子输入受体细胞。

④"目的"基因的正确表达(图 2.15)。

1)工具酶与载体

(1)工具酶——限制性内切酶 DNA 是巨大分子,进行遗传操作时,必须加以切割,这就需要限制性内切酶把 DNA 链在特定部位切断。从1970年开始,从细菌中分离得到限制性内切酶,这种酶能识别 DNA 的特定碱基序列,并把 DNA 链在特定位点切断。内切酶是专切别人不切自己的酶,对自身的 DNA 没有内切作用(体内有修饰酶,使碱基甲基化,限制酶不起作用)。它的这种保存自身的特点是开拓基因操作新领域的关键。

内切酶分为两种类型,Ⅰ型内切酶没有一定的切割点,即不要求一定的核苷酸顺序,由于没有特异性,所以对基因工程用途不大。Ⅱ型内切酶有高度的特异性,能识别一定的核苷酸顺序,并在其特定位置将磷酸二酯键切断,这正是工程所需要的。像 E. coR Ⅰ(大肠杆菌 R 质粒)、HrindⅢ(流感嗜血杆菌)就是这种类型,它们切割点的核苷酸顺序分别为:

$$G \downarrow A A T T \quad C \qquad A \downarrow A G C T \quad T$$
$$C \quad T T A A \uparrow G \qquad T \quad T C G A \uparrow A$$

这两种内切酶,都有6个供识别的核苷酸顺序,在切断 DNA 分子时,一般在相隔几千个核苷酸中才出现有这样的核苷酸顺序重复,从这里切断,就恰好把一个大的 DNA 分子切成许多相当于一个或比一个略大的基因大小的片段;用它切割运载工具——质粒或病毒 DNA 时,这种大小也正是适于携带基因或基因组片段的大小,对形成重组 DNA 分子十分有利。

切割除了有专业的位置外,Ⅱ型内切酶的另一优点是切割后造成黏性末端便于 DNA 重组。因为切口是不平的,而是错开的,这样在切口处留下一根 DNA 单链尾巴。由于同一种内切酶的单链尾巴的碱基顺序相同,所以极性相反的单链尾巴就一一互补。如果把不同来源的 DNA 用同一种内切酶切割后混在一起,加上连接酶,它们就通过黏性末端的碱基互补而自动靠拢,这就为 DNA 分子的重组创造了条件。目前发现的内切酶已超过 350 种,但识别的顺序仅 85 种左右。这是因为在很多情况下从不同细菌来的限制酶能识别同一顺序,即存在着同裂酶。

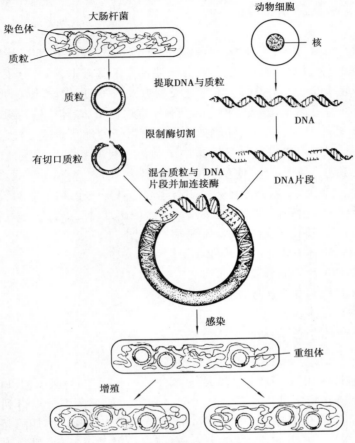

图 2.15　基因工程操作过程

（2）连接酶　内切酶造成的黏性末端只能使 DNA 片段的互补单链尾巴彼此靠拢,但不能连接,中间还留下一个裂隙。连接酶就是专门缝合这种裂隙的酶。它能把一个 DNA 片段 5′端的磷酸羧基与另一个 DNA 片段 3′端上的羟基以酯键的方式连接起来,成为一个连续的 DNA 分子。

（3）运载体（简称载体）　它是一种较小的 DNA 分子,可以运载和保护外源 DNA 分子,使目的基因顺利地进入受体细胞,并在其内复制和表达。所以载体必须具有以下功能:

①能在宿主细胞中生存和复制。

②有所有的内切酶切点,它不在启动子区内,酶切后能嵌入外源 DNA 片段,外源 DNA 嵌入后依然保持其生存和复制能力。

③能较自由地进入受体细胞,实现转化。

④带有可供识别的标志基因,作为重组 DNA 分子选择鉴定的遗传标记。

目前基因工程中所用的载体,主要是质粒及某些病毒(特别是噬菌体)。质粒是细菌中发现的,是易于取出和导入的小型环状 DNA 分子。质粒分子很小,为细菌染色体 DNA 的0.5% ~3%,在细菌细胞内能独立地进行复制,稳定遗传,但它的存在似乎与细菌的生存没有关系。质粒上有20 ~30 个基因,其中有些基因对多种药物及重金属和紫外线有抗性,可作为标记基因予以筛选;有的基因有控制合成大肠杆菌素的能力,能使不产生这种毒素的细菌致死。这些特点,使作为基因转移载体的质粒,在遗传工程的重组体筛选与检出中具有重要意义。

2) 目的基因的分离

要得到目的基因或特定 DNA 片段的方法很多,可以人工合成,可以从自然基因组中分离,也可用 mRNA 为模板,获得互补 DNA(cDNA, ComplementaryDNA)等。目前常用的方法是霰弹射击法(或称鸟枪射击法)。即将提出的 DNA 分子,通过限制性内切酶切成许多片段,每个片段上可能带有一个或几个基因,然后再将这些片段整合到运载体上,再转移给大肠杆菌,建立许多带有不同基因的无性繁殖系(或称克隆),把这些克隆贮存起来,建立基因文库,作为下一步施工时提供基因的原料,以后再通过基因重组、转化和表达,最终把带有目的基因的重组体筛选出来。因为这种方法是将全部基因都置于收罗的"射击"范围之内,正像鸟枪霰弹之作用猎物那样,一个不漏。因此,称为霰弹射击法。

3) 做成重组 DNA 分子

目的基因获得后,若直接进入受体细胞,会遭到内切酶的破坏。因此,必须把它组装在载体上,进行 DNA 的体外重组,在载体的运载和保护之下,进入受体细胞。实现重组的关键,是内切酶造成载体 DNA 末端与外源 DNA 末端连接,使外源 DNA 嵌接在载体 DNA 之中,成为一个封闭的重组 DNA 分子,再进入受体细胞。

4) 重组 DNA 分子输入受体细胞

基因工程的最后一步是将重组 DNA 分子输入受体细胞,并使目的基因得到表达。以质粒载体的重组 DNA 分子输入受体细胞称为转化;以噬菌体或病毒为载体的重组 DNA 分子输入受体细胞则称为转染。遗传物质借助于中间媒介从一个细胞转移到另一个细胞的过程称为转导。转化和转染没有本质区别,关键在于重组 DNA 分子能顺利进入受体细胞,并掺入或整合在受体细胞的基因组中,表现出生物活性,即行使复制、转录和翻译的全部功能。

目前,用于基因工程的受体细胞主要是细菌。因细菌是单细胞生物,操作比较容易,细菌基因表达调控的机理也了解得比较清楚。

在重组 DNA 输入受体细胞完成转化以后,对重组 DNA 分子的选择与纯化也是非常重要的。发生了转化与转染的细菌,它们只是其中一小部分,如何把转化了的细菌从未转化的细菌中识别和筛选出来,获得纯化的重组 DNA 分子,是基因工程中一个很重要的问题。解决这个问题最常用的方法,是利用重组体上的抗药或有其他遗传标记的标志基因,利用表达了的特定性状和其他鉴定方法进行筛选。例如,一个控制合成珠蛋白 HbcDNA 基因,被整合到携带有抗四环素的基因的载体 p^{MB9}质粒 DNA 分子上,由此获得重组 DNA 分子。用它去转化对四环素敏感的大肠杆菌,再把这些大肠杆菌培养在四环素的培养基中,因为只有重组 DNA 分子有抗四环素的基因。所以,凡是在四环素中存活的细菌,都是带重组 DNA 分子的细菌,不带重组 DNA 分子的细菌就都死亡。这样就很容易筛选出携带重组 DNA 分子的大肠杆菌,并从中获得提取均一的、纯化重组 DNA 分子,使 HbcDNA 分子得到分离和纯化。

获得纯化的重组 DNA 分子,并不是基因工程的最终目的,还必须使外源目的基因在受体细胞中得到复制和表达,使人类获得工程的最终产品——有价值的各种氨基酸、蛋白质、激素,或具有新性状的品种。从细胞群中选出含有所需重组 DNA 分子的细胞,接着进行克隆,即大量繁殖形成无性繁殖系;然后使无性繁殖系正确表达,就可以经济、快速的方式生产出人类所希望得到的产品,从而使基因工程设计的蓝图、制订的任务得到圆满完成。

2.4.2　基因工程研究进展

1978 年以哈佛大学吉尔伯特为首的一个小组首先成功地把人工合成的鼠胰岛素基因引入大肠杆菌,并使大肠杆菌制造出了鼠胰岛素,这一成果证实了利用遗传工程的方法可以让"生物工厂"大量生产出人类需要的生物产品。同年 9 月,美国加州的伊太库拉,又实现了把人工合成的人胰岛素基因转移到大肠杆菌中去,并使杆菌生产出了人胰岛素并于 1982 年投放市场。1979 年 7 月美国霍普市国家医学中心和加州大学研究小组成功地把人工合成的人体生长激素基因转移到大肠杆菌中去并获得了人体生长激素,在青春期之前治疗侏儒症儿童,使其能长到正常人高度。在短短的几年里,遗传工程已经成功地生产了人体生长激素、胰岛素、血球凝结素、干扰素及口蹄疫菌等贵重药品。

在农作物方面,转基因育种已成为一种重要的先进的育种方法,在玉米、棉花等作物中已选育出许多新品种并开始试验和推广。最引人注目的课题是通过固氮基因移植,以解决肥料问题。

基因工程一直是园林植物育种研究的热点,在花色、花型、花香、花期、株型、花朵衰老、抗病虫、抗逆等性状改良方面表现出广阔的应用前景。目前,基因工程在花卉育种中应用最多的是在改变花的颜色方面。世界上第一个操纵花色的基因是由德国科学家于 1987 年获得的玉米色素合成中的一个还原酶基因,将它导入矮牵牛,使矮牵牛产生一种新的颜色——砖红色。随后荷兰科学家在红色矮牵牛中插入苯基乙酮合成酶的反义基因,结果获得了白色的矮牵牛及另一种新的色素。同样,荷兰的花卉专家已利用基因工程将粉色菊花变成了白色。北京大学植物基因工程国家实验室利用矮牵牛,首次在我国培育白色、紫色相间的基因花。在加利福尼亚州的一家从事通过基因操作改良植物的专业公司,从矮牵牛中分离出一种编码蓝色的基因,导入玫瑰中获得世界上独有的"蓝玫瑰"。目前有的研究人员正在培育"发光植物"。如日本将取自萤火虫体内可产生发光酶的基因,成功地重组在土耳其桔梗植株上,使它的叶子发出淡绿光。研究人员还从海带中提取了发光蛋白质,并将其利用到鲜花培育中。此外,基因工程在增强园林植物对病虫害抵抗能力、改变植物花型、延长切花插瓶时间及缩短生育期等方面都已取得了初步成绩。

复习思考题

1. 名词解释:
基因　遗传密码　转录　翻译　中心法则　基因工程
2. 作为遗传物质,至少要满足哪些条件?

3. 比较 DNA 与 RNA 的分子组成与结构。

4. 试述 DNA 的复制特点。

5. 简述蛋白质的合成过程。

6. 简述转录和复制的区别。

7. 生物的遗传密码有哪些共同特征？

8. 简述 RNA 的种类及其在蛋白质合成中的作用。

9. 基因是如何控制性状的？

10. 中心法则的内容是什么？

11. 已知 1 条核苷酸链 ACTTTGCAAGCCTCA，试问：

（1）这条链是 DNA 链还是 RNA 链？

（2）以该条链为模板，合成的 DNA 链碱基顺序是什么？

（3）以该条链为模板，合成的 RNA 链碱基顺序是什么？

（4）以该条链为模板，合成的氨基酸的顺序是什么？

12. 如果 1 个 DNA 双链分子中 G 的含量是 0.23，试问 T 的含量应为多少？

13. 我国在遗传工程的研究方面有哪些成就？

14. 遗传工程对人类产生哪些影响？

3 遗传的基本规律

微课

[本章导读]

　　本章主要通过介绍孟德尔等人的杂交试验的结果表现,来阐述分离规律、自由组合规律、连锁遗传规律、非等位基因间的互作作用方式,细胞质遗传的特点,雄性不育的类型等基本的遗传规律。在理解这些遗传基本规律的实质和遗传机理的同时,更主要的是要掌握这些遗传规律在园林育种方面的应用,为实际育种工作奠定理论基础。

　　人们很早就看到了遗传现象,孟德尔(G. J. Mendel,1822—1884)是奥地利(现在的捷克)的一名修道士,出生在一个贫苦农民家庭,他的父亲擅长园艺技术,孟德尔受其父亲的影响自幼就爱好园艺,从 19 世纪 50 年代开始以豌豆、菜豆、玉米、山柳菊、蜜蜂、小家鼠等动植物为材料,进行杂交实验,其中最有效的是豌豆的杂交试验。1856 年,他选用 34 个豌豆品种在修道院的园地里种植,经过 8 年的杂交试验,于 1865 年发表了论文《植物杂交试验》,首次提出了两条重要的遗传规律——分离规律(Law of segregation)和自由组合规律(Law of independent assortment),后人也把这两大规律称为孟德尔遗传规律。美国人摩尔根(1866—1945)通过果蝇为材料的遗传实验,发现了遗传的第三个规律——连锁遗传规律(Law of linkage)。

3.1　分离规律

　　分离规律是孟德尔从一对相对性状遗传试验中总结出来的。下面先介绍一些相关的概念。

　　性状:遗传学上把生物体所表现的形态特征和生理特性统称为性状。

　　单位性状:孟德尔把植株所表现的性状总体区分为各个单位性状作为研究对象,这样区分开来的性状称为单位性状。例如豌豆的花色、种子的形状等就是不同的单位性状。

　　相对性状:遗传学上把同一单位性状的相对差异,称为相对性状,例如豌豆的红花与白花就是一对相对性状。

　　等位基因:控制相对性状遗传,位于同源染色体对等位点上的基因,称为等位基因。

　　基因型:生物体内的基因组合即遗传组成就是基因型,是生物体在一定的环境条件影响下发育成特殊性状的潜在能力。

表现型:它是生物体所表现出的具体性状,它是基因型和在外界环境作用下具体的表现。

3.1.1 一对性状的杂交试验

1) 豌豆的杂交试验

豌豆品种中有开白花的和开红花的,白花植株和红花植株的花色都能真实遗传。孟德尔用开红花的植株与开白花的植株杂交,他发现,无论用红花作母本,白花作父本,还是反过来(即反交),以红花为父本,白花为母本,子一代植株全部都是开红花的,如图3.1所示。

正交　　　　　　　　　反交
红花(♀)×白花(♂)　　　白花(♀)×红花(♂)
↓　　　　　　　　　↓
红花　　　　　　　　　红花

图3.1　孟德尔的杂交试验

2) 分离现象

子一代的红花植株自花授粉,在子二代中,除红花植株外,又出现了白花植株,这种现象称为性状分离(图3.2)。

图3.2中,P表示亲本;♀表示母本;♂表示父本;×表示杂交;F₁表示杂种第一代(子一代),是指杂交当代母本植株所结的种子及由它长成的植株;⊗表示自交,是指雌雄同花植物的自花授粉或雌雄同株异花植物的同株授粉;F₂表示杂种第二代(子二代),是指由F₁代自交产生的种子和由它长成的植株。

P	红花 × 白花
	↓
F$_1$	红花
	↓⊗
F$_2$	红花　白花
株数	705　　224
比例	3.15:1≈3:1

图3.2　分离现象

由图3.2可见,尽管红花×白花所产生的F₁植株,全部开红花。但在F₂代群体中出现了开红花和开白花两种类型,其中开红花的植株约占总数的3/4,开白花的约占总数的1/4,二者之比约为3:1。开白花性状在F₁代中没有表现出来,在F₂代中能够重新表现出来,说明它在F₁代不过是暂时隐蔽并未消失。孟德尔在豌豆的其他6对相对性状的杂交试验中,也获得了类似的结果(表3.1)。

表3.1　孟德尔豌豆杂交试验的主要结果

相对性状	亲本表现型	F₁表现型	F₂表现型	F₂比例
种子形状	圆形×皱缩	圆形	5474 圆形,1850 皱缩	2.96:1
子叶颜色	黄色×绿色	黄色	6022 黄色,2001 绿色	3.01:1
花　　色	红花×白花	红花	705 红花,224 白花	3.15:1
荚果形状	饱满×皱缩	饱满	882 饱满,299 皱缩	2.95:1
荚果颜色	绿色×黄色	绿色	428 绿色,152 黄色	2.82:1
着花位置	腋生×顶生	腋生	651 腋生,207 顶生	3.14:1
茎的长度	长茎×短茎	长茎	787 长茎,277 短茎	2.84:1

从表3.1的杂交试验结果可看到两个共同的特点:第一,F_1全部个体的性状表现一致,都只表现一个亲本的性状,而另一个亲本的性状隐而未现。我们把在F_1代所表现出来的性状称为显性性状,未表现出来的相对性状称为隐性性状。第二,F_2代的不同个体之间表现不同,有的个体表现了显性性状,有的个体表现了相对应的隐性性状,二者之比大致为3:1。对于同一个体后代出现不同性状的现象称为性状的分离现象。那么,怎样来分析这个现象呢?

3.1.2　分离现象的分析

1)基因分离假说

孟德尔提出的遗传因子分离假说,科学地解释了分离现象产生的原因。其要点是:

①相对性状(显性性状和隐性性状)都是由细胞中的遗传因子(基因)决定的,基因是独立的,互不粘连。显性基因(大写字母表示)控制显性性状,隐性基因(小写字母表示)控制隐性性状。当显性基因和隐性基因同时存在时,只有显性基因起作用。

②基因在体细胞中是成对的,一个来自父本,一个来自母本。

③杂种F_1体细胞内的相对基因各自独立,互不混杂。

④杂种在形成配子时,成对的基因彼此分离,并各自分配到不同的配子中去。在每一个配子中只含有成对因子中的一个,形成了不同类型的配子。

⑤杂种产生不同类型配子的数目相等,各种雌雄配子随机结合,机会均等。

根据这些要点,我们假设,在豌豆花色这对相对性状中,控制红色的基因为R,控制白色的基因为r,R与r为等位基因,由于等位基因在体细胞中成对存在,所以亲本红花豌豆细胞中控制红色性状的基因组合是RR,其产生的生殖细胞只有一种,都含有一个R基因;白花豌豆细胞中控制白色性状的基因组合为rr,其产生的生殖细胞也只有一种,都含有一个r基因。所以,通过杂交雌雄配子结合后,F_1体细胞中的基因组合全是Rr,当R与r同时存在时,只有R基因起作用,即表现显性性状(开红花)。F_1虽然只开红花,但是控制白色性状的基因r仍然独立存在。在F_1形成配子时,随着同源染色体的分开,等位基因R与r也彼此分离,各进入一个配子中(基因分离)。因此,F_1产生的雌雄配子都是两类:一类含R基因,一类含r基因。这样含不同基因的雌雄配子随机组合有4种机会,但基因组合型只有RR,Rr,rr 3种类型。RR,Rr组合虽不同,但因R对r为显性,所以只表现显性性状开红花。rr只含r基因,所以表现隐性性状开白花。下图可以完整地说明孟德尔的上述假说(图3.3)。

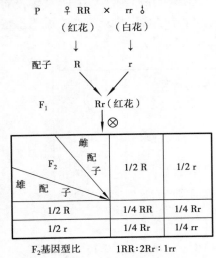

	雌配子	1/2 R	1/2 r
F_2 雄配子			
	1/2 R	1/4 RR	1/4 Rr
	1/2 r	1/4 Rr	1/4 rr

F_2基因型比　　1RR:2Rr:1rr
F_2表现型比　　3(红花):1(白花)

图3.3　遗传因子分离假说

2)分离假说的验证

孟德尔的伟大之处不仅在于提出了分离假说,还通过基因型的分析,亲自验证了其假说的合理性。前面说到,基因型是生物体的基因组合,由相同基因组合的基因型生物体称为纯合体,或称基因同质结合,如 RR,rr。其中,只含有显性基因的称为显性纯合体;只含有隐性基因的称为隐性纯合体。由不同基因组合的基因型生物体称为杂合体,或称基因异质结合,如 Rr。根据孟德尔的分离假说,杂种或杂种后代的隐性个体一定是隐性纯合体,基因型只有一种(rr),不必验证;杂种或杂种后代的显性个体可能是显性纯合体(RR),也可能是杂合体(Rr)。为了证明分离假说的合理性,可以采用以下几种方法进行显性个体基因型的验证。

(1)测交法 这种方法就用杂种或杂种后代的显性个体(如开红花的豌豆)与纯合隐性个体交配,以测定其基因型(图3.4)。

$$
\begin{array}{cccc}
\text{红花} & \text{白花} & \quad & \text{红花} \quad \text{白花} \\
Rr & \times \ rr & \quad & RR \ \times \ rr \\
\downarrow & & & \downarrow \\
\multicolumn{2}{c}{Rr : rr = 1:1} & & Rr \\
\multicolumn{2}{c}{\text{红花} : \text{白花} = 1:1} & & \text{红花}
\end{array}
$$

图3.4 测交试验

由于隐性个体只提供一种配子(r),开红花的纯合体豌豆(RR),只产生一种含 R 的配子,测交子代就都是开红花(Rr);开红花的杂合体豌豆(Rr),产生两种配子(R)和(r),比例是1∶1,测交子代应该是一半开红花(Rr),一半开白花(rr)。

由此也验证了分离假说:一方面,成对的基因在杂合状态下互不粘连,保持其独立性,当它形成配子时相互分离;另一方面,基因的分离是性状传递最为普遍和基本的规律。

(2)自交法 根据自交后代的表现型来推断亲本的基因型。例如,红花豌豆自交后,如果后代全部是红花,可推断其亲本的基因型是 RR;如果后代是3/4开红花,1/4开白花,可推断亲本的基因型是 Rr。这是因为纯合体后代不会分离,杂合体后代必然分离。

(3)花粉测定法 按照孟德尔的假说,成对基因的分离是在形成配子时发生的,基因分离的验证只能等到个体生长发育的某个时候,当分离的基因控制的性状表达时,通过性状的分离来推知基因在形成配子时的分离。但如何在形成配子时找到基因分离的直接证据呢?后人通过花粉测定法解答了这一问题。

在水稻、玉米、高粱等农作物中,有两种类型淀粉:糯性与非糯性。糯性为支链淀粉,遇碘呈棕红色反应;非糯性为直链淀粉,遇碘呈蓝黑色反应。这些种类不同的淀粉,不仅在种子胚乳中存在,而且配子体花粉粒中也存在,因此用碘液就可区分鉴定它们。现已知:控制糯性支链淀粉形成并遗传的为隐性基因(wx),控制非糯性的为显性基因(Wx)。用这两种类型的纯合体杂交,F_1 应为杂合子(Wxwx),F_1 减数分裂形成配子时,根据孟德尔假说,等位基因两两分离,形成1∶1的配子,于是 Wxwx 两两分离形成 WX∶wx = 1∶1的配子,也即在显微镜下用稀碘液给花粉粒染色后,应形成棕红色∶蓝黑色 = 1∶1的花粉粒。事实果然如此,于是证明了分离是发生在 F_1 形成生殖细胞时,是成对基因在减数分裂时发生了分离的结果。

3.1.3 分离规律及其应用

1)分离规律及其实质

所谓分离规律,就是指一对基因在异质状态下,其基因之间彼此互不干扰,互不混合,彼此保持各自的独立性,因而在形成配子时,又按原样分配到不同的配子中去。在一般情况下,配子分离比是1∶1,F_2 基因型有3种,比例是1∶2∶1,在完全显性的情况下,F_2 表现型有两种,比例是3∶1,其中显性个体的概率是3/4,隐性个体的概率是1/4。

分离规律的实质:杂合体在减数分裂形成配子时,同一对等位基因会随着同源染色体的分开而彼此分开,分别进入不同的配子中,当带有不同基因的雌雄配子结合时,就会产生不同性状的个体,出现性状分离。

对于性状分离的出现,必须具备以下条件:

①研究的生物体是二倍体,其性状区分明显,显性作用完全。

②减数分裂时形成两种类型的配子数相等,配子的生活力相当。

③配子结合成合子时,各类配子的结合机会相等。

④各种合子及由合子发育形成的个体具有同等生活力。

⑤供分析的群体足够大。

此外,随着遗传学研究的发展,人们发现分离定律的实现有更多的限制因子。正是由于诸多例外现象的发现,才使遗传学不断发展。

2)分离规律的应用

分离规律阐述了纯合体产生的子代整齐一致不分离,杂合体产生的子代会出现多样化分离的根源,同时阐明了表现型与基因型之间的联系与区别。分离规律对于指导育种和良种繁育工作具有重要意义。

(1)在育种方面　按照分离规律,杂合体在形成配子时杂合的等位基因必然分离,随着自交代数的增加,纯合的基因和纯合的个体也随着增加。因此,在对杂种后代选择的同时,必须结合连续的自交以获得纯合体。因为在育种上要育成一个品种,不仅必须具有优良的经济性状,而且必须在遗传上是纯合体,才能保证新品种的稳定性。

(2)在良种繁育方面　以无性繁殖的园林植物,绝大多数为杂合体,有性后代会产生分离,故只能采用各种无性繁殖方法来保持无性系品种的纯度。以种子繁殖的园林植物,为防止品种因天然杂交而发生变异和性状分离造成退化,必须进行经常性的选择以保持品种纯度。对异花授粉植物还必须隔离留种繁殖。

(3)在杂种优势利用方面　应用 F_1 代具有强大的优势, F_2 代会发生分离,优势衰退。所以, F_2 代种子不能作大田生产用种,必须年年制种(有些树木例外)。

3.2　自由组合规律(独立分配规律)

前面所分析的实例都是亲本间只有一对相对性状的差异。孟德尔在分析一对相对性状的遗传规律的同时,又用具有两对相对性状的豌豆植株进行杂交试验,总结出了遗传学第二条规律——自由组合规律,也称为独立分配规律。

3.2.1　两对相对性状的杂交试验

1)豌豆的杂交试验

孟德尔在试验中选用的一个亲本是子叶颜色为黄色、种子形状为圆形的豌豆,另一个亲本是子叶颜色为绿色、种子形状为皱缩的豌豆。他将两个纯合亲本杂交,F_1籽粒全是黄子叶、圆形的。F_1自花授粉,F_2的种子一共有4种表现型(图3.5)。其中黄圆和绿皱两种是亲本原有的性状组合,称为亲本型;而黄皱和绿圆是原来亲本所没有的性状组合,称为重组型。从试验结果看:F_1全部是黄圆,说明圆粒对皱粒是显性,黄子叶对绿子叶是显性。

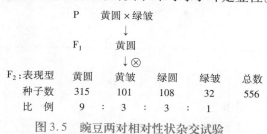

P	黄圆 × 绿皱			
	↓			
F_1	黄圆			
	↓ ⊗			
F_2:表现型	黄圆	黄皱	绿圆	绿皱	总数
种子数	315	101	108	32	556
比　例	9 :	3 :	3 :	1	

图 3.5　豌豆两对相对性状杂交试验

进一步分析发现,如果将两对相对性状分开来看,圆粒对皱粒和黄子叶对绿子叶的显性对隐性的遗传表现仍遵守分离规律,即显性:隐性 = 3:1。

圆粒:皱粒 = (315 + 108):(101 + 32) = 423:133 = 3.18:1 ≈ 3:1。

黄子叶:绿子叶 = (315 + 101):(108 + 32) = 416:140 = 2.67:1 ≈ 3:1。

如果将两对相对性状结合起来看:

黄圆的概率是 3/4 × 3/4 = 9/16　　　绿圆的概率是 1/4 × 3/4 = 3/16

黄皱的概率是 3/4 × 1/4 = 3/16　　　绿皱的概率是 1/4 × 1/4 = 1/16

从上面的分析中得出:一对相对性状的分离(圆粒与皱粒)与另一对相对性状的分离(黄子叶与绿子叶)是互不干扰的,两者在遗传上是独立的,决定着不同相对性状的基因在遗传上具有相对独立性,可以完全拆开。如黄子叶与圆粒可以拆开,绿子叶与皱粒可以拆开,也可以重新组合,如黄子叶与皱粒组合,绿子叶与圆粒组合,这种重新组合是自由组合的,使得F_2不仅有亲本型也有重组型。

2)自由组合现象的分析

我们用 Y 和 y 代表控制黄子叶与绿子叶的基因,R 和 r 代表控制圆粒和皱粒的基因。则黄圆亲本基因型为 YYRR,绿皱亲本基因型为 yyrr。上述的试验如图3.6所示。

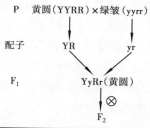

P	黄圆(YYRR) × 绿皱(yyrr)
配子	YR　　　yr
F_1	YyRr(黄圆)
	↓ ⊗
	F_2

雌配子	雄配子			
	1/4 YR	1/4 Yr	1/4 yR	1/4 yr
1/4 YR	1/16 YYRR 黄圆	1/16 YYRr 黄圆	1/16 YyRR 黄圆	1/16 YyRr 黄圆
1/4 Yr	1/16 YYRr 黄圆	1/16 YYrr 黄皱	1/16 YyRr 黄圆	1/16 Yyrr 黄皱
1/4 yR	1/16 YyRR 黄圆	1/16 YyRr 黄圆	1/16 yyRR 绿圆	1/16 yyRr 绿圆
1/4 yr	1/16 YyRr 黄圆	1/16 Yyrr 黄皱	1/16 yyRr 绿圆	1/16 yyrr 绿皱
总计:9/16 黄圆:3/16 黄皱:3/16 绿圆:1/16 绿皱				

图3.6　两对相对性状基因的分离与重组

3）自由组合规律的验证

孟德尔依然用测交法，即 F_1 与双隐性亲本测交来验证自由组合规律（表3.2）。

表3.2　两对基因杂种测交结果

F_1黄圆YyRr × 绿皱yyrr

配　子		YR	Yr	yR	yr	yr
理论期望的 测交后代	基因型 表现型种类 表现型比例	YyRr 黄圆 1	Yyrr 黄皱 1	yyRr 绿圆 1	yyrr 绿皱 1	
实际测交后代	F_1 为母本 F_1 为父本	31 24	27 22	26 25	26 26	

由于双隐性亲本的配子只有一种(yr)，因此根据测交子代的表现型和比例，理论上应能反映 F_1 所产生的配子类型和比例。由实际试验结果表明：F_1 不论作母本或父本，产生的雌配子或雄配子都有4种类型，即 YR,Yr,yR,yr，而且出现的比例相等，符合1:1:1:1。表中数据有力地证明，F_1 杂合体产生同样比例数目的4种配子(雌配子或雄配子)。

3.2.2　自由组合规律及其应用

1）独立分配规律及其实质

所谓独立分配规律，是指由两对各自均呈显隐关系的等位基因控制的相对性状，当两个纯种杂交时，子一代全为杂合体，只表现亲本的显性性状。当子一代自交时，由于等位基因之间是分离的，非等位基因之间是自由组合的，同时它们在受精过程中的组合也是随机的。因此，子一代产生4种不同配子，16种配子组合；产生9种基因型，4种表现型，表现型之比为9:3:3:1。

独立分配规律的实质：控制两对相对性状的两对等位基因，分别位于两对同源染色体上。在减数分裂形成配子时，同源染色体上的等位基因发生分离，一对等位基因的分离与另一对等位基因的分离互不干扰，各自独立；而位于非同源染色体上的非等位基因之间可以自由组合，使后代性状表现出亲本型和重组型的规律性。

2）独立分配规律的应用

（1）在杂交育种方面　根据自由组合规律，若选用纯合亲本进行杂交时，其杂种一代(F_1)表现一致，杂种二代(F_2)出现性状分离，所以就应在 F_2 选择所需类型，如草本花卉育种；若亲本不是纯合体，则杂种一代(F_1)即可能出现分离，就应在 F_1 进行选择，如树木的杂交育种。在园林植物杂交育种过程中，如一二年生种子繁殖的花卉，就必须依据表现型的分析鉴定来选择优良的基因型，而且必须选至纯合不再分离时，才能成为新品种。

独立分配规律是在分离规律的基础上，进一步揭示了两对基因之间自由组合的关系。它解释了不同基因的自由组合是自然界生物发生变异的重要来源之一。如 F_1 有 10 对杂合基因,则可产生 $2^{10} = 1\ 024$ 种配子,F_2 将分离出 $3^{10} = 59\ 049$ 种基因型,在完全显性的情况下,将有 $2^{10} = 1\ 024$ 种表现型。因此,只要在亲本选择时,注意优缺点互补的原则,就有可能在后代中产生综合亲本优良性状的新类型。

(2)估计杂交育种的规模和进程 按照自由组合规律,可以有目的地组合两个亲本的优良性状,并可预测杂种后代出现优良重组类型的大致比率,以便确定杂交育种的工作规模。例如,在缺刻、矮株、不抗萎蔫病的番茄品种($CCddrr$)与薯叶、高株、抗萎蔫病的番茄品种($ccDDRR$)的杂交组合中,已知这 3 对基因属独立遗传,想在 F_2 中得到缺刻、矮株、抗病($CCddRR$)的纯合体 10 株,则 F_2 至少需要多大的规模才能实现?根据自由组合规律可知,这个组合在 F_2 群体中,分离出纯合的缺刻、矮株、抗病($CCddRR$)的植株占 $1/4 \times 1/4 \times 1/4 = 1/64$,如果需 10 株这样的纯合体,$F_2$ 至少需要 $10 \times 64 = 640$ 株的规模才能达到要求。

3.2.3 多对相对性状的遗传

由上述内容可知,1 对基因杂合体产生 2 种配子,自交产生 3 种基因型,2 种表现型;2 对基因杂合体产生 4 种配子,自交产生 9 种基因型,4 种表现型;3 对基因杂合体就会产生 8 种配子,64 种组合,27 种基因型。总结(表 3.3)可以看出,随着两个杂交亲本相对性状数目的增加,即相对基因数目的增加,杂种后代的分离更为复杂,但是,只要各对基因是独立遗传的,F_2 表现型种类及其比例和基因型种类依然存在一定的比例关系。

表 3.3 杂交中包括的基因对数与基因型和表现型的关系

基因对数	F_1 形成的配子数	F_1 配子可能的组合数	F_2 的基因型种类	F_2 表现型数	F_2 表现型分离比
1	2	4	3	2	$(3:1)$
2	4	16	9	4	$(3:1)^2$
3	8	64	27	8	$(3:1)^3$
4	16	256	81	16	$(3:1)^4$
⋮	⋮	⋮	⋮	⋮	⋮
n	2^n	4^n	3^n	2^n	$(3:1)^n$

3.2.4 基因互作的遗传分析

1)等位基因间的相互作用

(1)完全显性 相对性状不同的两个亲本杂交,F_1 只表现某一个亲本的性状,而另一个亲本的性状未能表现,这种显性称完全显性。孟德尔研究的豌豆的性状都是完全显性。

（2）不完全显性　相对性状不同的两个亲本杂交，F_1 表现的性状是双亲的中间型，这种显性称不完全显性。如紫茉莉的花色，有红色、粉红色和白色，当红色与白色两个品种杂交时，F_1 的花色不是红色而是粉红色，即表现双亲的中间型，F_2 的表现型为 1 红：2 粉红：1 白。

（3）共显性　相对性状不同的两个亲本杂交，双亲的性状同时在 F_1 个体上出现，这种显性称共显性。例如，正常人红血球细胞都是蝶形的，但有种遗传病称为镰刀形红血球贫血症，患者的红血球是镰刀形的。患者与正常人结婚后，其子女的红血球细胞，既有蝶形的，也有镰刀形的，这就是共显性。这种人平时并不表现严重的病症，在缺氧条件下才发病。

（4）超显性　它是指 F_1 的性状超过双亲，这是杂种优势形成的原因之一，后面具体介绍。

此外，显隐性性状的表现除了因显隐性基因的不同而有不同的表现形式之外，还受到植物体内外环境的影响，即与该性状的发育条件（环境条件）和生理条件（营养、年龄、性别）有关。如金鱼草的红花品种与象牙花色品种杂交，其 F_1 如培育在低温、阳光下，花色为红色；如培育在高温、遮光条件下，花为象牙色。由此可见，植物性状的发育，不仅需要一定的遗传物质基础，而且还要有一定的发育条件，即生物的表现型是基因型与环境共同作用的结果。

2）复等位基因

前面关于等位基因的概念是：控制相对性状遗传，位于同源染色体对等位点上的基因，称为等位基因。例如，豌豆的红花基因和白花基因。但是人们发现在同源染色体的对等位点上还存在着两个以上的等位基因，遗传学上将这种等位基因称为复等位基因。人类的 ABO 血型的遗传，就是一个典型的复等位基因的例子。

人类的 ABO 血型有 A，B，AB，O 4 种类型，这 4 种表现型是由 3 个复等位基因决定的，分别是 I^A，I^B 和 i。I^A 与 I^B 之间表现共显性（无显隐性关系），而 I^A 和 I^B 对 i 都是显性，所以这 3 个复等位基因组成 6 种基因型，但表现型只有 4 种（表 3.4）。

表 3.4　人的 ABO 血型

血　型	基因型
O	ii
A	$I^A I^A$ 或 $I^A i$
B	$I^B I^B$ 或 $I^B i$
AB	$I^A I^B$

3）非等位基因间相互作用

在前面两个遗传规律中，孟德尔用一个基因代表一个性状，用基因的分离和重组来解释性状的遗传规律。这种一对等位基因控制一对相对性状的遗传形式，称为"一因一效"。但在孟德尔之后，许多试验证明基因与性状远不是"一对一"的关系，相对基因间的显隐性关系即说明这一点。任何性状都十分复杂，除"一因一效"外，还有一对基因影响一对以上性状的表现，称为"一因多效"。如豌豆花色的遗传，红花基因不仅控制开红花，而且使叶腋中有红色斑点，种皮上有颜色，而白花基因则不能。也有多对基因共同影响一对性状的表现，称为"多因一效"或称"基因的相互作用"。如番茄果实颜色起主要作用的是影响果肉和果皮颜色的两对基因。玉米叶绿素的形成则至少涉及 50 多对等位基因。一对等位基因除了对某一单位性状起决定作用外，也能对其他性状起直接或间接的作用。这种不同对基因间相互作用的现象称为基因互作。

由于基因互作很复杂，这里仅讨论两对独立遗传的非等位基因间的相互作用。

（1）互补作用（分离比为 9：7）　两对独立遗传基因分别是纯合显性或杂合显性时，共同决定一种性状的发育；当只有一对基因是显性或两对基因都是隐性时，表现为另一种性状，这种现象称为基因的互补作用。例如，香豌豆 2 个白花纯合体杂交后，F_1 表现紫花，用基因互补可以解释这种返祖现象。

$$P\qquad 白花(CCpp)\times 白花(ccPP)$$
$$\downarrow$$
$$F_1\qquad 紫花(CcPp)$$
$$\downarrow\otimes$$
$$F_2\qquad 9\ 紫花(9C\_P\_):7\ 白花(3C\_pp+3ccP\_+1ccpp)$$

（2）积加作用（分离比为 9：6：1）　两对基因作用于同一相对性状，当两种显性基因同时存在时表现一种性状；单独存在时，分别表现相似的性状；两对隐性基因存在时，则表现另一种性状，这种现象称为基因的积加作用。例如，美国南瓜有不同的果形。

$$P\qquad 圆球形\ 1(AAbb)\times 圆球形\ 2(aaBB)$$
$$\downarrow$$
$$F_1\qquad 扁球形(AaBb)$$
$$\downarrow\otimes$$
$$F_2\qquad 9\ 扁球形(9A\_B\_):6\ 圆球形(3A\_bb+3aaB\_):1\ 长圆形(1aabb)$$

（3）重叠作用（分离比 15：1）　两对基因作用于同一相对性状，不论显性基因多少，都表现同一性状；没有显性基因时表现另一种性状。例如大豆果荚的颜色。

$$P\qquad 绿色(GGyy)\times 绿色(ggYY)$$
$$\downarrow$$
$$F_1\qquad 绿色(GgYy)$$
$$\downarrow\otimes$$
$$F_2\qquad 15\ 绿(9G\_Y\_+3ggY\_+3G\_yy):1\ 黄(1ggyy)$$

（4）显性上位作用（分离比 12：3：1）　两对互作的基因中，其中一对基因的显性基因对另一对基因的显性基因起着遮盖的作用，这种现象称为显性上位作用，起遮盖作用的显性基因称为上位显性基因。例如，美国南瓜中的显性白皮基因（W）对显性黄皮基因（Y）有显性上位作用。当 W 基因存在时能阻碍 Y 基因的作用，表现 W 基因的白色；没有 W 基因时，才能表现 Y 基因的黄色；W 与 Y 都不存在时，则表现 y 基因的绿色。

$$P\qquad 白皮(WWYY)\times 绿色(wwyy)$$
$$\downarrow$$
$$F_1\qquad 白皮(WwYy)$$
$$\downarrow\otimes$$
$$F_2\qquad 12\ 白皮(9W\_Y\_+3W\_yy):3\ 黄皮(wwY\_):1\ 绿皮(1wwyy)$$

（5）隐性上位作用（分离比 9：3：4）　两对互作的基因中，其中一对基因中的隐性纯合基因对另一对基因起遮盖作用，这种现象称为隐性上位作用。起遮盖作用的隐性基因称为上位隐性基因。例如向日葵花色中，隐性基因（aa）对另一对的显性基因（L）和隐性基因（ll）有隐性上位作用。当（aa）基因存在时能阻碍（L）基因和（ll）的作用，表现（aa）基因的柠檬黄花；没有（aa）基因时，才能表现（L）基因的黄花；或者表现（ll）基因的橙黄色花。

$$P\qquad 黄花(LLAA)\times 柠檬黄花(llaa)$$
$$\downarrow$$
$$F_1\qquad 黄花(LlAa)$$
$$\downarrow\otimes$$
$$F_2\qquad 9\ 黄花(9L\_A\_):3\ 橙黄色花(3llA\_):4\ 柠檬黄花(3L\_aa+1llaa)$$

（6）抑制作用（分离比 13：3）　两对互作的基因中，其中一对基因的显性基因对另一对基因中的显性基因起着抑制作用，无法表达，抑制基因自身不控制表现型。例如，玉米胚乳蛋白质层颜色，有抑制基因（I）时，有色基因（C）无法表达，表达的是白色基因（cc）的性状；没有抑制基

因(I)时,有色基因(C)才可以表达。

P　　　白色蛋白质层 CCII × 白色蛋白质层 ccii
↓
F₁　　　　　白色 CcIi
↓⊗
F₂　　13 白色(9C_I_+3ccI_+1ccii)∶3 有色(3C_ii)

上位作用和抑制作用不同,抑制基因本身不能决定性状,而显性上位基因除遮盖其他基因的表现外,本身还能决定性状。

为了便于描述,我们以两对基因为例进行讨论。事实上基因的互作绝不限于两对基因,很多情况下性状是由 3 对甚至 3 对以上基因互作造成的,基因与性状的相互关系也是非常复杂的。从以上实验结果可见,由于基因互作的方式不同,其表现型比例也不同,但各种表现型的比例都是在两对独立基因分离比例 9∶3∶3∶1 的基础上演变而来的,其基因型比例仍然和独立分配一致。由此可见,基因互作的遗传方式仍然符合孟德尔的遗传定律。

3.3　连锁遗传规律

独立分配规律所阐述的是不同对的等位基因分别载于不同对的同源染色体上。如果控制不同性状的等位基因在同一对同源染色体上,就不符合自由组合规律。实际上这是属于另一类的遗传,即连锁遗传。连锁遗传不是对孟德尔遗传的简单修正,而是具有重大的补充、丰富和发展意义。

3.3.1　连锁遗传现象

1906 年贝特生在一种观赏植物——香豌豆的两对相对性状的杂交中,最初发现了连锁遗传现象。香豌豆的紫花与红花为一对相对性状,长花粉与圆花粉是另一对相对性状。紫花(P)对红花(p)为显性,长花粉(L)对圆花粉(l)为显性,试验结果如图 3.7 所示。

试验 1　　　　　P　　　紫花、长花粉 × 红花、圆花粉
　　　　　　　　　　　　(显性)(显性)　(隐性)(隐性)
　　　　　　　　　　　　　(PPLL)　　(ppll)
↓
　　　　　　　F₁　　　　　紫花、长花粉(PpLl)
↓⊗

F₂	紫长	紫圆	红长	红圆	合计
	(P_L_)	(P_ll)	(ppL_)	(ppll)	
实际数	4 831	390	393	1 338	6 952
依 9∶3∶3∶1 的理论数	3 910.5	1 303.5	1 303.5	434.5	6 952

试验 2　　　　　　　　P　　　　　　紫花、圆花粉 × 红花、长花粉

　　　　　　　　　　　　　　　　　（显性）（隐性）（隐性）（显性）
　　　　　　　　　　　　　　　　　　（PPll）　　　　（ppLL）

↓

　　　　　　　　　　　F₁　　　　　　紫花、长花粉（PpLl）

↓⊗

F₂	紫长	紫圆	红长	红圆	合计
	(P_L_)	(P_ll)	(ppL_)	(ppll)	
实际数	226	95	97	1	419
依 9:3:3:1 的理论数	235.8	78.5	78.5	26.2	419

图 3.7　香豌豆杂交试验

从试验结果看,F₁ 均表现紫花长花粉,F₂ 也有 4 种表现型,其中亲本型实际数多于理论数,而重组型的实际数少于理论数,但与 9:3:3:1 理论数相差很大,显然不符合独立分配规律。表现原来为同一亲本所具有的两个性状,在 F₂ 中常常有联系在一起遗传的倾向,这种现象称为连锁遗传。

在遗传学中,把两个显性性状或两个隐性性状联系在一起的组合称为"相引组",如试验 1;把一个显性性状与一个隐性性状联系在一起的组合称为"相斥组",如试验 2。

3.3.2　连锁遗传现象的分析

既然上述同样是两对相对性状,为什么 F₂ 不表现 9:3:3:1 的比例呢? 其原因也必须从 F₁ 产生的各类配子的比例中去寻找,我们还是用测交的方法来统计 F₁ 所产生的各类配子数。

玉米的测交试验得出了这样的结论:F₁ 产生的各类配子数目是不相等的。玉米籽粒有色（C）对无色（c）是显性,正常（或饱满）胚乳（S）对凹陷胚乳（s）是显性,两对性状杂交及其测交结果如图 3.8 所示。

P　　　　　　有色、饱满（CCSS）×无色、凹陷（ccss）

↓

F₁　　　　　　有色、饱满（CcSs）×ccss（无色、凹陷）

↓

F₁ 配子	CS	Cs	cS	cs	
测交子代:基因型	CcSs	Ccss	ccSs	ccss	
表现型	有色饱满	有色凹陷	无色饱满	无色凹陷	
实际数	4 032	149	152	4 035	总数=8 368

重组型　$\dfrac{149+152}{8\,368} \times 100\% \approx 3.6\%$

亲本型　$100\% - 3.6\% = 96.4\%$

图 3.8　玉米杂交试验

由图 3.8 结果可看出:测交子代的 4 种表现型反映出 F₁ 产生的 4 种类型配子的基因组合。其中新组合的配子（重组型配子）Cs,cS 的百分率仅为 3.6%,远远少于在独立分配情况下的 50%,而亲本组合的配子（亲本型配子）CS 和 cs 占 96.4%,大大超过独立分配情况下的 50%,说明亲本配子所带有的两个基因 C 和 S 或 c 和 s 在 F₁ 植株进行减数分裂时没有独立分配,而是常常联系在一起出现,而且带有两个显性基因（CS）和带有两个隐性基因（cs）的亲本型配子

数目相等。同样,两类(Cs)和(cS)重组型配子数目也相同,这反映了连锁遗传的基本特征。

这个试验用的是相引组,如果用相斥组做试验,可以得到类似的结果。

3.3.3　连锁及交换的遗传机制

所谓交换,是指同源染色体的非姊妹染色单体之间对应片段的交换,从而引起相应基因间的交换与重组。在减数分裂前期,尤其是双线期,配对中的同源染色体不是简单地平行靠拢,而

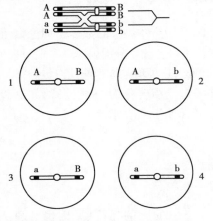

注:2,3 为重组型配子;1,4 为亲本型配子

图 3.9　配对的同源染色体上的交叉

是在非姊妹染色体间某些位点上出现交叉缠结的现象,每一点上这样的图像称为一个交叉,这是同源染色体间相对应的片段发生交换的地方(图 3.9)。同源染色体非姊妹染色单体之间发生交换,如果交换发生在两个连锁基因之间,就会导致这两个连锁基因的重组。需要强调的是:交叉是交换的结果而不是交换的原因,也就是说,遗传学上的交换发生在细胞学上的交叉出现之前。如果交换发生在两个特定的所研究的基因之间,则出现染色体内重组形成的交换产物;若交换发生在所研究的基因之外,则得不到特定基因的染色体内重组的产物。

一般情况下,染色体越长,则显微镜下可以观察到的交叉数越多,一个交叉代表一次交换。

3.3.4　交换值的计算

根据遗传试验和细胞学观察,连锁遗传是由于连锁的基因位于同一条染色体上的结果。如果杂种 F_1 的性母细胞在减数分裂过程中,位于同一条染色体上的两个连锁基因的位置保持不变,则 F_1 产生的配子只有两种,测交结果只能得到和亲本相同的两种性状组合,不会有新组合出现,这种现象称为完全连锁。这种情况在实际中很少出现,一般的情况是一对同源染色体上两对基因或多或少会发生交换,产生少量重组型配子,这种现象称为不完全连锁。交换的频率用产生新组合配子占总配子数的百分数来表示,遗传上称为交换值或交换率。

交换率 = 重新组合的配子数/总配子数 × 100%

交换值用来表示连锁强度大小,交换值的范围在 0 ~ 50%。交换值越小则连锁强度越大,重组型出现的几率越小;反之重组型出现的几率越大。

如果在 100% 的孢母细胞内,一对同源染色体之间的交换都发生在某两对连锁基因的相连区段之内,最后产生的重组型配子将是配子总数的一半,即 50%。但是这种情况很少发生,甚至是不可能发生的。通常的情形是在一部分孢母细胞之内,一对同源染色体之间的交换发生在某两对连锁基因相连区段之内;而在另一部分孢母细胞内,该两对连锁基因相连区段之内不发生交换。假定在 F_1 植株的 100 个孢母细胞内,交换发生在 Ss 和 Cc 两对基因相连区段之内的

有8个,即8%的孢母细胞发生了交换。依图3.10分析,重组型配子数应该是4%,恰恰是交换的孢母细胞百分数的一半。

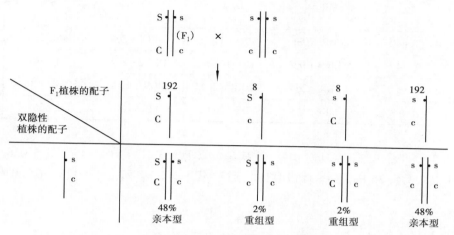

图3.10　玉米的 s-c 基因的连锁遗传测交图式

3.3.5　连锁遗传规律及其应用

1)连锁遗传规律的实质

连锁遗传规律的实质是:处在同一条染色体上的两个或两个以上基因遗传时,连在一起的频率大于重新组合的几率。在减数分裂形成配子时,配了对的同源染色体的非姊妹染色单体之间可能发生交换,从而使上面的基因也随之交换,且交换的部位相同,从而造成了两本亲型组合多,重组型的组合少。

2)连锁遗传规律的应用

连锁遗传规律,阐明了同一对染色体上的非等位基因之间的相互联系和变化。根据此规律和杂交育种中所取得的连锁及交换的资料,预测杂种后代中各种类型出现的概率,有利于杂交育种工作的进展。园林植物中的连锁遗传现象除形态性状之间的连锁,如前例中花色与花粉形态之间的连锁外,还有形态与生活力之间的连锁、形态和生理特性之间的连锁等重要的连锁现象。形态与成活力之间的连锁遗传在园林植物育种中具有实践意义,当我们播种时力求让所有种子都能发芽生长,直到开花结果。过早死去的幼苗可能代表着一些重要的形态与生理类型,使育种者失去即将到手的理想性状。这种情况在远缘杂交的种子中尤为突出,杂种成活力差异较大,因此应根据连锁遗传知识,考虑原亲本的适应范围,选择适宜地点和气候播种杂种种子。

通过连锁基因之间的交换率还可估算育种规模。杂交育种的目的在于利用基因重组来综合双亲的优良性状,培育理想的新品种。但在实际育种工作中,有些基因控制的经济性状常呈连锁遗传。因此,必须考虑性状连锁的强度,有计划地安排杂种群体的大小,估测优良类型出现的频率,从而估测育种的进展。例如,番茄中有一种矮生性状(dd)和抗病性(RR)有较强的连锁关系,交换值为12%。如用矮生抗病(ddRR)与正常染病(DDrr)杂交,在 F_2 想获得正常抗病理想的类型出现的百分率,可根据表3.5估算。

表3.5　番茄两对性状连锁遗传期望类型出现的几率

♀＼♂	dR 44	Dr 44	DR 6	dr 6
dR 44	ddRR 1 936	DdRr＊1 936	DdRR＊264	ddRr 264
Dr 44	DdRr＊1 936	DDrr1 936	DDRr＊264	Ddrr 264
DR 6	DdRR＊264	DDRr＊264	DDRR＊36	DdRr＊36
dr 6	ddRr 264	Ddrr 264	DdRr＊36	ddrr36

从表3.5中可看出,F_2中具有正常、抗病植株类型($D\_R\_$)用＊表示,共5 036/10 000 = 50.36%,但其中只有36株是纯合体(DDRR),到F_3代不会分离,所占比例只有36/5 036 = 0.7%。

3.4　细胞质遗传

前面介绍的遗传现象和遗传规律都是由细胞核内的遗传物质,即核基因所决定的,称为细胞核遗传或核遗传。而随着遗传学的深入研究,发现生物的一些性状其遗传现象并不是或不完全是由核基因所决定的,而是取决于或部分取决于细胞质内自主性的遗传物质,即细胞质基因。与核基因一样,细胞质基因也能决定生物某些性状的遗传和表现。因此学习细胞质遗传问题,以达到正确认识生命现象本质及改造和利用生物的目的。

3.4.1　细胞质遗传及其特点

1)细胞质遗传的概念

细胞质遗传是指除染色体以外的其他任何细胞成分引起的遗传现象。例如质体、线粒体等细胞器以及某些共生体和细菌质粒所引起的遗传现象。由于在真核生物中,存在着细胞核和细胞质的严格界限,而且染色体外的遗传物质又存在于细胞质中,所以习惯上把核外遗传物质所引起的遗传现象称为细胞质遗传。在有些情况下,细胞质遗传也称为染色体外遗传、非染色体遗传、核外遗传、非孟德尔遗传、母体遗传等。

2)细胞质遗传的现象

在紫茉莉的花斑植株中,有时会出现只有绿色叶片和只有白色叶片的枝条,花斑叶片的白色部分和绿色部分之间有明显的界限。C. Correns(1909)用3种类型枝条上的花进行正反交,杂种表现如表3.6所示。

表3.6　紫茉莉花斑性状的遗传

接受花粉的枝条	提供花粉的枝条	杂种表现
白色	白色、绿色、花斑	白色

接受花粉的枝条	提供花粉的枝条	杂种表现
绿色	白色、绿色、花斑	绿色
花斑	白色、绿色、花斑	白色、绿色、花斑

表3.6 中的结果表明:白色枝条上杂交种子都长成白苗;绿色枝条上的杂交种子都长成绿苗;而花斑枝条上的杂交种子或者长成白苗,或者长成绿苗,或者长成花斑苗。因此,他认为花斑性状是通过母本的细胞质传递的,而与父本携带的基因没有直接的关系。

3)细胞质遗传的特点

在真核生物的有性生殖过程中,参与受精的雌性生殖细胞——卵细胞内含有细胞质内的各种细胞器,而雄性生殖细胞——精子中几乎不含细胞质。在受精后形成的二倍体合子中,细胞核是由双亲共同提供的,卵细胞基本上是合子细胞质中细胞器如叶绿体、线粒体等的唯一供体。因此,细胞质基因只能通过母本的卵细胞向后代传递。这样,由细胞质基因决定的性状的遗传就表现出不同于孟德尔遗传的特征。

①无论是正交还是反交,F_1 的表现总是和母体一样。因此,正反交后代的表现不同,杂种后代表现可能会有分离,但不表现为孟德尔式的分离比例。

②通过连续回交能将母本的核基因几乎全部置换掉,但母本的细胞质基因及其所控制的性状仍不消失。

③非细胞器的细胞质颗粒中遗传物质决定的性状,其表现往往类似病毒的传导或感染。

由此可见,在细胞质遗传中,提供细胞质的母本是决定性的。

3.4.2 细胞质基因与细胞核基因的关系

1)质基因与核基因的比较

细胞质基因和细胞核基因在功能与结构上有很多相似之处:

①能自我复制,并有一定的稳定性和连续性。

②能控制蛋白质的合成,表现特定的性状。

③能发生突变并能稳定地传递给后代。

但由于细胞质基因的载体及其所在位置与核基因不同,因此在基因的传递、分配等方面又与核基因有区别,主要表现在:

①细胞质基因数量少,但其控制的性状也较少。

②细胞质基因几乎不能通过雄配子传递给后代,由此造成正交与反交结果不同,表现为母性遗传。

③细胞质基因在分配与传递过程中,除其中个别游离基因有时能与染色体进行同步分裂外,绝大多数细胞质基因由于它们的载体不同于染色体,因此不能像核基因那样有规律地分离与重组。

2）细胞质基因与细胞核基因的关系

①植物有些性状的变异，表面上看是由质基因决定的，实际上也是在核基因作用下发生的。如玉米植株出现白绿相间的条纹叶是由质基因变异产生的，但玉米核内第七对染色体上 ijij 基因能使这种变异成为不可逆变异。这说明质基因自主性是相对的，在很大程度上受到核基因的影响。

②核基因与质基因在性状表现上常表现为相互调节，共同控制某些性状的表现。如线粒体内的大部分蛋白质是依靠核基因在核糖体上合成的，仅有少量蛋白质由线粒体本身的 DNA 决定。当线粒体 DNA 控制蛋白质合成时，核 DNA 的作用受到抑制；当线粒体 DNA 受到抑制时，核 DNA 活动就加强。所以，在基因对性状的控制上，细胞质基因与核基因是相互依赖、相互联系和相互制约的，两者常常共同来实现对某一性状的控制。但在生命的全部遗传体系中，核基因处于主导和支配地位，质基因处于次要的地位。

3.4.3   植物雄性不育性的遗传

植物雄性不育是指植物的雄蕊发育不正常，不能产生有正常功能的花粉或者产生的花粉也是败育的，而雌蕊正常，能接受正常的花粉受精结实。雄性不育性在植物界较为普遍，迄今已在 18 个科的 110 多种植物中发现了雄性不育的存在。

由不良环境引起的雄性不育是不可遗传的，由基因控制的雄性不育是可遗传的，可遗传的雄性不育在育种上才有意义。可遗传的雄性不育可以分为质不育型、核不育型和质核互作不育型 3 种类型，其中质核互作不育类型有较大的实用价值。如果杂交母本具有这种不育性，就可以免除人工去雄，节约了人力，降低了生产成本，并且可以保证种子的纯度。目前，质核互作雄性不育在农作物、园艺及园林上得到广泛应用，如百日草、矮牵牛、金鱼草、玉米、水稻、小麦、棉花、洋葱等，许多园林植物利用这一特性来生产杂交种子，特别是在水稻雄性不育系的研究方面我国科技工作者做出了杰出贡献。

1）细胞核雄性不育

核不育是受细胞核内一对隐性基因（msms）控制的。这种不育植株与可育植株杂交 F_1 表现正常可育，F_1 自交产生的 F_2 又可出现可育株与不育株，其分离比例为 3∶1（图 3.11）。在杂种后代群体中，不育株与可育株只有当开花时才能区别，很难单独种植雄性不育的植株来进行杂交制种。

$$P \quad \text{msms（雄性不育株）} \times \text{MsMs（雄性可育株）}$$
$$\downarrow$$
$$F_1 \qquad\qquad \text{Msms（雄性可育）}$$
$$\downarrow \otimes$$
$$F_2 \qquad 1\text{MsMs} \qquad 2\text{Msms} \qquad 1\text{msms}$$
$$\text{正常∶不育} = 3∶1$$

图 3.11   细胞核雄性不育的遗传

2）细胞质雄性不育

这种雄性不育是由细胞质基因控制的，表现为母性遗传。如果用这种雄性不育植株作母本与雄性正常类型杂交,其杂种总是表现雄性不育。在育种上,细胞质雄性不育难以利用,因其后代是不育的,如果没有授粉植株是不能结种子的。

3) 质核互作型雄性不育

　　质核互作的雄性不育是受细胞质不育基因和细胞核不育基因共同控制的,是质核遗传物质共同作用的结果。在这种类型中,细胞核内含有纯合的隐性基因(rr),同时细胞质内含有雄性不育的细胞质基因S(图3.12),于是表现雄性不育。它是由于细胞质和细胞核内都含有的不育性基因而造成雄性不育的。我们称这样的株系为雄性不育系。

图 3.12　质核互作型雄性不育系

　　有些植株给雄性不育株授粉,产生的后代继续为雄性不育系,称为保持系。保持系开花结实完全正常,能产生足够的花粉。保持系核内的基因型也是纯合的隐性不育基因(rr),但它的细胞质内含有可育的细胞质基因N,也唯有这个细胞质基因使得保持系是可育的。雄性不育系必须依靠保持系才能繁殖自己,经过保持系反复回交传粉以后,雄性不育系除育性外其他一切性状与保持系完全相同(图3.13)。

　　有些植株给不育株授粉,能使雄性不育系产生雄性可育的后代,称为恢复系。恢复系核内具有显性纯合可育基因(RR),能正常开花结实,产生正常的花粉。用它给雄性不育株授粉,由于显性基因(R)的作用,使雄性不育株恢复雄性育性(图3.14)。在农业生产上要求恢复系不仅能使雄性不育的后代恢复能育性,而且要求表现杂种优势,这样才能达到推广栽培的目的。

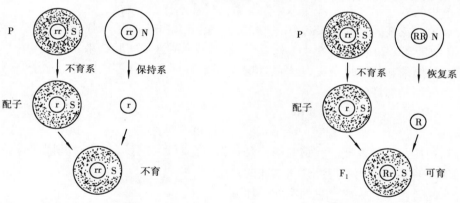

图 3.13　保持系的作用　　　　　　　　图3.14　恢复系的作用

　　雄性不育的性状在配制杂交种时很有用处。有了合适的不育系、保持系和恢复系,在制单交种时一般建立两个隔离区。

　　一区是繁殖不育系和保持系的隔离区,在区内交替地种植不育系和保持系。不育系缺乏花粉,花粉从保持系获得,从不育系植株收获的种子仍旧是不育系。保持系植株依靠本系花粉结实,所以从保持系植株收获的种子仍旧是保持系,这样在这一隔离区内同时繁殖了不育系和保持系(图3.15)。

　　另外一区是杂种制种隔离区,在这一区里交替地种植不育系和恢复系。不育系植株没有花粉,花粉是从恢复系植株来的,所以从不育系植株收获的种子就是杂交种子,可供大田生产用。恢复系植株依靠本系花粉结实,所以从恢复系植株收获的种子仍旧是恢复系。于是在这一隔离区内制出了大量杂交种,同时也繁殖了恢复系(图3.16)。

图 3.15　雄性不育系和保持系的繁殖　　　　图 3.16　制杂交种同时繁殖恢复系

　　这就是用两个隔离区同时繁殖三系的制杂交种方法,一般称为"二区三系"制种法。

　　目前,这种制种法在农业生产中获得了很大的经济效益。水稻、玉米、小麦、高粱、大麦以及洋葱和甜菜应用这一制种法已经取得了令人鼓舞的成绩。如果将这一方法用到花卉生产中,尤其是一、二年生草花的制种生产,将极大地改变花卉生产的现状,取得花卉种子生产的新成就。

复习思考题

　　1.名词解释:

　　单位性状　相对性状　等位基因　纯合体　杂合体　基因型　表现型　完全显性　不完全显性　共显性　一因多效　多因一效　完全连锁　不完全连锁　交换值　细胞质遗传　雄性不育　植物的雄性不育系　雄性不育保持系　雄性不育恢复系

　　2.大豆的紫花基因 P 对白花基因 p 为显性,紫花×白花的子一代全为紫花,子二代共有 1 653 株,其中紫花 1 240 株,白花 413 株,试用基因型说明这一实验结果。

　　3.下面是紫茉莉的几组杂交,基因型和表现型已注明。试问各产生哪些配子?杂种后代的基因型和表现型是怎样的?

　　(1)Rr × RR　　　　　(2)rr × Rr　　　　　(3)Rr × Rr
　　　粉红　红色　　　　　白色　粉红　　　　　粉红　粉红

　　4.分离规律是怎样发现的?它的实质是什么?怎样验证分离规律?基因跟性状的区别是什么?如何理解显性性状和隐性性状之间的关系?

　　5.什么是自由组合规律?它的实质是什么?

　　6.番茄的红果(Y)对黄果(y)为显性,二室(M)对多室(m)为显性,两对基因是独立遗传的。当一株红果、二室的番茄与一株红果、多室的番茄杂交后,子一代(F$_1$)的群体内有:3/8 的植株为红果、二室的,3/8 是红果、多室的,1/8 是黄果、二室的,1/8 是黄果、多室的。试问这两个亲本植株是怎样的基因型?

　　7.花生的种皮紫色(R)是红色(r)的显性,厚壳(T)是薄壳(t)的显性。两对基因自由组合,现有下列杂交自由组合:

　　(1)TTrr × ttRR　　(2)TtRr × ttRR　　(3)ttRr × Ttrr　　(4)TtRr × ttrr
指出它们子代的表现型及比例是怎样的。

　　8.一个豌豆品种的性状是高茎(DD),花开在叶腋(AA)和花紫色(BB),另一个豌豆品种的性状是矮茎(dd),花开在顶端(aa)和花白色(bb)。让它们杂交,请问:(1)子一代和子二代的基因型和表现型各是什么?(2)表现型全部像亲代父母本的各有多少?

　　9.比较连锁遗传与独立遗传之间的异同点,并说明其细胞学基础。

10. 在大麦中,带壳(N)对裸粒(n)为显性,散穗(L)对密穗(l)为显性。今一带壳散穗纯种(NNLL)与裸粒密穗纯种(nnll)杂交,F_1 与双隐性亲本测交,测交子代为:带壳散穗 228 株,带壳密穗 22 株,裸粒散穗 18 株,裸粒密穗 232 株。(1)求交换值。(2)如果让这个 F_1 植株自交,试问要使 F_2 代中出现裸粒散穗(nnL_)20 株,F_2 至少要种多少株?

11. 已知香豌豆的紫花(P)是红花(p)的显性,长花粉(L)是圆花粉(l)的显性。今将紫花长花粉纯合品种和红花圆花粉纯合品种杂交,F_1 自交,F_2 的 4 种类型及个体数如下:紫花长花粉 4 831、紫花圆花粉 390、红花长花粉 393、红花圆花粉 1 338,已知这两对性状是连锁遗传的,求交换值。

12. 在一测交群体中,有 2% 的个体出现重组,发生交换的配子有可能是多少?

13. 有一个杂交试验结果如下:

$$AaBb \times aabb$$
$$\downarrow$$

Aabb	aaBb	AaBb	aabb
42%	42%	8%	8%

(1)发生和没有发生交换的配子各是什么?

(2)在两个位点间,双线期交叉的百分率是多少?

(3)两位点间的遗传距离是多少?

14. 给你一些玉米种子,你有什么方法可以确定它们的基因型?

15. 在人类中,惯用右手(R)对惯用左手(r)表现显性遗传。父亲是惯用左手,母亲是惯用右手,他们有一个小孩是惯用左手。写出这一家三口的基因型。

16. 分离规律是怎样发现的?它的实质是什么?怎样验证分离规律?

17. 基因跟性状的区别怎样?你对显性和隐性的看法怎样?

18. 试述细胞质遗传的特点?怎样区别细胞质遗传和细胞核遗传?

19. 何谓雄性不育?它在生产上有何应用价值?一般生产上多用哪种不育型?如何利用?

20. 以 S,N,R,r 表示不育系、保持系、恢复系的基因型,并表明它们的关系。

4 数量性状的遗传

微课

[本章导读]

　　本章主要介绍数量性状的特点,多基因假说的要点,多基因的累加效应,遗传率的含义及数量性状的基本统计方法。要求学生学会估算广义遗传率及狭义遗传率,并能根据估算结果分析数量性状在遗传中的现象和问题。

4.1　数量性状的遗传特征及机理

4.1.1　数量性状的遗传特征

　　第3章讲到的一些性状,如豌豆的红花和白花、玉米胚乳的糯性与非糯性等,这些相对性状之间有质的区别,界限分明,易于识别。在杂种后代中可根据一定的表现型分组归类,求出类型间的比例,不同类型之间没有不易区分的过渡类型。所以性状的变异表现为不连续性。这类表现不连续变异的性状称为质量性状(qualitative character)。质量性状一般受一对或几对基因控制,遗传方式基本受孟德尔规律的控制,不易受环境条件的影响。

　　除了质量性状外,生物界中还广泛存在着另一类性状,这类性状在一个自然群体或杂种后代的群体内,不同个体之间表现为连续的变异,在性状的表现程度上有一系列的中间过渡类型,不易区别。这类表现连续变异的性状称为数量性状(quantitative character),如植株高矮、果实大小、花朵直径等,又如玫瑰花瓣中香精油的含量,有些品种的含量不足0.1%,有的超过1%,中间还有一些介于两者之间的含量。这类性状不能用经典的遗传学理论来解释和分析它们的复杂变化。

　　数量性状通常用长度、重量、体积等数值来表示其差异,在群体水平上是通过生物统计分析的方法来研究的。但并不是任何能用数量衡量的性状都显现严格的连续变异,如孟德尔试验所使用的高植株与矮植株,这两个品种的豌豆在植株高度这个性状上可以明显区别开来,不会混淆,二者杂交后,并没有中间过渡类型。但我们所要研究的是呈现连续变异的数量性状,因此,遗传学上研究的数量性状具有如下基本特征:

①杂种后代的数量性状的变异及表现型的分布呈一种正态分布,表现型是连续的。

②杂种后代的数量性状对环境条件反应敏感。数量性状一般容易受环境的影响而发生变异,这种变异一般是不遗传的,它往往和那些能够遗传的数量性状混在一起,使问题变得更加复杂。现以玉米穗长遗传的实例来说明数量性状的特征(表4.1)。

表4.1   玉米穗长杂交实验结果

频数/f 世代	果穗长度(X)/cm																	果穗总数/n	统计数/cm		
	5	6	7	8	9	10	11	12	13	14	15	16	17	18	19	20	21		平均数($\overline{X}$)	方差(V)	标准差(S)
P_1	4	21	24	8														57	6.632	0.665	0.816
P_2							3	11	12	15	26	15	10	7	2			101	16.802	3.561	1.887
F_1					1	12	12	14	17	9	4							69	12.116	2.309	1.519
F_2			1	10	19	26	47	73	68	68	39	25	15	9	1			401	12.888	5.076	2.252

从表4.1中看出:

①两个亲本及F_1,F_2的穗长均有从短到长的连续变异;

②两个亲本的穗长平均值($P_1 = 6.6$ cm,$P_2 = 16.8$ cm)相差很大,说明的确有遗传差异;

③F_1的平均数12.1 cm介于双亲平均数之间,F_1的变异幅度(9~15 cm)较小,因为F_1基因型是一致的,它的变异是环境条件影响的;

④F_2的穗长平均数同样介于两亲本平均数之间与F_1近似(12.8 cm),但变异范围比F_1大(7~15 cm),这是因为F_2既有基因型的差异,又有环境条件影响的差异。

4.1.2 数量性状的遗传机理——微效多基因假说

1)微效多基因假说的遗传证据

1909 年,瑞典遗传学家尼尔逊-爱尔(Herman Nilsson-Ehle)根据小麦籽粒颜色试验,提出小麦籽粒颜色是数量性状,而且认为数量性状是由彼此独立的许多基因作用的结果。他在红粒和白粒的小麦杂交试验中发现,F_1都表现红色,但颜色不如亲本那样深,表现中间类型。F_2表现红色和白色的比例有种种不同情况,有的F_2分离比接近3 红:1白,可看成1 对基因的影响;有的F_2分离比接近15 红:1白,是2 对基因的影响,是9:3:3:1的变型;有的F_2近似63 红:1白,是3 对基因分离的影响。

试验1   1 对基因的影响

P   红粒 × 白粒

↓

F_1 粉红粒

↓⊗

F_2 3 红粒:1白粒

在3:1的分离中,若进一步观察,红色还有程度不同的类型,可细分为1/4 红粒:2/4 中红粒:1/4白粒,即1:2:1的比例。

试验 2   2 对基因的影响

P   红粒 × 白粒

↓

F₁   粉红粒

↓⊗

F₂   15 红粒：1 白粒

在 15:1 的分离中,同样可细分为 1/16 深红:4/16 次深红:6/16 中红:4/16 淡红:1/16 白色,即 1:4:6:4:1 的比例。

试验 3   3 对基因的影响

P   红粒 × 白粒

↓

F₁   粉红粒

↓⊗

F₂   63 红粒：1白粒

在 63 红粒中仔细区分,颜色深浅不同,可区分为 1/64 极深红:6/64 深红:15/64 次深红:20/64 中红:15/64 中浅红:6/64 浅红,即结果为 1:6:15:20:15:6:1 的比例。

现在详细分析一下 15 红:1 白的情况。当种子为红色的品种同种子为白色的品种杂交,F₁种子颜色是中等红色,F₂出现了各种程度不同的红色种子和少数白色种子。从表 4.2 中可以看出,种子红色这一性状是由几个红色基因 R 的积累作用所决定的。R 越多,红色程度越深,4 个 R 表现深红色,3 个 R 表现中深红色,2 个 R 表现中红色,1 个 R 表现浅红色,没有 R 时为白色。

表 4.2   受 2 对基因控制的小麦粒颜色的遗传

亲 本	深红色（$R_1R_1R_2R_2$）× 白色（$r_1r_1r_2r_2$）				
F₁	中等红色（$R_1r_1R_2r_2$）				
F₂	基因型	1 $R_1R_1R_2R_2$	2 $R_1R_1R_2r_2$ 2 $R_1r_1R_2R_2$	1 $R_1R_1r_2r_2$ 4 $R_1r_1R_2r_2$ 1 $r_1r_1R_2R_2$	2 $R_1r_1r_2r_2$ 2 $r_1r_1R_2r_2$	1 $r_1r_1r_2r_2$
	表现型	深红	中深红	中红	浅红	白
	表现型比	1	4	6	4	1
		15				1

随着控制某一数量性状的基因数增多,杂种后代分离比率趋于多样,各种表现型在群体中所占比率如表 4.3 所示,群体表现则更为连续。

表 4.3   多基因系统在 F₂群体中分离比例理论值

等位基因对数	F₂表现型数	F₂分离比率	纯合亲本在群体中比例
1	3	1:2:1	2/4
2	5	1:4:6:4:1	2/16
3	7	1:6:15:20:15:6:1	2/64

续表

等位基因对数	F_2表现型数	F_2分离比率	纯合亲本在群体中比例
4	9	1:8:28:56:70:56:28:8:1	2/256
5	11	1:10:45:120:210:252:210:120:45:10:1	2/1 024

2）微效多基因假说

Nilsson Ehle 认为,数量性状同质量性状一样,都是由基因控制的,区别在于数量性状是由多基因控制的,每个基因对性状表达的效应相等而且微小,多个微效基因的效应是累加的,这些微效多基因的遗传仍遵循孟德尔规律,服从分离、重组和连锁遗传规律,分离时按$(1:2:1)^n$的比例分离(n为基因的对数)。

如在小麦粒色试验 2 中,F_2分离比例为 1:4:6:4:1,平均每 16 个麦粒中就有 2 个亲本类型。显然这一杂交组合中,小麦粒色的遗传是受 2 对基因控制的(表4.2)。对 F_2代的分离进行整理的结果(表4.4)。

表 4.4 受 2 对基因控制小麦粒色实验中 F_2 代的分离

基因型及频数	R 基因数目	表现型	表现型比例
1 $R_1R_1R_2R_2$	4R	深红	1
2 $R_1r_1R_2R_2$ 2 $R_1R_1R_2r_2$	3 R	次深红	4
1 $R_1R_1r_2r_2$ 4 $R_1r_1R_2r_2$ 1 $r_1r_1R_2R_2$	2R	中红	6
2 $R_1r_1r_2r_2$ 2 $r_1r_1R_2r_2$	1R	浅红	4
1 $r_1r_1r_2r_2$	0R	白色	1

在试验 3 中,F_2的红、白颜色分离为 63:1,分离比例为 1:6:15:20:15:6:1,平均每 64 个麦粒中就有 2 个亲本类型,这表明在此实验中小麦粒色的遗传是受 3 对基因控制的。用同样的方法整理其 F_2代的分离(表4.5)。

表 4.5 受 3 对基因控制小麦粒色实验中 F_2 代的分离

R 基因数	6R	5R	4R	3R	2R	1R	0R
表现型及其比例	最深红 1	深红 6	次深红 15	中红 20	中浅红 15	浅红 6	白 1

结果表明:F_2表现型的类别和比例与有效基因的数目有直接的关系,分离比例符合二项式$(a+b)^{2n}$的展开,n代表基因对数,a,b分别代表 F_1中 R 和 r 基因分配到每一配子内所出现的几率。当 $n=1,2,3$ 时就分别得到上述 3 个实验的分离比例。

可见，数量性状的遗传是受多基因控制的，随着控制某一数量性状的基因数增多，杂种后代分离比率趋于多样，各种表现型在群体中所占比率变小，群体表现则更为连续。决定数量性状的基因称为微效基因。

在实际生产中，由于决定数量性状的基因对数(n)很多，而且每个基因都受环境影响，把每个基因的环境影响也累加起来，就会使数量性状对环境更敏感，双重作用交织在一起，使表现型出现更为连续性的变异。这一假说也同时解释了为什么F_2表现型变异幅度大于F_1的现象。

综上所述，可把微效多基因假说的要点归纳如下：

①数量性状受微效多基因控制，多基因中的每一对基因对性状所产生的影响不能予以个别辨认，只能按性状的表现统一研究。

②微效基因是相互独立的、微小的和相等的，各基因对性状表现的作用是累加的。

③微效基因间往往不存在显隐性的关系，而是有效与无效的关系。有效基因用大写字母表示，无效基因用小写字母表示。

④微效基因对环境条件敏感，因而数量性状容易受环境条件的影响而发生变化。

⑤微效多基因仍遵守遗传的基本规律，同样有分离、重组、连锁和交换等，只不过控制性状的基因很多，所以分离后的表现型呈现常态分布。

4.2　数量性状的基本统计方法

因为数量性状的遗传情况较为复杂，所以通常用于质量性状的分析方法，再用于数量性状的分析就显得不够了。针对数量性状的特点在分析时应使用统计学方法。

鉴于生物统计是遗传学研究的基础课程，本节只列出遗传学常用的统计学基本概念和计算方法。

4.2.1　平均数

平均数是某一个性状的几个观察数的平均值。求平均数的公式是：

$$\overline{X} = \frac{X_1 + X_2 + \cdots + X_n}{n} = \frac{\sum X}{n}$$

这里$\overline{X}$是平均数；X_1是变数X的第一个观察数，X_2是变数X的第二个观察数……X_n是变数X的第n个观察数，$\sum X$就是n个观察数的总和。

4.2.2　方　差

在上面的玉米例子中，F_2穗长的平均数与F_1穗长的平均数差不多，但变异范围大得多，其中穗长最长的与爆玉米亲本相近，最短穗者与甜玉米亲本相近。所以分析F_1和F_2的资料，单是计算平均数还不够，还需计算它们的变异程度。

通常用"变数(X)跟平均数($\bar{X}$)的偏差的平均平方和"来表示变异程度。这个数值在统计学上称为方差(Variance),记作 V 或 S^2,用来衡量群体的变异幅度,写成公式如下:

$$V = S^2 = \frac{\sum (X - \bar{X})^2}{n}$$

式中分母用 n 只限于平均数是由理论假定的时候。假使平均数是从实际观察数计算出来的,那么就要除以($n-1$)了。

上式还可作如下变换:

$$\sum (X - \bar{X})^2 = \sum (X^2 - 2X\bar{X} + \bar{X}^2)$$

如上述短穗玉米穗长的例子中:

$$\sum X^2 = 5^2 + 5^2 + \cdots + 8^2 = 2\ 544$$

$$\sum X = 5 + 5 + \cdots + 8 = 378$$

在实际计算中常用下式:

$$S^2 = \frac{\sum X^2 - \frac{(\sum X)^2}{n}}{n-1} = \frac{2\ 544 - \frac{(378)^2}{57}}{56} = 0.67$$

式中($n-1$)为自由度。从公式和实际计算中可以看到,方差一定是正值,如观察数跟平均数的偏差大,方差就大,如上面玉米的例子中子二代穗长情况。反之,如观察数跟平均数的偏差小,方差就小,如上列中子一代穗长情况。所以方差可以用来测量变异的程度。

4.2.3　标准差

在统计学上将方差开方,方根以 S 表示:

$$S = \sqrt{\frac{\sum (X_i - \bar{X})^2}{n}}$$

4.3　遗传力

4.3.1　遗传力概念

遗传力又称遗传率,是指亲代将某一性状遗传给子代的能力,是数量性状遗传能力的指标,以%表示。它可以作为对杂种后代进行选择的一个指标。某一性状的遗传力高,说明在该性状的表现中由遗传所决定的比例大,亲代的性状在后代中出现的可能性就大。

遗传变异来自分离中的基因以及它们跟其他基因的相互作用。杂种后代性状的形成决定于两方面的因素:一是亲本的基因型,二是环境条件的影响。所以表现型是基因型和环境条件共同作用的结果,遗传变异是表现型变异的一部分,环境变异是由环境对基因型的作用造成的。因为方差可用来衡量群体的变异程度,所以各种变异可用方差来表示。表现型变异用表现型方差(V_P)表示,遗传变异用遗传方差(V_G)表示,环境变异用环境方差(V_E)表示。三者的数量关系可用下式表示:

$$V_P = V_G + V_E$$

(1)广义遗传力 遗传方差占总表现型方差的百分比称为广义遗传力,用 H_B^2 来表示。

$$H_B^2 = \frac{基因型方差}{表现型方差} \times 100\% = \frac{V_G}{V_P} \times 100\% = \frac{V_G}{V_G + V_E} \times 100\%$$

亦即表现型值受基因型值决定的程度,又可称为遗传决定系数,用来衡量基因值在表现型值中的相对重要性。广义遗传力概念解决了生物学界争论多年的问题,即性状的表现,究竟是遗传的作用还是环境的作用?遗传力常用百分数表示。如果环境方差较小,遗传力就高,表示表现型变异大都是可遗传的,因此根据表现型变异进行选择是有效的。当环境方差较大时,遗传力就小,表示表现型变异大都是不遗传的,选择的效果就不显著。

(2)狭义遗传力 如果对基因的作用再分析,遗传方差又可分解为3部分:

①基因的加性方差(V_A)(又称为育种值方差)。

②显性方差(V_D)。

③上位性方差(V_I)。

其中基因的加性方差是指基因间加性作用引起的变异量。显性方差是指等位基因间相互作用引起的变异量。上位性方差是指非等位基因间的相互作用引起的变异量。因此,基因型方差可进一步表示为:

$$V_G = V_A + V_D + V_I$$

表现型方差又可改写为:

$$V_P = (V_A + V_D + V_I) + V_E$$

基因加性方差是可固定在上下代之间传递的遗传变异量,而显性方差和上位性方差是不可固定的遗传变异量,会随着基因型纯合程度的提高而减少,甚至消失。因此在遗传力的计算中,遗传方差若改用加性方差,求得的遗传力则更为精确。加性方差占总表现型方差的百分率称为狭义遗传力,用 H_N^2 表示,即:

$$H_N^2 = \frac{V_A}{V_P} \times 100\% = \frac{V_A}{V_A + V_D + V_I + V_E} \times 100\%$$

所以,狭义遗传力比广义遗传力小。

4.3.2 遗传力的估算方法

1)广义遗传力的估算

估算广义遗传力常用的方法是利用基因型纯合或一致的群体,即纯种亲本 P_1,P_2 和杂种 F_1 的表现型方差作为环境方差的估算值,然后从总方差中减去环境方差,即得基因型方差。基因型方差占总方差的比值,即是广义遗传力。

(1)利用 F_1 表现型方差估算环境方差来计算广义遗传力 两个基因型纯合的亲本杂交所得的 F_1 的群体中各个体的基因型理论上是一致的,其基因型方差等于0,V_{F_1} 的存在可看成是环境的影响,所以 $V_{F_1} = V_E$。由于 F_2 是分离世代,因此可以把 V_{F_2} 作为总方差,看成是基因型差异

和环境条件的共同影响。如果 F_1 和 F_2 对环境条件的反应相似，两者的环境方差就相同，即 V_{E_1} = V_{E_2}。用 $V_{F_2} - V_{F_1}$ 就可作为由基因型引起的基因型方差，代入公式得：

$$H_B^2 = \frac{V_G}{V_P} \times 100\% = \frac{V_G}{V_{F_2}} \times 100\% = \frac{V_{F_2} - V_{F_1}}{V_{F_2}} \times 100\%$$

例如，用表 4.1 所列的玉米不同亲本杂交试验结果所得资料来估算广义遗传力。F_2 的方差为 5.072 cm，F_1 的方差为 2.307 cm，代入公式得：

$$H_B^2 = \frac{V_{F_2} - V_{F_1}}{V_{F_2}} \times 100\% = \frac{5.072 - 2.307}{5.072} \times 100\% = 54\%$$

由估算结果表明，玉米 F_2 穗长的变异大约有 54% 由遗传差异引起，46% 由环境差异引起。

（2）利用亲本的表现型方差估算环境方差来计算广义遗传力　两个基因型纯合的亲本理论上不存在基因型方差，亲本个体间的表现型差异可以认为是由环境条件的影响所造成的。因此，也可以用亲本的表现型方差 V_{P_1} 和 V_{P_2} 来估算分离世代的环境方差。估算方法是：

$$V_E = \frac{1}{2}(V_{P_1} + V_{P_2}) \quad 或者 \quad V_E = \frac{1}{3}(V_{P_1} + V_{P_2} + V_{F_1})$$

$$H_B^2 = \frac{V_{F_2} - V_E}{V_{F_2}} \times 100\% = \frac{V_{F_2} - \frac{1}{2}(V_{P_1} + V_{P_2})}{V_{F_2}} \times 100\%$$

又如上述玉米的杂交实验资料：$V_{P_1} = 0.665$，$V_{P_2} = 3.561$，$V_{F_2} = 5.072$，代入公式得：

$$H_B^2 = \frac{5.072 - \frac{1}{2}(0.666 + 3.561)}{5.072} \times 100\%$$

$$= \frac{2.958}{5.072} \times 100\% = 58\%$$

树木中多数是高度的杂合体，虽然 F_1 有分离，但大多数树种可以进行无性繁殖，同一无性系的个体间具有相同的基因型，即 $V_G = 0$，$V_P = V_E$。以同一无性系的不同个体间的表现型方差来估算环境方差，以同时并载的同一树种有性后代间的表现型方差作为表现型总方差，即可求得广义遗传力。

例如：某优树半同胞家系（Pf）实生苗高生长标准差为 22.52 cm，而同龄并载的优树无性系 Pr 苗高标准差为 15.19 cm，求树高遗传力。

$$V_{Pr} = (15.19)^2 = 230.74 \qquad V_{Pf} = (22.52)^2 = 507.15$$

$$H_B^2 = (V_{Pf} - V_{Pr}) / V_{Pf} \times 100\% = (507.15 - 230.74)/507.15 \times 100\% = 54\%$$

计算结果说明，这个家系半同胞苗高生长差异的 54% 是由遗传原因造成的，而 46% 是由环境因素影响的。

2）狭义遗传力的估算方法

估算狭义遗传力的方法很多，主要有利用 F_2 和两个回交世代估算、利用亲子代回归关系估算等，这里只介绍利用 F_2 和回交世代估算的原理和方法。

这种方法是利用 F_2 的方差以及 F_1 分别与两个亲本回交所得子代的方差 V_{B_1}，V_{B_2} 估算狭义遗传力。如一对基因（A，a）构成的 3 个基因型为 AA，Aa 和 aa，其平均效应值是 a，d 和 $-a$。下图中 m 为中亲值，其值为 $\frac{a + (-a)}{2} = 0$，中亲值是度量 AA，Aa 和 aa 3 种基因型正向或负向效应的

起点。各基因型与中亲值之差,即为相应的基因型效应值。杂合体与中亲值之差为显性效应,计作 d,如果 d 偏向一方,即 $|d| < a$ 为部分显性;如 $d = 0$,表示无显性;如果 $d = a$,为完全显性; $|d| > a$,为超显性。

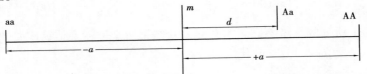

表 4.6 中 P_1,P_2,F_1 3 个群体内各个体的基因型是一致的,群体内各个体间的方差可看成环境方差 V_E。$V_A = \sum a^2$,为各基因加性效应方差的总和;$V_D = \sum d^2$,为各基因显性效应的总和;$V_F = \sum ad$,可理解为 a 和 d 交互影响产生的作用。

估算狭义遗传力先要分析显性效应。$AA \times aa \to Aa(F_1)$,$F_1 Aa$ 这对基因在 F_2 的分离比例为 $1/4AA : 1/2Aa : 1/4aa$,平均效应值($\bar{x}$)为 $1/4(a) + 1/2(d) + 1/4(-a) = 1/2h$。

表 4.6　不同育种世代的遗传方差分量

世代	期望均方
P_1	V_E
P_2	V_E
F_1	V_E
F_2	$\dfrac{1}{2}V_A + \dfrac{1}{4}V_D + V_E$
B_1	$\dfrac{1}{4}V_A + \dfrac{1}{4}V_D - \dfrac{1}{2}V_F + V_E$
B_2	$\dfrac{1}{4}V_A + \dfrac{1}{4}V_D + \dfrac{1}{2}V_F + V_E$

第 1 步,计算 F_2 的遗传方差(V_{F_2})(表 4.7):

表 4.7　F_2 的基因效应及遗传方差的计算

基因型	f	x	fx	fx^2
AA	1/4	a	$1/4a$	$1/4a^2$
Aa	1/2	d	$1/2d$	$1/2d^2$
aa	1/4	$-a$	$-1/4d$	$1/4a^2$
合计	$n = 1$		$\sum fx = \dfrac{1}{2}d$	$\sum fx^2 = \dfrac{1}{2}a^2 + \dfrac{1}{2}d^2$

$$V_{F_2} = \frac{\sum fx^2 - \dfrac{(\sum fx)^2}{n}}{n} = \frac{1}{2}a^2 + \frac{1}{2}d^2 - \frac{1}{4}d^2$$

$$= \frac{1}{2}a^2 + \frac{1}{4}d^2$$

如果影响此性状的基因有 k 对,则:

$$V_{F_2} = \frac{1}{2}(a_1^2 + a_2^2 + \cdots + a_k^2) + \frac{1}{4}(d_1^2 + d_2^2 + \cdots + d_k^2)$$

$$= \frac{1}{2}\sum a^2 + \frac{1}{4}\sum d^2$$

此外,V_{F_2} 内还包括环境影响的方差 V_E,于是,F_2 群体的总方差为:

$$V_{F_2} = \frac{1}{2}V_A + \frac{1}{4}V_D + V_E$$

第 2 步,计算 F_1 与亲本回交后代(B_1)的遗传方差:以 F_1 的 Aa 与 AA 亲本回交后代 B_1,V_{B_1} 的方差计算如表 4.8 所示。

表 4.8　B_1 基因型效应及 V_{B_1} 的计算

基因型	f	x	fx	fx^2
AA	1/2	a	1/2a	$1/2a^2$
Aa	1/2	d	1/2d	$1/2d^2$
合计	$n=1$		$1/2(a+d)$	$1/2(a^2+d^2)$

B_1 为 Aa × AA→1/2AA + 1/2Aa,B_1 群体的平均效应为 $\bar{x} = 1/2a + 1/2d = 1/2(a+d)$:

B_1 的遗传方差为:

$$V_{B_1} = \frac{\sum fx^2 - \dfrac{\left(\sum fx^2\right)}{n}}{n} = \frac{1}{2}(a^2 + d^2) - \frac{1}{4}(a+d)^2 = \frac{1}{4}(d-h)^2$$

$$= \frac{1}{4}(a^2 - 2ad + d^2)$$

$$V_{B_1} = \frac{1}{4}V_A + \frac{1}{4}V_D - \frac{1}{2}V_F + V_E$$

第 3 步,计算 F_1 与亲本回交后代(B_2)的遗传方差:

B_2 为 Aa × aa→1/2Aa + 1/2aa

B_2 群体的平均效应为 $\bar{x} = 1/2(d-a)$

B_2 的遗传方差为:

$$V_{B_2} = \frac{1}{4}V_A + \frac{1}{4}V_D + \frac{1}{2}V_F + V_E$$

第 4 步,计算回交一代的表现型总方差:

$$V_{B_1} + V_{B_2} = \frac{1}{2}V_A + \frac{1}{2}V_D + 2V_E$$

第 5 步,计算基因加性方差:利用 $2V_{F_2} - (V_{B_1} + V_{B_2})$,就可消去显性方差和环境方差,而得到仅由基因加性作用所产生的加性方差。

第 6 步,计算狭义遗传力:将加性方差用总方差 V_{F_2} 除之,即得狭义遗传力。

$$H_N^2 = \frac{2V_{F_2} - (V_{B_1} + V_{B_2})}{V_{F_2}} \times 100\% = \frac{\dfrac{1}{2}V_A}{\dfrac{1}{2}V_A + \dfrac{1}{4}V_D + V_E} \times 100\%$$

例如:以大白菜开花延续期不同自交系的杂交试验说明(表 4.9)。

表 4.9　大白菜开花延续期及其表现型方差

世　代	开花延续期	表现型方差
P_1	13.0	11.04
P_2	27.6	10.32
F_1	18.5	5.24
F_2	21.2	40.35

续表

世　代	开花延续期	表现型方差
B_1	15.6	17.35
B_2	23.4	34.29

根据表4.9资料和计算值，可以求得如表4.10所列的基因加性方差。

表4.10　大白菜开花延续期的基因加性方差

项　目	方　差	实得值
$2V_{F_2}$	$2\left(\dfrac{1}{2}V_A + \dfrac{1}{4}V_D + V_E\right)$	$2 \times 40.35 = 80.70$
$V_{B_1} + V_{B_2}$	$\dfrac{1}{2}V_A + \dfrac{1}{2}V_D + 2V_E$	$17.35 + 34.29 = 51.64$
$2V_{F_2} - (V_{B_1} + V_{B_2})$	$\dfrac{1}{2}V_A$	$80.70 - 51.64 = 29.06$

根据表4.9和表4.10所得数值，代入公式，即可求得狭义遗传力。

$$H_N^2 = \frac{\dfrac{1}{2}V_A}{\dfrac{1}{2}V_A + \dfrac{1}{4}V_D + V_E} \times 100\% = \frac{29.06}{40.35} \times 100\% = 72\%$$

所以大白菜开花延续期的狭义遗传力是72%。

中国农科院蔬菜研究所用上述方法估算了甘蓝几个数量性状的狭义遗传力，分别是：叶球紧实度0.81~0.89，外叶数0.64~0.89，开展度0.65~0.79，中心柱长度0.58~0.83，净菜率0.31~0.46，叶球重0.26~0.42，全株重0.21~0.36。

4.3.3　遗传力的性质及应用

1）遗传力的性质

遗传力的数值一般是一个大于零、小于1的正数。不同性状遗传力的大小往往不同，同一性状的遗传力也可以由于品种、组合、繁殖方式的不同而不同，采用的估算方法不同时，遗传率也会有变化。

由于环境有所变化，遗传率的大小也就不同；由于选择基因有所固定，基因频率会引起改变。但经验证明，一般在0.5~1.0范围内，遗传率的数值没有大的改变。事实也证明，即使在不同群体中，如果动植物群体的历史和环境条件没有特殊情况或很大差别，遗传率的数值也可以在不同的育种场之间借用。因而这个遗传参数仍然有很大的普遍性。

综上所述，可见遗传力不是某个个体的特性，而是群体的特性，是个体所处环境的特性，是育种者对育种群体进行选择的指标。

2）遗传力的应用

（1）遗传力的高低可作为育种工作中对性状选择的依据　生物的数量性状对环境一般比

较敏感,一个分离世代群体的表现型变异,包含有遗传变异和环境变异两种成分。因此,两个基因型相同的个体,可能会有不同的表现型,而表现型相同的个体,基因型可能不同。遗传和环境对表现型影响的同时存在,影响了选择的可靠程度。遗传力的估算就是对遗传变异在表现型变异中所占的比重作出大致的估计,为育种工作提供科学的依据。遗传力高的性状,表示受环境的影响较小。群体的遗传变异主要由遗传因素引起,即个体间的表现型差异很大程度上由基因型决定,在这种情况下进行选择效果较好。反之,选择的效果就差。

(2)遗传力的高低可作为育种方法的依据 从遗传力的高低,可以估计该性状在后代群体中的概率分布,因而能确定育种群体的规模,提高育种的效率。当遗传力高时,性状的表现型与基因型相关程度大,在育种中选择系谱法及混合选择法的效果相似;当遗传力低时,性状的表现型不易代表其基因型,因加性方差(V_A)较小时,育种效率低,所以要用系谱法或近交进行后代测定,才能决定取舍。当显性方差(V_D)高时,可利用自交系间杂种 F_1 优势;当互作效应(V_I)高时,应注重系间差异的选择,以固定 V_I 产生的效应;当基因型与环境交互作用大时,说明某些基因型在某些地区表现好,而另一些基因型在另一些地区表现好,这样,在育种上就要注意在不同地区推广具有不同基因的品种,以发挥品种区域化的效果。

复习思考题

1. 名词解释:

质量性状 数量性状 主基因 微效基因 广义遗传力 狭义遗传力

2. 试比较数量性状与质量性状的异同。

3. 多基因假说的主要内容有哪些?

4. 广义遗传力与狭义遗传力的含义各是什么?它们对指导育种有何意义?

5. 今有小麦早熟品种(P_1)和晚熟品种(P_2)杂交,先后获得 F_1,F_2,B_1,B_2 的种子,将它们同时播种在均匀的实验田里,经记载和计算,求得从抽穗到成熟的平均天数和方差填入下表,试计算广义遗传力和狭义遗传力。

世　　代	P_1	P_2	F_1	F_2	B_1	B_2
$\overline{X}$	13	27.6	18.5	21.2	15.6	23.04
V	12.02	10.8	4.5	40.20	18.25	32.14

6. 两个三杂合子 AaBbCc 相互杂交。这 3 个基顺在不同的染色体上:

(1)后代中有多少个体在 1 个、2 个、3 个座位上是纯合子?

(2)后代中有多少个体携带 0,1,2,3,4,5,6 个等位基因(用大写字母表示)?

7. 在问题 4 中,假定 A 座位上的 3 种可能的基因型效应分别为 AA=4,Aa=3,aa=1,对 B,C 两座位也存在相似的效应。而且,假定每个座位的效应可以累加。计算并且图示群体中表型的分布。(假定没有环境变异的影响)

5 遗传物质的变异

微课

[本章导读]

　　本章主要介绍基因重组之外的遗传变异,即染色体的结构与数目变异、基因突变的一些基本概念;4种染色体结构变异的形成、细胞学鉴定及其遗传效应;多倍体植物的形成及其遗传规律;基因突变的发生条件和频率,性细胞突变与体细胞突变的特点;基因突变的特征及其在园林植物育种上的应用。

　　植物的性状变异是多方面的,如在形态特征、组织结构、生理生化特性、抗性等方面都会产生变异。产生可遗传的变异主要来自两个方面:一是遗传物质的改变,包括染色体变异和基因突变;二是基因的重新组合。后者是指不同亲本杂交或杂合体自交而引起的基因重组和互作,其后代出现新的性状,但其遗传物质没有发生质的改变,只有前者才能产生新的遗传物质。这些变异都是创造植物新品种和生物进化的重要来源。

5.1　染色体变异

　　染色体是遗传物质的主要载体,生物的遗传变异主要决定于染色体的基因。当染色体发生断裂和错接以后,就会形成染色体结构变异,从而引起相应的遗传效应。染色体结构变异在物种进化和植物育种上有重要意义。

5.1.1　染色体结构的变异

1)缺失

　　缺失是指一个正常染色体的某一区段及其带有的基因一起丢失的现象。缺失对个体发育和配子的生活力有不利影响,重则不能成活。其影响程度因缺失区段的大小而异。

　　(1)缺失的类型及细胞学鉴定　缺失中有中间缺失和顶端缺失(图5.1)。染色体丢失的区段如果在某臂末端,称为顶端缺失;若丢失区段是在某臂内部,称为中间缺失。顶端缺失因不稳定而少见,中间缺失则常见。体细胞内某对同源染色体中一条为缺失,另一条正常的个体,称为缺失杂合体;一对同源染色体中缺失了相同区段的个体,则称为缺失纯合体。

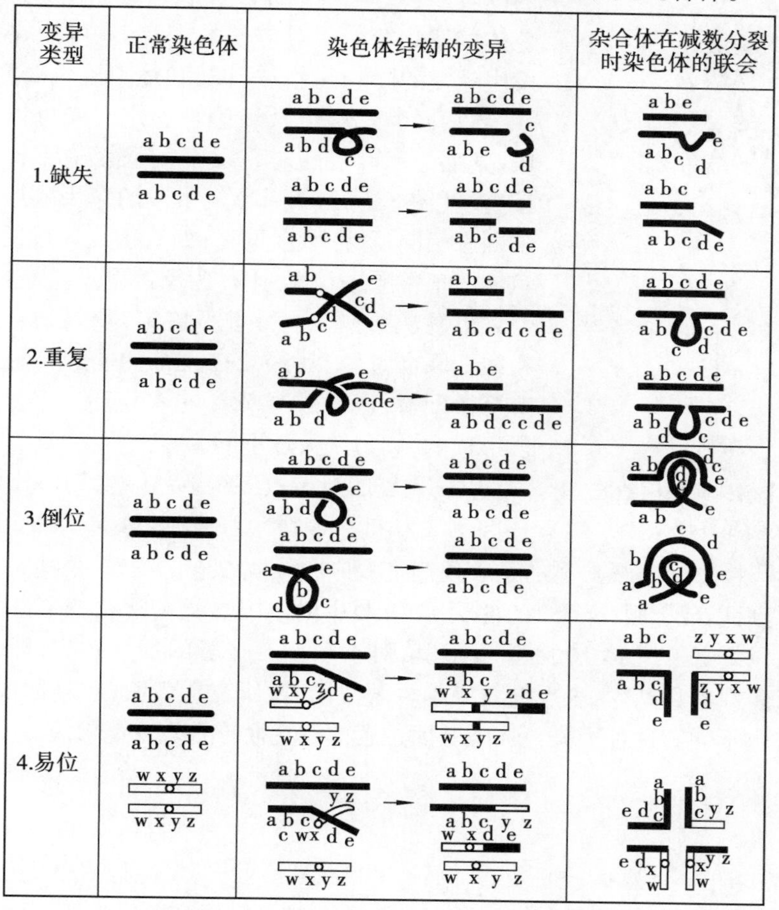

图 5.1 染色体结构变异及其杂合体在减数分裂时同源染色体联会示意图

对缺失染色体进行细胞学鉴定,可根据同源染色体的联会状态进行分辨。缺失杂合体在联会时,其中正常染色体的多余部分无法与缺失染色体配对,便被拱出而形成缺失环。若为顶端缺失,仔细观察,则可看到二价体的顶端有一段未配对。

(2)缺失的遗传效应　缺失对植物的生长发育将产生不利影响。缺失有害程度决定于缺失区段的大小和性质。如果缺失区段较大,则个体通常不能成活。含缺失染色体的配子一般是败育的,在高等植物中,一般含缺失染色体的花粉败育率远比卵细胞的大,所以缺失染色体主要是通过卵细胞遗传。

缺失杂合体的主要遗传学效应是可造成假显性现象。例如,以隐性绿株玉米作母本,将显性紫株纯种玉米的花粉经辐射处理后授粉,后代会出现少数隐性绿株。说明父本的某配子染色体中带有紫株显性基因的一段缺失了。由于合子中缺失了这一段染色体,因此使隐性基因得到了表现,称为假显性(图 5.2)。

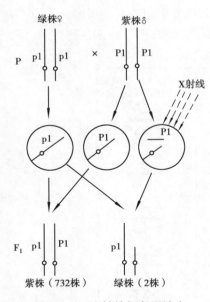

图 5.2　玉米植株颜色因缺失
而出现假显性现象

2）重复

重复是某个染色体多了一段或几段与自己某部分相似的区段。它也是染色体断裂和错接而产生的。一对同源染色体如彼此发生非对应性的交换，就可能在一个染色体上发生重复的同时，在另一个染色体上发生缺失。

（1）重复的类型及细胞学鉴定　染色体重复了一个区段，其上的基因也随之重复了。重复主要有顺接重复和反接重复（图 5.1）。如果重复区段的基因顺序与染色体的正常顺序相同，称为顺接重复；如果重复区段的基因顺序与染色体的正常顺序相反，则称为反接重复。

重复从细胞学上可进行鉴定，重复杂合体在减数分裂粗线期联会时，重复区段在正常的同源染色体上找不到相应区段配对，而形成半环形的重复环。重复环是由重复区段形成的，它与缺失环不同。

（2）重复的遗传效应　染色体重复部分如果太大，对个体的生活力和发育都会有影响，甚至引起个体死亡。重复可引起相应的表现型效应，最典型的是表现剂量效应和位置效应。例如，果蝇 X 染色体上 16 区 A 段染色体重复后出现棒眼（条形）的性状，即复眼中的小眼数比正常者少了许多，表现型为棒眼。由此可知，果蝇 X 染色体 16 区 A 段重复，对表现型有显著的剂量效应，即个体随 16 区 A 段的增多，组成复眼数目减少，表现型效应越显著。同时，研究还表明，重复区段分布的位置不同，表现型效应也不同。这种因染色体上基因位置的改变而导致表现型效应改变的现象称为位置效应。

3）倒位

倒位是正常染色体的某区段断裂后，倒转 180°再错接上去，发生位置颠倒的现象。发生倒位的染色体没有基因的丢失，基因总数没有改变，只是基因的排列顺序发生了颠倒。

（1）倒位类型及细胞学鉴定　倒位发生后，染色体的基因总数无变化，但基因正常顺序却发生了颠倒。如果倒位区段发生在染色体的一个臂内，称为臂内倒位；倒位发生在包括着丝粒在内的两个臂内，称为臂间倒位（图 5.1）。

根据倒位杂合体在减数分裂的联会图像，可对倒位进行细胞学鉴定。由于同源染色体只有同源区段才紧密联会，当倒位染色体与正常染色体联会时，在倒位区段将形成一个倒位环。倒位环是由一对染色体形成的，而重复环和缺失环则是由单个染色体形成的。

在倒位环内非姐妹染色单体间可能发生交换，使臂内倒位杂合体产生一条正常的、一条倒位的、一条具有双着丝粒的、一条无着丝粒的染色单体。后期Ⅰ时，双着丝粒的染色体的两个着丝粒趋向细胞两极，中间的染色体还连着，便形成染色体桥，这是染色体发生倒位的典型特征。

（2）倒位的遗传效应　降低了倒位杂合体倒位区段内外连锁基因的重组率。由于倒位环内或环外附近因联会不紧密，常使连锁基因的交换受到抑制，加之倒位环内交换形成不育配子，因此测得的交换值偏低。

倒位杂合体产生的配子表现部分不育。倒位杂合体在减数分裂形成的四分孢子中，有两个含缺失染色体或缺失重复染色体,由此形成的配子将是部分不育的。

4)易位

易位是指两个非同源染色体之间发生染色体区段的互换而形成的结构变异。

(1)易位的类型及细胞学鉴定 当一条染色体上的片段单一地移到另一条非同源染色体上,称为简单易位;而两个非同源染色体的区段相互交换,称为相互易位,后者常见(图5.1)。

每对同源染色体中只有一条与另一非同源染色体互换区段,称为易位杂合体。易位杂合体在细胞学上可以鉴别,由于偶线期正常染色体与易位染色体同源部分才紧密联会,粗线期可观察到十字形联会图像。到了终变期,这4条染色体逐渐演变成四体环或"∞"字形环。中期Ⅰ时这两对染色体的排列方式有"0"字形和"∞"字形两种。如曼陀罗、紫万年青等植物,"∞"字形排列的4条染色体后期Ⅰ呈交替式分离,即相隔的两条染色体到一极,另两条到另一极,由此产生的两种配子都是正常可育。而矮牵牛等"0"字形排列者后期Ⅰ呈邻近式分离,即相邻的两条染色体分向一极,形成的两种配子均不育,因为有缺失和重复的染色体破坏了基因组的完整性(图5.3)。

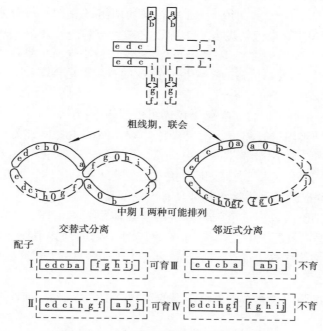

图5.3 相互易位的联会、分离和配子形成

(2)易位的遗传效应 易位杂合体出现半不育现象。因易位杂合体在减数分裂后期Ⅰ有交替式和邻近式两种分离方式,前者产生的两种配子全部可育,后者产生的两种配子全不育,且两种分离方式的机会均等,因而易位杂合体产生的配子中有一半是不育的。

易位杂合体连锁基因的重组率下降。在杂合易位中,染色体连锁基因的交换值将显著降低,尤其是邻近易位接合点的一些基因重组率下降最显著。易位还使两正常的基因连锁群成为两个新的连锁群。易位往往使原来不连锁的基因由于易位到同一染色体上而表现连锁遗传。而原来位于同一条染色体上的连锁基因,因一部分转移到另一条非同源染色体上,而表现为独立遗传行为。

5.1.2　染色体数目的变异

染色体不仅会发生结构变异,也会发生数目变异。自然界中各种生物的染色体数目都是相对稳定的。例如,月季 $2n=14$,人类 $2n=46$,银杏 $2n=24$,玉米 $2n=20$,杨树 $2n=38$。同一物种的染色体组的数目或染色体数目都可以发生变化,产生遗传的变异。这些变化可分为整倍体变异和非整倍体变异。

1)整倍体变异

我们把二倍体个体中形态、结构和功能彼此不同但又能够完整而协调地进行各种代谢活动的一套染色体称为染色体组。生物体若缺少该组中的任何一条,就会缺少这条染色体上的基因,造成不育和性状缺陷,这是染色体组最基本的特征。每个染色体组所包含的染色体数目称为染色体基数,用 x 表示。亲源关系相近的(同属)植物,其染色体的基数是一致的。例如,二倍体杨树 $2n=38$,38 条染色体配成 19 对,形成相同的两组,每组 19 条染色体彼此不同构成一套,在减数分裂中,这一整套染色体进入一个配子之中,$x=19$。小麦属中的普通小麦 $2n=42$,42 条染色体配成 21 对,配子中含有 21 条染色体,$n=21$;而小麦属中染色体数最少的野生一粒小麦 $2n=14$,$n=7$,所以小麦属植物的 $x=7$。由此我们看到染色体基数 x 和配子染色体数 n 是两个不同的概念,只有在二倍体内 $n=x$。

所谓整倍体,是指细胞核内含有完整染色体组倍数的生物体。

(1)单倍体　体细胞内含有和正常配子染色体数相同的生物体称为单倍体。单倍体与正常二倍体比较,由于体细胞小,使得植株矮小,生活力较弱,所以在生产上没有直接意义,但因其基因型是纯一的,只要自发或人工加倍,即可获得稳定的纯合二倍体。这在生产上,对于缩短育种年限,加速育种进程以及品种提纯复壮都具有重要意义。

(2)一倍体　体细胞内只有一个染色体组的生物体称为一倍体。要正确区分一倍体和单倍体。例如,二倍体毛白杨配子中,含有一个染色体组 $x=19$,所以其配子既是单倍体,也是一倍体;而欧洲山杨体细胞中含有 76 条染色体,单倍体中染色体数是 38,而一倍体中染色体数是 19。

(3)二倍体　体细胞内含有两个染色体组的生物体称为二倍体,前面所阐述的遗传规律都是以二倍体来讲解的。

(4)多倍体　体细胞含有两个以上染色体组的生物体称为多倍体。生物体细胞中含有几个染色体组,称为几倍体。多倍体在植物界比较普遍,在动物界则比较稀少。在多倍体内,由于多倍体产生的途径不同,又分为同源多倍体和异源多倍体。所谓同源多倍体,是指由同一物种的染色体组加倍而成的多倍体,自然界中有自然加倍的花卉或树木,如月见草、水仙花、金钱松等都是同源多倍体。同源多倍体中常见的是同源四倍体。三倍体的出现大多是由于减数分裂不正常,由未经减数分裂的配子($2n$)与正常配子受精形成,如山杨($3x=57$)、风信子($3x=48$)。而异源多倍体是指通过种间或属间远缘杂交获得具有多个物种染色体组的 F_1,经染色体加倍而得到的多倍体。例如,欧洲七叶树与美国七叶树杂交,获得的杂种 F_1 经过染色体加倍得到红花七叶树为异源四倍体。大丽花的祖先为二倍体($2n=16$),许多杂种二倍体经过染色体加倍形成两组杂种双二倍体即异源四倍体($2n=32$),当其杂种性状分离时出现开洋红或象牙白花的类型和开朱红或橙红色花的类型,再把这两种类型杂交并使染色体加倍,形成异源八倍体的大丽花园艺品种(图 5.4)。

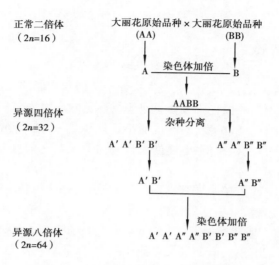

正常二倍体　　　大丽花原始品种 × 大丽花原始品种
(2n=16)　　　　　　(AA)　　　　　　　(BB)

　　　　　　　　　　A　染色体加倍　　　B

异源四倍体　　　　　　　AABB
(2n=32)　　　　　　　杂种分离

　　　　　A′A′B′B′　　　　　　　A″A″B″B″

　　　　　　A′B′　　　　　　　　　A″B″

　　　　　　　　　　　　染色体加倍

异源八倍体
(2n=64)　　　　　A′A′A″A″B′B′B″B″

图 5.4　大丽花异源八倍体形成示意图

2)非整倍体变异

非整倍体是指体细胞内的染色体数不是染色体组的完整倍数。通常以整倍体合子的染色体数(2n)作为标准,在此基础上增加或减少一条或几条染色体,出现非整倍体变异。

(1)亚倍体　体细胞内比正常整倍体减少 1 条或 2 条染色体的生物体。

①单体　缺少 2n 染色体中 1 条染色体的生物体称为单体($2n-1$)。

②双单体　缺少 2n 染色体中 2 条非同源染色体的生物体称为双单体($2n-1-1$)。

③缺体　缺少 2n 染色体中一对同源染色体的生物体($2n-2$)。

(2)超倍体　比正常染色体数多 1 条或 2 条的生物体。

①三体　一个正常的 2n 染色体组增加 1 条染色体的生物体($2n+1$)。

②双三体　一个正常的 2n 染色体组增加 2 条非同源染色体的生物体($2n+1+1$)。

③四体　一个正常的 2n 染色体组增加和自己相同的一对同源染色体的生物体[$2n+2$ 或 $2n+2(1)$]。

染色体结构和数目的变异都是可遗传的,因此对其有利的变异在育种上可以加以利用,甚至人为地诱发生物产生变异,从而选择培育获得新品种。例如诱变育种、单倍体育种、多倍体育种都已在各自领域内取得了许多成就。三倍体无籽西瓜已开始大面积推广。德国赫森州林科所选育的三倍体欧洲山杨已成功地用于山杨丰产林中,获得材质、抗性和生长量上显著的改进。

此外,非整倍体产生的某些性状变异,在观赏植物中往往有它的利用价值,但只能用无性繁殖加以保存。如菊花的许多品种是非整倍体,菊花 $x=9$,多数品种是 6 倍体,$2n=54$,但欧洲的栽培菊品种染色体数为 47~63;日本的栽培菊品种为 53~67;我国的栽培菊品种则为 52~71,一般小菊、中菊的染色体数为 53~55,染色体数目多的大多是大菊品种。

5.2　基因突变

5.2.1　基因突变的概念

　　基因突变是指染色体上某一基因位点发生了分子结构和功能的改变,也称为点突变。基因突变是遗传物质微观的变异,一般光学显微镜是不易察觉的。因为它只是一个基因内部化学结构的改变,即 DNA 分子中核苷酸的变化,它可能小到只涉及一对核苷酸,基因发生质变后,形成了与原来基因成对性的等位基因。例如,桃的高性基因 D 突变为矮性基因 d。这种由基因突变所产生的变异个体,称为突变体。

　　基因突变的实质是 DNA 分子中碱基排列顺序的改变,导致三联体密码子发生改变,从而使翻译发生错误而产生突变现象。引起碱基排列顺序改变的方式有两种:一是错义突变,即基因 DNA 区段中,由碱基的改变或替换引起的;二是移码突变,即基因 DNA 区段中,增加或减少一个或几个核苷酸引起的。当然,由于有同义密码子的存在,所以并不是所有 DNA 分子中碱基排列顺序的改变都能引起基因突变。

5.2.2　基因突变的频率

　　基因突变在自然界广泛存在,无性繁殖的花卉和园林树木都有基因突变,尤其是果树常产生芽变,例如苹果、柑橘、玫瑰等有许多新品种都是利用芽变选育而成。其他如各种观赏植物的嵌合花、条斑叶,也都是来自基因突变。

　　突变频率是指生物在一个世代中在特定条件下每个配子(或细胞)发生某种突变的概率。一般来说,不同生物的基因其自发突变的频率是不同的,即使同一生物其不同基因的突变率也是不同的。但就总体而言,自发突变的频率很低,如高等植物的基因突变为 $10^{-5} \sim 10^{-8}$。

　　育种实践证明,在自花授粉植物中突变较少,遗传上较稳定;但杂种或杂合体植物突变率较高;多年生的无性繁殖植物比一、二年生种子繁殖植物一般有相对较高的突变频率。

　　基因的突变频率往往受有机体内部的生理生化状态以及外部的营养、温度、天然发生的辐射、化学物质等影响而表现显著的差异。

5.2.3　性细胞突变与体细胞突变

　　突变可以发生在植物个体发育的任何时期、任何一个细胞内。凡是在性细胞(性原细胞和成熟的性细胞)内发生的突变,称为性细胞突变。在体细胞内发生的突变称为体细胞突变。性细胞突变和体细胞突变在植物育种和进化上具有不同的意义。

　　研究表明,性细胞比体细胞的突变频率高,这是因为性细胞对环境条件敏感性较强。性细胞发生的突变可以通过受精过程直接传递给后代。若突变发生在精母细胞或小孢子母细胞中,则有几个雄配子各具有该突变基因,因而可以产生几个突变体。如果突变发生在有机体的一个配子中,则后代中只有一个个体可获得突变基因,性细胞发生了显性突变,a→A,则突变性状在后代中立刻表现出来。但要到子代的突变体通过自交产生的第二代中才出现纯合突变体,而需在第三代才能检出纯合体。性细胞发生的隐性突变,要在第二代当突变基因处于纯合状态时才能表现出来,一旦表现即能检出。因此,显性突变表现得早而纯合得慢,隐性突变表现得晚而纯合得快。

如果突变发生在体细胞中,只有显性突变(aa→Aa)或者是处于纯合状态的隐性突变(Aa→aa)才能表现出来。这种表现常使个体产生镶嵌现象,即一部分组织表现原有性状,另一部分组织表现突变性状。镶嵌的程度因突变发生时有机体的发育时期而异,突变发生越早,则变异部分越大;突变发生越晚,则变异部分越小。如果突变发生在茎生长点分生组织细胞中,这种体细胞突变称为芽变。则由它所形成的芽发育而成的整个枝条带有突变性状,容易通过无性繁殖而保存下来。大多数园林植物都有芽变发生,如柑橘、苹果、月季,如果晚期花芽发生突变,其变异性状就只局限于一个花朵或果实,甚至仅局限于它的一部分。如郁金香花瓣上发生条斑状的变异就属此类突变。芽变在植物育种上有重要意义。在园林植物中一旦发现优良芽变,就需要把它从母体上及时分割下来,采用扦插、压条或嫁接等无性繁殖方法保留下来选育成新品种。

5.2.4 基因突变的一般特征

1) 突变的重演性

同种生物不同个体间独立地产生相同的突变称为突变的重演性。例如,玉米籽粒的 R,I,Pr,Su,Y,Sh 6 个基因,研究者在多次试验中都出现类似的突变。说明突变是可以多次重复发生的,因此基因才有一定的突变率。在观赏植物中,如天竺葵、大叶黄杨产生茎叶绿色部分的白化突变也在不同个体间多次出现。

2) 突变的可逆性

一个物种中的显性基因 A 可突变为隐性基因 a(A→a);反之,隐性基因 a 也可突变为显性基因 A(a→A),这种现象称为突变的可逆性。前者称为正突变,后者称为反突变。正突变的频率一般高于反突变,因此自然界中出现的突变多数为隐性突变。

3) 突变的多向性

突变的多向性是指突变可以向多个方向发生。例如基因 A 可以突变成 a,还可以突变成 $a_1, a_2, a_3, \cdots$。它们对 A 来说都是隐性,但它们之间在生理功能和性状表现上各不相同。试验证明,这些隐性基因之间和它们与 A 基因之间都有对应关系,说明它们在一个基因位点上。位于同一基因位点上的各个等位基因称为复等位基因。但复等位基因的不同个体存在于整个群体内,在其中二倍体个体中等位基因仍为一对。

复等位基因在高等植物中较普遍,如在苹果、梨、李、甜樱桃、烟草等存在自交不亲和的复等位基因。自交不亲和性是指同一植株的雌雄蕊之间授粉不结实和相同基因型植株间相互授粉不结实的现象。烟草中发现 15 个自交不孕的复等位基因 $S_1, S_2, S_3, \cdots$,控制自花授粉的不结实性,但与其他植株杂交又可结实,证明相同基因之间存在一种拮抗作用。

突变虽然是多向的,但不是漫无边际的,复等位基因的产生具有一定的范围,例如桃花有红花、粉红花、紫红花和白花等,但是从来没有黄花和蓝花出现。

4)突变的平行性

亲缘关系相近的物种,因遗传基础比较近似,常产生相似的基因突变,这种现象称为突变的平行性。根据此特征,若在一个种或属内发现一些突变,可以预见在同科的其他物种和属内也会存在相似的突变,这对开展人工诱变育种有一定的参考价值(表5.1)。

表5.1   蔷薇科部分植物若干性状的平行变异

遗传变异的性状	桃	梅	李	杏	樱桃	苹果	梨
花重瓣	+	+	+	+	+	+	+
花红色	+	+		+	+	+	
雄性不育	+	+	+	+	+	+	+
粘核	+	+	+	+	+		
垂枝性	+	+		+	+	+	+
短枝性	+	+	+		+	+	+
早熟性	+	+	+		+	+	+

5)突变的有害性和有利性

一般来说,绝大多数基因突变对生物是有害的,因为生物是长期适应环境的产物,在漫长的进化过程中,其基因型经过严格的自然选择,它们内部的遗传基础和体内代谢等均已达到相对协调和平衡状态,对环境具有最大适应性。一旦发生突变就会破坏这种适应性,给生物带来不同程度的不利影响。极端有害的突变甚至使生物死亡,如柑橘、玉米出现的白化苗(ww),一般在4~5片真叶时就会死亡。

突变的有害性是相对的,例如植物的矮化突变,在高株群体内发生矮株突变型,由于高株遮光,对矮株突变本身不利。然而,在常有大风的条件下,矮株更抗倒伏,使这种有害突变转化为有利突变。

有的突变对生物本身不利,但都对人类有利。例如植物的雄性不育特性,不能产生正常可育的花粉,对植物的繁殖是不利的,但在杂种优势的利用中却有极其重要的利用价值。

此外,还有许多突变性状,对人类和植物本身都是有利的,如抗病性、耐旱性、早熟性等。

5.2.5   基因突变在育种上的应用

突变体是植物新品种选育的重要原始材料。在自然界中,引起植物发生突变的因素是多种多样的,许多园林植物在自然环境因素的影响下,可能会发生自发突变。尽管突变率很低,但也会出现有利用价值的优良突变体。在园林植物中经常会发生芽变,不仅丰富了种质资源,而且是新品种产生的重要变异来源之一。当优良的芽变发生以后,即可通过无性繁殖方法保存下来,因此植物的芽变选种是一种简单易行、行之有效的方法。例如果树中的温州蜜柑产生芽变的频率相对较高,变异范围较大,是一种有利于进行芽变选种的植物。

由于自然突变率很低,阻碍了植物新品种选育工作的开展,因此,育种工作者为了获得较高的突变频率和优良变异个体,通常利用某些物理化学因素处理植物,使其基因的分子结构迅速发生改变而引起突变,再经人工选择培育成新品种或新类型,这种育种方法称为诱变育种。

诱变的因素有物理因素和化学因素。物理因素主要是电离射线,如 X,α,β,γ 射线、中子流等;还有非电离射线,如紫外线;此外还有激光、超声波等。电离辐射的作用有两种假设:直接作用,射线照射活细胞后,因为射线的能量高,穿透力强,使染色体上的某位点由原子组成的DNA 分子直接发生电离作用,因而引起基因突变,或进一步引起染色体结构变异。间接作用,辐射处理活细胞以后,射线的能量首先被水吸收,水分子被电离,然后与其他分子发生化学反应,从而引起基因突变或染色体结构的改变。

化学因素最早用秋水仙碱,后来主要用5-氨基尿嘧啶、8-乙氧基咖啡碱、6-巯基嘌呤等妨碍碱基合成,用2-氨基嘌呤、5-溴尿嘧啶等造成碱基配对错误,用亚硝酸盐、烷化剂等使 DNA 结构改变等。

自发突变与诱发突变在性质上是没有什么区别的,但后者的突变频率可超过前者的几百倍,甚至更高,所以人工诱变育种在植物育种上占有较重要的地位。我国利用 γ 射线照射梨的"向阳红"品种获得了能耐 −33 ℃低温的突变系,通过辐射从苹果的"青香蕉"品种中产生了短枝型品系等。

复习思考题

1.名词解释:

缺失　重复　倒位　易位　染色体组　多倍体　同源多倍体　异源多倍体　基因突变　自发突变　诱发突变　正突变　突变体　单倍体

2.染色体组有什么基本特征?

3.缺失、重复、倒位、易位在减数分裂的细胞学特征和遗传效应有哪些?

4.某植物有 3 个有不同的变种,各变种的某染色体区段上的基因顺序为 ABCDEFGHIJ,ABCHGFIDEJ, ABCHGFEDIJ,试论述这 3 个变种的进化关系(顺序)。

5.简述同源四倍体和异源四倍体的形成过程。

6.如果某植物的单倍体是正常可育的,试分析该植物是什么多倍体。

7.三倍体香蕉为什么没有种子?

8.什么是基因突变?它有哪些特征?

9.怎样区分显性突变和隐性突变?

10.性细胞突变与体细胞突变有何不同?

11.什么是芽变?当优良芽变发现后,怎样才能使它保留下来?

12.为什么多数基因突变是有害的?

6 群体的遗传

微课

[本章导读]

　　生物进化过程的基本单元是群体而非个体,这一观点导致了等位基因频率的研究以及群体遗传学的出现。本章主要介绍哈迪-温伯格定律确定的在群体中建立遗传平衡的条件,这些条件包括一个随机交配的大群体,没有选择、突变和迁移,只要其中任一条件不满足,基因频率或基因型频率就会逐代改变,进化需要引起基因频率变化和遗传变异的条件。

6.1　理想群体中的基因行为

6.1.1　理想群体

　　如果雌雄配子的结合不是像碗豆杂交试验那样在特定的父母本间进行限于在一个家系内以自交的方式去繁殖,而是在一个群体内所有个体间随机交配,任何一个个体所产生的配子都有机会与群体中任何其他个体所产生的异性配子相结合,并在相互交配中产生后代的群体。这种群体中的个体,在相互交配将其基因传给子代时,基因的分离与自由组合仍然遵守孟德尔遗传规律。因此这种群体也称孟德尔群体,也有人称为理想群体。

　　一个理想群体应具有如下特征:

　　①供研究分析的群体足够大,也即有足够多的个体。

　　②不同的个体间能够随机交配,它们享有共同的基因库。

　　③群体中的基因稳定,没有突变产生;没有基因迁移,也没有自然选择和人工选择。

　　群体遗传学就是研究这种理想群体某一性状的基因型频率和基因频率,在无干扰的世代交替中,以及在不同因素影响下这些频率发生的变化,以预知这个群体的遗传性和其遗传组成会向哪个方向变化和发展,最终为育种服务。

6.1.2　基因频率和基因型频率

　　一个大的随机交配群体,是指配子在随机交配情况下繁殖起来的一个种、变种或其他类群的所有成员的总和。群体中个体的寿命很短,在随机交配下,很难按谱系追踪;而一个群体,其寿命则很长,不受个体生命结束限制,可以作为一个整体去研究它的性状,研究各种个体的组成和分布。

在群体中,个体的更替是这样的:原有的个体死亡,新的个体产生,而其中代代相传的是基因,个体(基因型)是不能传递的。个体各性状的基因型在传递过程中,分解为配子中的基因,配子间的随机结合,形成下一代的新基因型(个体)。所以,下一代基因型的种类和频率是由上一代的基因种类和其频率所决定的。因此当研究群体不同性状的个体组成和分布时,研究群体各性状所属基因的基因频率和基因型频率就格外重要。群体遗传学主要是研究群体的遗传组成及其变化规律的科学。

1)基因频率和基因型频率的概念

基因频率和基因型频率是群体遗传组成的基本标志,是群体遗传性的标志。

基因频率是指在一个群体中某种基因占其某一位点基因总数百分比,或者说是某种基因与其等位基因的相对比率;而基因型频率则是指某一性状的各种基因型在群体中所占比例,即各种基因型的个体数占群体中个体总数的百分比。

$$群体中某基因频率 = \frac{该位点特定基因的数目}{群体中基因位点总数} \times 100\% \tag{1}$$

$$群体中某基因型频率 = \frac{群体中特定基因型的个体数}{群体总数} \times 100\% \tag{2}$$

例如:假设紫茉莉花冠的遗传受一对等位基因控制(A 与 a),属于不完全显性遗传。其纯合子基因型 AA,花冠为红绿色;杂合子基因型 Aa,花冠为粉红色,而双隐性纯合子基因型 aa,花冠为白色。因此根据其表型就可识别其基因型,并统计其比例。假设某一紫茉莉群体共有1 000株苗,其中开红色花的有300 株,开粉红色花的有500 株,开白色花的有200 株。则这一群体各类基因型频率和基因频率如表6.1所示。

表6.1   紫茉莉花色基因型频率和基因频率

基因型		AA	Aa	aa	总　数	
表现型		红花	粉花	白花		
基因型数(个体数) 基因型频率		300 0.3(D)	500 0.5(H)	200 0.2(R)	1 000 D + H + R = 1	
基因数	A	600	500	0	1 100	2 000
	a	0	500	400	900	
基因频率	A		$p = 1\ 100/2\ 000 = 0.55$		$p + q = 1$	
	a		$q = 900/2\ 000 = 0.45$			

在遗传学中分别用 D,H,R 表示基因型 AA,Aa,aa 的频率,从表6.1中可知 D,H,R 是各部分占总数的百分比,所以 D + H + R = 1。p 表示显性基因(A)的频率,q 表示隐性基因(a)的频率,二者总和为 $p + q = 1$,即等位基因频率之和为1。

2)基因频率与基因型频率的关系

如果假设群体中有一对等位基因(A,a)位于一对常染色体上,其中 A 基因频率为 $p(A)$,a

基因频率为 $q(a)$,则基因型频率与基因频率表述如表 6.2 所示。

表 6.2　一对等位基因在群体中的分布

基因型组成	AA	Aa	aa	群体总数
基因型数	n_1	n_2	n_3	N
基因型频率	$D = n_1/N$	$D = n_2/N$	$R = n_3/N$	1

$$N = n_1 + n_2 + n_3$$

基因 A 频率：　　　　$p(A) = (2n_1 + n_2)/2N = D + 1/2H$

基因 a 频率：　　　　$q(a) = (2n_3 + n_2)/2N = R + 1/2H$

$$p + q = 1$$

3)遗传平衡定律

1908 年,英国数学家 Hardy 和德国医生 Weinberg 分别在各自研究的基础上提出了基因频率为基因型频率守恒的法则:哈迪-温伯格定律,即遗传平衡定律(law of genetic equilibrium)。由此奠定了群体遗传学的基础。

该定律简述如下:设在连续随机交配的大群体中,如果没有基因突变、选择、迁移和遗传漂变的影响,一对等位基因(A 与 a)的频率(p,q),从原始群体开始,在世代相传中是恒定不变的;而各种基因型(AA,Aa 为 aa)的频率在世代相传中也是恒定不变的。

6.2　影响群体遗传组成的因素

遗传平衡定律揭示了群体中各种遗传性状保持相对稳定性的原因。然而在自然界中,没有突变、选择、迁移和漂变等因素的影响是不可能的。事实上,各种因素的影响时刻都在对群体发生作用,打破原有的遗传平衡,因此自然界物种才会发生变异、进化和新类群的形成。

6.2.1　突　变

在哈迪-温伯格定律中,基因被看成是不变的,但众所周知,基因通过突变能变成另外的等位基因,这必然要影响基因频率。

现假设群体某一代中 A 与 a 的频率为 p 和 q,设由 A 变为 a 的速率为 u;由 a 变为 A 为 v,

$$\text{A} \underset{v}{\overset{u}{\rightleftarrows}} \text{a}$$
$$p \qquad q$$

则下一代基因 a 频率为：

$$q' = up + (1 - v)q$$
$$= u(1 - q) + q - vq$$

每一代 a 的变化为 $\Delta q : v$

$$\Delta q = q' - q = u(1 - q) - vq$$

即增加部分 $u(1-q)$ 与减少部分 vq 之差为每代的变化量,经过足够多的世代,增加量与减少量

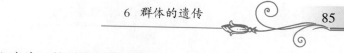

相等,即达到 $\Delta q = 0$ 的平衡状态,此时 A 变为 a 的平衡频率应为 $up = vq$,由 $q = 1 - q$ 得到:

$$(1 - q)u = qv$$

$$q = u/(u + v)$$

同样可得到:

$$p = v/(u + v)$$

即当变化达到 $p = v/(u + v)$ 时,在继续突变的情况下,基因 A 和 a 的频率 p 与 q 维持平衡,不再改变,群体进入一种动态平衡状态中。

6.2.2 选 择

自然选择是对群体遗传平衡的破坏。由于自然选择的作用,基因在传递给后代的过程中,因个体生活力与繁殖力的差异,某些基因频率逐代增加,另一些基因频率逐代递减,从而使群体基因型频率向某一方向改变。

1) 适合度和选择系数

特定基因型的适合度(adaptive value)是指具有该基因型的个体所产生的平均后代数,记为 W,通常包括生活力和育性两个方面。生活力用达到繁育年龄的个体数占个体总数的比例表示;育性则用每个繁育个体的平均后代数表示。例如基因型 A_1A_1 有 4 个个体,其中 3 个存活到繁育年龄,生活力是 3/4,如果每个个体的平均后代是 2 个,那么 A_1A_1 的适应度是 $W_1 = 3/4 \times 2 = 1.5$。以这种方法得出的自由度称为绝对自由度。群体遗传学中习惯于应用两种基因型绝对自由度的比值,叫作相对自由度,表示一种基因型与另一种基因型相比较时,生存和留下后代的相对能力,记为 W;选择系数(selective coefficient)也称选择压力,是群体中选择对某一特定基因型不利的量度,记为 s,表示在选择作用下降低的适合度,故 $s = 1 - W$。选择因素对基因频率的影响,如表 6.3 所示。

表 6.3 选择因素对基因频率的影响

基因型	AA	Aa	aa	合 计
选择前的频率	p^2	$2pq$	q^2	1
适合度	W_0	W_1	W_2	/
对群体平均适合度的作用	$p^2 W_0$	$2pq W_1$	$q^2 W_2$	W
选择后的基因型频率	$p^2 W_0/W$	$2pq W_1/W$	$q^2 W_2/W$	1

当某一群体生活力极强,所有个体都能存活和繁殖,则 $W = 1$,$s = 0$;当 $s = 1$ 时,选择的作用淘汰了所有个体,$W = 0$。一般情况下,$0 \leq s \leq 1$,$s = 1 - W$。

2) 选择的作用

①淘汰显性个体。

②淘汰隐性个体。

3) 选择与突变的联合效应

影响群体遗传组成的因素并非单独地分别起作用,通常是几种因素交织在一起,表现出复杂的综合效果。其中特别重要的是突变和自然选择的关系。虽然隐性纯合体往往是有害基因，且频率很低，但在群体中依然存在着。这是因为突变使每代正常的基因发生变化。当该基因频率因突变而增加和因自然选择而减少的速度相当时，就形成了一种平衡状态。

6.2.3　随机交配的偏移

哈迪-温伯格定律是以随机交配为前提的，即所有个体间都有互相交配的可能性，但在实际的植物种群中往往并不是这样。有时群体中存在某些类型非随机交配方式，例如选型交配和近亲交配。植物群体中的自交、近交、杂交都能导致基因型频率改变。

1）近交

近交是不同程度的同型交配，极端的近交是自交。近交的遗传效应是使基因纯合，增加纯合基因型频率，减少杂合基因型频率，最终会使杂合子群体分离为不同的纯系。群体内的同型交配只能改变基因型频率，却不能改变基因频率。但在自然环境中，自交或近交常导致个体生活力下降，从而为自然选择所淘汰，因此引起基因频率变化。这当然不是近交本身所引起的。

2）杂交

杂交是指基因型不同的个体间的交配。杂交的遗传学效应是基因的杂合。相对性状上有差异的群体杂交后，形成基因型上杂合的后代，随着杂合基因型频率的增加，纯合基因型频率相应降低，这就意味着彼此间无差异的个体增加，有差异的个体减少，群体逐渐成为基因型和性状上相对整齐一致的群体。所以杂交的遗传效应是使群体走向一致和统一。

6.2.4　遗传漂移

遗传平衡定律是以无限大的群体为前提的。但在实际的生物群体中，个体数是有限的。当群体不大时，由某一代基因库中抽样形成下一代个体的合子时，往往因抽样随机误差而引起基因的随机波动，而造成群体基因频率改变，这种现象称遗传漂移（或称基因频率的随机漂移）。

根据进化理论，在自然选择中被选留下的个体和性状都是在剧烈的生存竞争中，以其有利于生存和适应性较强的优点而被自然所保留的，不适者则被淘汰。因此每个遗传下来的性状都是自然选择的产物。然而在自然界中，我们却可以观察到一些中性或无任何价值的性状也被保留下来。这类性状的随机生存现象，是由于遗传漂移所造成的结果。

实际上，任何生物群体都是有限的，特别是当有限群体又被分割成若干局部的小群体时，个体的随机选留和其间的随机交配，以及基因在配子里随机分离，在合子里随机重组都是在小范围内进行的，因此实际值与理论概率之间总会有一定误差。由于这些误差所导致的基因频率的变化，就称为遗传漂变，或称基因随机漂移。可见遗传漂移不是由于突变、选择等因素引起的，而是由于小群体内基因的分离和重组的误差而引起的。这样，就将那些中性的或无利的性状在群体中也一起保留下来，而未消失。

一个群体越小，遗传漂变的作用就越大；群体越大，漂变的作用越小。遗传漂移使许多中性性状存在,在进化上也起一定作用,其使物种分化成并无生存差异的不同类型。

6.2.5　迁　移

在自然界中,某一生物种全体成为均质的单一群体是不可能的。通常与分布范围的大小和生活环境的变化等相适应,产生种内分化,分成几个各自保持特有遗传组成的群体。可是,为了整体作为一个种存在,在群体之间需要有某种程度的基因交流,即个体迁移。如果遗传组成不在群体之间发生个体迁移,则基因频率就会因此而受影响。A,a 基因频率为 p,q 的群体,在一个世代期间从外部迁移来的个体在下一代中所占的比例是由群体基因频率(q)与迁移个体的基因频率(qm)的差及迁移率所决定的。因此,为防止不良花粉的迁移而导致优良基因频率的下降,应在种子园周围采取严格的隔离措施。

6.2.6　隔　离

隔离是指同一物种不同的两个群体之间,由于种种原因的限制,使两个群体不能交配,或交配后不能形成正常的、有生命力的种子,或种子不能产生能育的后代。总之,隔离的最终结果是使两个群体间的差异越来越大,直到最终导致新种的产生,成为种间的差异。

造成隔离的因素很多,一般有地理、物候和生殖隔离等。地理隔离是指由于两地相隔太远,或由于有高山、海洋或沙漠、湖泊的分隔,使本来可以交配的群体没有交配机会,最终在没有基因交流的情况下,各自巩固和积累已有的变异,直到分化形成独立的种。物候隔离是指由于花期不同造成的隔离。生殖隔离是指由于杂交不孕或杂种不结实而形成的隔离。

隔离在群体的遗传和变异上具有重要意义。首先,隔离是物种进化的重要因素。如果没有隔离,群体或个体间的差异会很快在基因的交换和重组下消失,便没有物种的形成;其次,隔离也是保证群体适应性和种性稳定的因素。由于隔离的存在,群体变得相对稳定,各种性状非常保守,因此物种进化的进度非常缓慢。隔离既是物种不断进化的因素,又是非常保守的稳定因素。

6.3　栽培群体的遗传

前面两节我们讨论了自然群体遗传和进化的规律,懂得了自然界物种进化与新种形成是一个复杂而漫长的历史过程。而事实上我们所看到的栽培植物群体的进化速度是很快的,尤其是观赏植物群体新品种不断产生,栽培植物品种日益丰富,有些生产品种与原始种相比已面目全非。其原因何在呢?

前面所讨论的影响群体遗传平衡的因素在栽培群体中依然存在,只是它们的作用强度与方向被加上了人为的因素。

6.3.1　定向选择

与自然群体一样,选择依然是进化的因素,但这种栽培条件下的人工选择具有特殊性:
①选择压力加大。
②多方向性。
③多因素选择。

6.3.2　积累变异

栽培条件使自然条件下无法保留的突变个体得以保留下来,这些已经突变的个体能在此基础上继续发生突变,因此栽培花园中保留了更多的变异类型。此外,由于人工条件与自然环境的差异,栽培群体中还常常发生一些自然界所没有的突变类型。如人工的变温处理,改变光照条件,变更播种期,摘心和修剪,超过植物自身需要的过量水肥等,都能造成突变体产生。而近现代育种技术中的人工诱变技术则加快了这一进程。

1)小群体的遗传漂变

任何自然群体都是有限的,因此存在遗传漂变。栽培植物群体是更小的群体,较之各种农作物及经济作物,观赏植物的群体更小,随机抽样误差会更大。即使没有其他因素的作用,长期的少量栽培也使随机漂变的作用十分显著。这就是为什么相同品种在不同花园中用同样方法栽植依然会分化出不同类型。

2)非随机交配

栽培群体很少能实现随机交配。人工杂交育种中的选型交配,将基因间的组合方式限制在特定范围内,对非计划授粉的限制,人工去雄和套袋,使随机交配的子代几乎无法留下。在杂种优势利用中广泛使用的自交系也是独特的。这种自交系经过长期多代自交(或近交)其基因型已近纯化,这种高度纯化是自然界所没有的。各种自交系已分化成不同的类型。人工制种时,将不同自交系交配,形成高度杂合的杂种后代。这些杂种具有全新的性状。

3)基因迁移

由于人工引种驯化工作的开展,使基因的迁移频繁发生。

引种工作使不同地区的植物有可能栽种在一起,地理隔离因素消失。不同地理类型间基因相互流动。在观赏植物百花园中我们经常会发现一些天然杂种的产生。物候条件造成的隔离在人工条件下消除,人工温度、光照的控制,播种期的变更,摘心处理,花粉贮藏,有效解决了花期不遇的难题。

余下的生殖隔离在现代育种技术中也被打破,试管授精、胚胎离体培养、体细胞融合和转基因技术使个体细胞杂种的产生更为平常。

总之,由于栽培条件下各种因素的影响,栽培群体是进化速度较快的群体,在人工栽培条件下,培育出全新的品种类型甚至全新的物种并不是十分困难的事。

6.4　物种的形成

6.4.1　物种的概念

在有性生殖的生物中,物种(species)的定义是指个体间实际上能相互交配或可能相互交配而产生可育后代的自然群体。不同物种的成员在生殖上是彼此隔离的,这是群体遗传学中的一个重要的概念。上述定义的本质在于,同一物种的个体享有一个共同的基因组,该基因组不与其他物种的个体所共有。由于生殖隔离(reproductive isolation)不同物体中具有互不依赖的、各自独立进化的基因库。Dobzhansky 认为,物种是彼此能进行基因交换的群体类群,在自然界,类群间的基因交流被一种生殖隔离机制或几种生殖隔离机制的组合所阻止。总之,一个物种是最大的孟德尔群体。因此,遗传学上以生殖隔离的标准所鉴定的物种,同经典分类的形态学上种的概念是有所不同的。

物种是进化分歧过程中的一个动态实体,而不是一个静态的单位。一旦当一个可以或可能进行杂交繁育的孟德尔群体的系列,分成两个或更多个有利于生殖上隔离的系列时,物种就形成了,即生殖隔离的发生构成了物种形成过程的重要因素。

生殖隔离机制(reproductive isolation mechanism, RIM)是生物防止杂交的生物学特征。生殖隔离机制可分为两大类:合子前 RIM (prezygotic RIM)阻止不同群体的成员间的杂交,因而组织了杂种合子的形成;合子后 RIM(postzygotic RIM)是一种降低杂种生活力或生殖力的生殖隔离(表6.4)。这两种生殖隔离最终达到阻止群体间基因交换的目的。合子后 RIM 的生殖浪费大于合子前 RIM。合子前 RIM 中的配子隔离(gametic isolation)也会产生殖浪费,因为当配子不能形成成活的合子时,配子的浪费就成为必然的结果。但是自然选择能够促进已被合子后RIM 的群体发展合前 RIM,只要群体处于同一地区,就有形成杂种合子的机会。时间隔离(temporal isolation)在植物中比较普遍,而行为隔离在动物中较普遍。

表6.4　生殖隔离机制的分类

合子前生殖隔离	生态隔离:群体占据同一地区,但生活在不同区域,因此彼此不会相遇;
	时间隔离:盛花期的时间不同,即在不同的季节或一天的不同时间;
	机械隔离:花粉传送受到花的结构不同的阻挠;
	配子隔离:雌雄配子不能互相吸引,花粉在花的柱头上无生活力
合子后生殖隔离	杂种无生活力:杂种合子不能发育或不能达到性成熟阶段;
	杂种不育:杂种不能产生有功能的配子;
	杂种衰败:F_2 或回交世代的生殖力或生活力降低

属于合子前生殖隔离的例子很多。有花植物的不同物种如金菊和翠菊可以在不同季节或一个季节不同的时间开花,由于不同的物种的卵子和花粉不是同时有效的,因此不能发生配子融合。在自然群体中合子后生殖隔离较少见,但也有一些记载。马和驴杂交所产生的骡是杂种一代不育的经典例证,在自然界中是不可能发生这种交配的,但如果进行了交配,在这两个物种

的基因库存之间不会出现进一步的基因交流,因为 F_1 杂种既不能与其同类的其他个体杂交,又不能与其亲本杂交。

阻止基因交流的隔离机制除了生殖隔离外,还有地理隔离(geographical isolation)。地理隔离指的是分布在不同地区的群体,由于海洋、高山或距离遥远等地形地势的阻碍,使得彼此间没有交配的机会。地理隔离不依靠群体中任何遗传差异,而生殖隔离必须是有遗传差异的,遗传上相同的群体可能在地理上被隔离(例如在孤岛上)。地理隔离往往与某种形式的生殖隔离密切联系在一起。

6.4.2　物种形成的过程

由于物种是群体在生殖上隔离的类群(group),因而物种形成的问题,也就是群体的离群(或组群)间是怎样产生生殖隔离的问题。物种的形成可分为两个主要阶段。

阶段 1　物种形成过程的开始阶段。首先必须完全或几乎完全阻断同一个种的两个类群间的基因交流,促使两个类群在遗传上发生分化,当类群在遗传上的差异达到前所未有的程度时,就出现生殖隔离,主要是合子后 RIM。物种形成第一阶段的另一特点是生殖隔离不直接受到自然选择的推动,因为这些 RIM 是遗传分化的副产品。

阶段 2　生殖隔离机制完成。如果阻止处于物种形成第一阶段的两个类群间基因流动的外部条件消失了,则可能产生两种结果:

①产生单个基因库,因为杂种中降低的适合度不是很大,两个类群融合。也就是说,物种形成的第一步是可逆的,如果遗传分化不完全,则先前分化了的两个类群有可能混合成一个基因库。

②最终产生两个物种,因为自然选择有利于生殖隔离的进一步发展。

因而物种形成第二个阶段有下列两个特征:

①生殖隔离主要发展成合子前 RIM 形式。

②自然选择直接推动合子前 RIM 发展,防止产生杂合子。

如果来自不同类群体的个体交配的产生的后代生活力或生殖力降低,则自然选择将有利于促进同一类群内个体交配的遗传分化。假定在一个基因座上有等位基因 A_1,A_2,A_1 有利于同一类群内不同的个体间的交配,A_2 有利于不同类群间的交配。A_1 将更经常地出现在类群内交配产生的子代中,即出现在生活力和生殖力较强的个体中。A_2 则较多地出现在类群间交配产生的杂种中。由于杂种的适合度降低,所以 A_2 基因的频率将逐代减少。自然选择会使有利于群体内交配的那个等位基因(例如 A_1)频率增加。

如果遗传分化的时间持续相当长,又没有基因交流时,群体也可能发展成完全的生殖隔离。例如,当群体分别在两个完全分开的孤岛上就不需要经过阶段 2 而形成物种,因为自然选择直接促进了生殖隔离的形成。

复习思考题

1.什么是理想群体,它有什么特点?

2. 基因频率和基因型频率是什么？它们有什么关系？

3. 什么是遗传平衡定律？怎样证明？

4. 一个大的群体中包括基因型 AA, Aa 和 aa, 它们的频率分别为 0.1, 0.6 和 0.3。问：

(1) 这个群体中等位基因的频率是多少？是否处于遗传平衡状态？

(2) 随机交配一代后，预期等位基因和基因型的频率是多少？

5. 在某种植物中，红花和白花分别由等位基因 A 和 a 决定。发现在 1 000 株的群体中，有 160 株开白花，在自由授粉的条件下，等位基因的频率和基因型的频率各是多少？

6. 在一个随机交配的大群体中，显性个体与隐性个体数量的比例是 8:1, 这个群体中杂合子的频率是多少？

7. 下面 3 个玉米群体，你认为哪个趋于遗传平衡状态？根据是什么？

群　体	基因型		
	RR	Rr	rr
1	1/4	1/2	1/4
2	9/16	6/16	1/16
3	2/9	5/9	2/9

8. 影响群体遗传组成的因素有哪些？它们是如何起作用的？

9. 栽培群体中影响遗传组成的因素有哪些？与自然群体相比它们作用的方式有何异同？

7 园林植物主要观赏性状的遗传

微课

[本章导读]

近年来,随着我国城乡园林事业的发展,对园林工作的要求越来越高。人们期待着不断有优良园林植物新品种应用于园林绿化,以提高园林绿化的质量。而园林植物品质的优劣主要表现在花型、花色、株型、抗性等方面。本章就园林观赏植物的主要性状从类型、遗传机制、育种方式等方面作了详细的阐述。

7.1 花色遗传

7.1.1 花色遗传的基础

1)花与花色

花是自然界最美好的事物之一。一朵淡淡的花,一朵色彩鲜艳的花,往往引起人们无穷的遐想,使人产生诗情画意,花为人们的内心世界增添了许多美的感受。但是用科学的眼光来看,花最神秘的特征之一应该说是它的颜色。美国罗彻格斯大学心理学教授哈福兰·琼斯(Horff-lan Jones)曾进行过一个有趣的心理学研究,发现人类的大脑对于不同颜色的花会产生不同的情感反应。而花色的遗传问题更是谜中之谜。多少年来,生物学家和化学家们围绕花色之谜进行了许多探讨,获得了许多有益的启示。

(1)花色的概念 花是高等植物的繁殖器官,普通的花由雌蕊、雄蕊、花瓣、花萼4部分组成。近年来,关于花发育的分子遗传学机理的研究进一步证明,花是节间极度缩短的变态枝条,花萼、花瓣、雄蕊、雌蕊、心皮等实际上都是叶片的变态器官,是由花芽原基发育而来的,属于同源异型器官,统称为花叶(floral leaf)。虽然花有结种子的本能,但自然界和人类花园里都有一些不结籽的花,尤其是很多重瓣花雌、雄蕊瓣化后,花不再孕育种子,这种现象在自然界也许是一种退化。

所谓花色是指花器官、花萼、雄蕊甚至苞片发育成花瓣的颜色。花色是光线照射到花瓣上穿透色素层时部分被吸收,部分在海绵组织层反射再度通过色素层而进入我们眼帘所产生的色彩。花色是一个与多种因素有关的复杂性状,但其最主要的因素是花色素。

(2)花色与显眼的花 在观察一朵花时我们会发现,不仅花瓣、雄蕊、雌蕊有颜色,就连花萼也带有颜色。通常所说的花色往往包括这几部分的颜色,而我们所讨论的花色仅指一朵花色彩明显的部分,尤其是指发育成花瓣状的那部分的颜色。对大多数植物来说这部分是指内花被(inner perianth)——又被称为花冠(corolla)。但也有的像百合、鸢尾、水仙等那样,其花的外花被(outer perianth)——又被称为萼(caryx),也发育成花瓣状而和花冠难以区别。另外,有雄蕊发育成花瓣颜色的如重瓣牡丹、重瓣月季等,也有的苞片(bract)明显发育成花瓣状而缺少真正的花被,如一品红"套筒"、紫茉莉等。

花是植物的繁殖器官,但并非所有的植物都如此,孢子植物用孢子来繁殖,完成其生活周期,因此孢子植物也叫隐花植物(cryptogam)。而种子植物才以花为繁殖器官,即所谓的显花植物(carpophyte)。这类植物即我们通常所说的裸子植物(gymnosperm)与被子植物(angiosperm)。一般说来,裸子植物的花不显眼,松、杉、柏什么时候开花很少有人注意。在被子植物中,有些花显眼,有些花则不显眼。比如,黄杨、枫树开什么样的花几乎没有人注意过,其实,这类植物同样有花,只是不显眼罢了。而对梅花、荷花、牡丹等的花大概是人人皆知的了。

之所以有显眼的花与不显眼花之分,这与花粉的传播有很大关系。由于大自然的巧妙安排,风媒花没有特别显眼的必要,因此这类花即使有花瓣也很小,并且呈现为绿色,乍一看很难在叶子中间发现它们;而虫媒花或鸟媒花则花瓣展现得很大,并呈现绿色以外的各种色彩,为招引昆虫或鸟类创造了良好的条件,此外,这类花大部分都散发出浓郁的芳香,即使花被遮挡住了,昆虫也能发现它们。

从植物进化方面来看,非常有趣的是,相对地说,古生代出现在地球上的植物都不具备显眼的花,而具备显眼花的虫媒花则是新生代出现的植物。带有花瓣的植物是伴随着恐龙进入鼎盛时期而出现的,并且,恐龙的灭绝似乎为昆虫的繁荣以及被恐龙当作食物的那些动物的繁荣创造了良好时机。因此,恐龙灭绝后,昆虫很快扩大了自己的势力,占领了重要的位置。这一变化与此后出现的带有花瓣的新植物,花瓣形态与颜色的多样化的进化关系极为密切。植物和昆虫的新关系必然是以改变花的形态为起点的,植物总是积极设法让昆虫向自己靠拢,植物的花瓣不断增大,并形成非绿色,散发芳香和蜜汁等,这就更提高了昆虫传播花粉的效率,进而向扩大植物的种属迈进了一步。

(3)昆虫眼中的花 在生物进化过程中,花瓣的发达、花瓣颜色的多样化与昆虫的出现及发展有密切关系,那么昆虫对颜色的感觉又如何呢? 首先,我们来观察一下昆虫的颜色世界。

奥地利动物学家卡尔·伏利修曾就花色和蜜蜂行动的关系进行了观察,他发现蜜蜂具有区别颜色的本领,并且对蓝色有特殊的偏爱。他认为温带植物的花色是逐步向蓝色调增加的方向进化的,将它和蜜蜂对颜色的感受结合起来考虑是很有趣的。

正如彩虹的7种颜色那样,自然光可呈现各种不同的颜色。实验发现,蜜蜂具有能区分黄色、蓝绿色以及紫外线的能力,但不能区分红与黑、黄与橙、蓝与紫的差别。而人对紫外线缺乏色感。因此,昆虫眼中的花色与人类眼中的花色有很大差别,昆虫或许比人类所看到的花色世界更加绚丽多彩。除了蓝色以外,蜜蜂对黄色及其他颜色,甚至我们辨别不出的淡黄色——通常所说的白色花也能辨别出来。因为淡黄色花中含有的色素能吸收大量紫外线,使昆虫能够感受到光,所以才飞来。

其他昆虫的色感与蜜蜂大致相同,而蝴蝶对红色可以产生色感,因此在蝴蝶出没的地方红色系的花较多。

　　有些花在花心部位带有与底色不同的条纹或斑点,这些颜色不同的部分被称为"花蜜向导"(蜜标识),这种花瓣具有将飞落到花瓣上的昆虫进一步向里面的蜜腺引诱的作用。

　　(4)花色的研究简史　　花色和叶的绿色都是植物所渲染出的美丽的自然色彩,而存在于人们身边给生活带来无限趣味。也许是此缘故,其研究历史也很悠久。早在19世纪中期孟德尔(G. J. Mender)连续8年的豌豆杂交实验,奠定了花色遗传的理论基础。1910—1930年德国学者Willstatter和瑞士学者Karrer从大量的生物中分离出结晶的类胡萝卜素(Carotenoids)并研究其化学结构。可以说今天我们所使用的大部类胡萝卜素的结构式都是当时他们设想的。截至19世纪中期,已有很多人从事色素化学的研究,其中Marquart. Molish. Bate-Simith和J. B. Harborne等在花色素苷的化学结构方面做出了重要的贡献。经过130多年的努力,基本查明了花色素的主要化学结构,积累了很多关于形成花色的类胡萝卜素、类黄酮和花青素等色素群的知识。进入20世纪后,随着色素化学的发展,用生物化学解释花色研究的兴起,初期活跃于这个领域的有Onslow Scott-Moncriff等人,主要研究了类黄酮的遗传。

　　目前,花色的研究主要集中于观赏植物花色遗传育种上,众所周知,花色是观赏植物的一个很重要的观赏性状之一,所以对观赏植物花色的改良不仅是观赏植物遗传育种的热点,同时也是花色研究最广泛的应用领域之一。观赏植物的花色改良最初使用杂交、嵌合体选育、辐射育种等常规育种手段,取得了丰硕的成果。最近,由于分子生物学时代的到来,关于这些物质生物合成基因调控水平上的研究也取得了划时代的进步。自从世界上第一例类黄酮生物合成基因在1983年用鉴别筛选与杂交筛选相结合的方法从欧芹(Petrosklinum hortense)中分离出来之后,控制花色的关键基因都相继得到了克隆。1985年,Meyer. P等将玉米DFR(dihydroflavonol reductase,二氢黄烷醇)基因导入矮牵牛RL01突变体之后,使二氢堪非醇(Dihydrokaempferol)还原,从而提供了天竺葵色素(Pelargonidin)生物合成的前体,使花色变成砖红色,创造了矮牵牛的新花色系列,成为世界上第一例基因工程改变花色的成功例子。前不久,由于蓝色基因的分离,花卉育种工作者对蓝色花系的培育给予了很高的关注,具有梦幻般魅力的"蓝色月季"研究如火如荼地展开,相信人们看到梦寐以求的蓝色菊花、香石竹、郁金香等奇特花卉都为时不远。

2)花色素的三大类群

　　(1)类胡萝卜素　　类胡萝卜素是胡萝卜素与胡萝卜醇的总称。一般含于细胞质内的色素体上,不溶于水,而溶于脂肪和类脂中。胡萝卜素的种类很多,有 α-胡萝卜素、β-胡萝卜素、γ-胡萝卜素、番茄红素等,不同种类的胡萝卜素颜色也有差异。

　　(2)类黄酮　　类黄酮是植物的次生代谢产物,其化学结构是以2-苯基色酮核为基础的一类物质,颜色从浅黄至深黄色。有很多种类,如黄酮醇、黄烷酮、查尔酮、橙酮等。一般把黄酮和黄酮醇总称为花黄素。自然界中类黄酮种类很多,已知化学结构的就有3 000多种。

　　(3)花青素　　花色素是2-苯基苯并吡喃锌盐的多羟基衍生物,其控制的花色呈现种种鲜艳的颜色,花青素种类虽多,但现在发现的天然花青素只有7种,即天竺葵色素、花青素、花翠素、甲基花青素、3′甲花翠素、报春花色素、锦葵色素。天竺葵色素主要决定砖红色,花青素决定红色,花翠素决定蓝色。

3)花色与花色素的关系

　　花色的种类非常丰富,由于含有的花色素不同而呈现不同的颜色。

（1）奶油色、象牙色、白色　花中大都含有无色或淡黄色的黄酮或黄酮醇。白色花实际上是非常淡的黄色花，我们之所以看到白色是由于花瓣中含有大量的非常小的气泡，对入射光线多次折射产生白色；另外，淡黄色的类黄酮能吸收紫外光靠近部分，人眼对它不能产生色感，而它对昆虫具有很大的诱惑力，这可能是草原白花多的原因。

（2）黄色　这类花中有的只含类胡萝卜素，有的只含类黄酮，有的是类胡萝卜素与类黄酮两者兼而有之。多数黄色花中既含类胡萝卜素，又含类黄酮。

（3）橙色、褐色　在花瓣中有花葵素系的色素显示橙色，以黄色为主的橙色多由类胡萝卜素显示，如百合花；以红色为主的橙色往往是由花青素引起的，如天竺葵；由红、黄两种颜色混在一起而产生的橙色，是由花青素与类黄酮在花瓣中组合产生的，如金鱼草；或者由花青素与类胡萝卜素组合而成的，如郁金香等，两者色调有微妙差异。褐色是由花色素苷和类胡萝卜素共存而形成的，如桂竹、报春花。

（4）深红色、粉红色、紫色、蓝色、黑色等　这类花色主要由花色素苷产生，当花色素苷 β 环的羟基数多时，则花色发蓝。此外，细胞内的助色素或单宁物质、铁、铝、镁等金属和细胞液呈胶质状态，也可能使花色变蓝。当花色素苷被甲基化时，甲基化程度越高，则花色越红。当花色素苷的含量少时，则花呈粉红色；含量多，则呈红色；含量很多时，则呈紫色甚至黑色。如果表皮细胞长尖形，对光线产生阴影，则呈紫黑色。

（5）变色花　还有的花从花蕾开放到凋谢，花色多数变浅或者称为褪色，其原因：一是花色素随着花瓣的生长，单位花瓣面积花色素减少；二是花朵开放后，花色素在强烈阳光暴晒下往往被破坏分解。但也有例外，金银花初开时为白色（淡黄色），凋谢时为黄色，这是由于黄色素形成较快所致。在园林植物中有一类观赏价值较高的变色花，花蕾期为一种颜色，花朵开放过程中又表现为不同的颜色。其主要原因是花蕾期及花朵开放的不同时期花瓣内合成了不同种类的花色素，一般花蕾或初花期，花色素为类黄酮，花朵开放后形成花青素。

7.1.2　花色遗传

花色的母体是花色素，花色素是在一系列酶的作用下形成的，酶是基因转移的产物。影响花色的不只是花色素的种类，还有花色素的分布、多少等，这些也都是基因控制的。

1）控制花色的有关基因

（1）花色素基因　这类基因控制花色素合成的启动和终止。例如金鱼草的白化症基因呈显性 N 时，合成色素即开始；当基因呈隐性 n 时，色素合成便停止，有的花卉花色素合成由双基因控制，如香豌豆，花青素生成的各个阶段都与 E 和 Sm 两个基因有关，由基因的显性与隐性的各种组合来决定花青素的种类。而有些植物的花色是由很多基因控制的，如大丽花。

（2）控制花色素含量基因　由于花色素含量的不同，使花色深浅不同，颜色的深浅也是由基因决定的。例如，四倍体金鱼草，花色由 EI 基因控制，有 4 个 EI 基因的近白色，3 个的呈微红色，2个的呈淡红色，1 个的呈红色，0 个的呈浓红色，即随着 EI 基因的增加，花色由红逐渐变成淡色。

（3）花色素分布基因　色素在花瓣中的分布是不均匀的，由此导致有的花只在花瓣尖端带色，而有的只在花瓣基部带色，有的在花瓣边缘带色，而有的只在花瓣中间带色等。例如，藏报春，已知色素分布不均的基因有 J，D，G 3 个。J 基因是花青素生成活跃的基因，具有 J 基因时花呈红色,但其在花中心部位作用较弱,呈粉红色;D,G基因都有抑制花青素生成的作用,D基因对花瓣周边抑制作用较强,而G基因对花的中心部位抑制作用较强。所以具有D基因的花,花瓣四周有逐渐变白的现象,而具有G基因的花,花瓣基部变为白色。

(4)助色素基因　助色素单独含于细胞中时几乎无色,但它与花青素同时存在于细胞中形成一种复合体时,就呈蓝色,与花青素本来的色调完全不同,这种复合体是产生蓝色花的重要原因。鲁宾逊(1930)实验,从蓝色花瓣中提取色素,制成色素提取液,然后加入戊醇,除掉色素,蓝色提取液变成红色;当把助色素再加进去,又恢复蓝色。另一个实验即把蓝色提取液加热,则变成红色,冷却后又恢复成蓝色(图7.1)。

在天然的花里,助色素多是类黄酮家族的成员,助色素的生成与控制色素种类的基因或决定色素含量的基因都有密切的关系。共同的原料物质是合成花青素还是合成助色素是由基因决定的,基因A完全显性时,则合成花青素(红色),隐性a时,则合成助色素(图7.2)。此时花呈红色或白色,如果基因A不完全显性,就会生成花青素和助色素,这两者可形成复合体,而使花瓣呈蓝色。如香豌豆,H基因具有促进花瓣助色素的生成,产生蓝色效应。如果花青素生成的量比助色素生成的量多,则一部分花青素与助色素形成复合体,而使花瓣呈蓝色,多余的花青素仍保持红色不变,此时花瓣呈现紫色或紫红色。

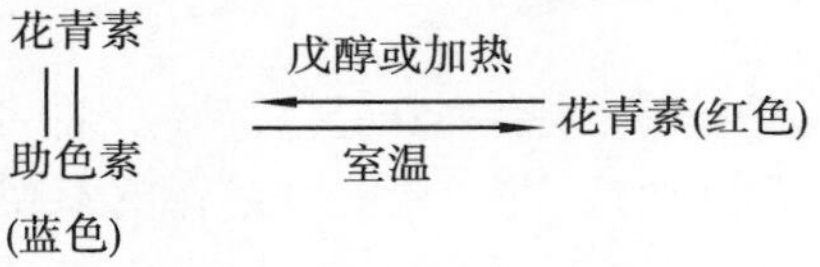

图7.1　花青素、助色素复合体 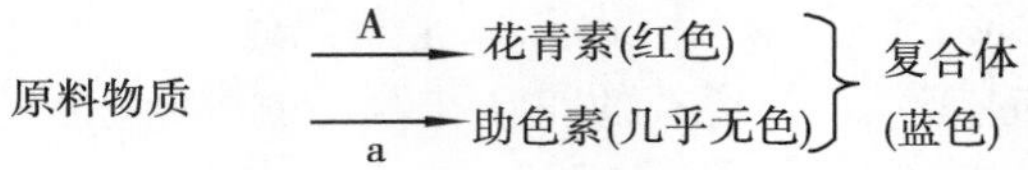　　图7.2　花青素、助色素合成途径,生成与分解的可逆反应

(5)易变基因　在一些植物中常发生花色基因的突变,而且回复突变的频率也很高,这一部分能频繁来回突变的基因称为易变基因。易变基因常造成花序或花朵上形成异质条纹、斑块。由于这些变异特征是基因突变后形成的,具有遗传的稳定性,所以从花序的异质部位采种。形成的子代会出现不同花色。例如,鸡冠花,一般为黄色和红色,黄色花为隐性基因a控制,红色花为显性基因A控制。常见的黄色花为正常类型,但a很易变成A,如a较早突变成A,则红色斑块较大;如较晚,则红色斑块较小或者呈条纹状。鸡冠花上的两色,是色素分布基因造成的还是易变基因造成的,鉴别的最好办法是分别在黄色处和红色处采种。如果从红色斑块处采的种子播种,子代开出红色花,黄色斑块处采的种子播种,开出的是黄花,证明两色花是易变基因造成的;否则,如两处采的种子开出的都是两色花,而且色斑的位置又比较固定,则说明是由色素分布基因造成的。如果播种后子代花冠上的色斑无规律可循,则为病毒造成的。

(6)控制花瓣内部酸度的基因　花瓣内部酸性的强弱也是由基因控制的,不同酸碱度可使花青素呈现不同颜色。例如报春花,当酸碱度由显性基因R控制时,可使花瓣里的酸性增强(pH=5.2~5.45),花为红色;由隐性基因r控制时,酸性减弱(pH=5.9~6.05),花为蓝色。但R基因的作用受D基因(原花青素抑制基因)制约,DD时,R基因的作用完全受抑制;Dd次之,pH=5.6;dd时,R基因几乎未受抑制,pH=5.4。

(7)不同花色杂交的显隐性　在不同花色杂交时,一般带色花是显性,白色花是隐性;在带色花杂交时,紫色花是显性,红色花是隐性;在紫色花与蓝色花杂交时,蓝色花是显性,紫色花是隐性(表7.1)。但也有例外,如金花茶与白色山茶或与白色茶梅杂交时,F_1多呈白色,而不显现黄色。有一些花色在杂交时表现无显性或呈不完全显性,如圆叶牵牛,红花亲本与白花亲本杂交,F₁表现为双亲的中间性状粉红色。

表 7.1　牵牛花不同花色杂交的显隐性

显　性	隐　性	显　性	隐　性
紫色	红色	花色均匀	花色雀斑状
明色	灰色	花色雀斑状	白色
蓝色	紫色	简部红色	简部白色

2) 花色与环境

花色的形成除了受基因调控外,还与栽培环境和管理有关,在栽培环境中主要是光线、温度、土壤、肥水等。当日光照射花瓣时,花青素的含量迅速增加,叶红素、类黄酮的合成也只有在光线条件下才能顺利进行,但过强的光线也往往使色素破坏变质,因此对某些花须控制适当光量。各种花卉都有其适合的温度范围,一般来说,温度较低,花色素量多,花瓣质量好;温度过高,往往使花瓣变色,色素变质。土、肥、水和管理对花色形成有重要影响,只有基因、环境、管理三者配合得当,基因表达才能充分。

3) 色素在花瓣中的分布

色素并不是均匀分布在花瓣片中,而只是分布于某一部分(层)中。一般色素存在于上表皮细胞中,但颜色较深的花瓣中,栅栏组织和海绵组织的细胞中也含有色素。甚至有时连下表皮细胞中也含有色素。

色素仅存在于健全的花瓣细胞内。但是不同种类的色素在细胞内存在的位置不同。一般而言,类胡萝卜素以沉积或结晶状态存在于细胞质内的色素体上(质体上),而类黄酮则以溶解于细胞液的状态存在于液泡内。有时在同一细胞内,类胡萝卜素存在于细胞质内,类黄酮存在于液泡中。

类黄酮除了以溶解于细胞液的状态存在以外,有时也以特殊形式存在。在这样的细胞中,或液泡局部显色,或局部呈现异常色调。

我们实际所看到的花色并非细胞内色素的原本色调。花瓣色素层被具有各种构造的组织包围着,这种花瓣组织构造使光照条件受到影响,有时使细胞内色素本身的色调稍微改变后再反映到我们的视觉上来。

(1)白色的花　从白色花瓣中提取出来的色素为淡黄色的黄酮类物质,植物界不存在白色色素。使花瓣呈现白色的实质性问题是花瓣中的气泡。白色花瓣的色素层仅仅含有浅黄色或近乎无色的色素。所以我们直观看到的气泡是白色的。要想使花瓣呈现出更鲜明的白色,就应尽量使更多的光线在反射层折回。为达到这一效果,含有气泡的海绵组织反射层应该厚些,海绵组织应尽量细密,气泡的颗粒要小;否则,就会有一定百分比的光线透过整个花瓣,而使白色效果减弱。

红色和黄色等花瓣本质上一样,仅仅是色素层所含的色素种类不同。总之,要想使这些花瓣呈现鲜艳的色彩,海绵层的厚度和细密程度可以说是两个必不可少的要素。由此看来,要使花瓣具有鲜艳的色彩,不仅是色素,花瓣内部的结构也必然起着很大作用。

(2)黑色的花　这类花往往是园艺品种中的珍品,如轰动一时的黑郁金香、黑蔷薇,此外在粟和香堇菜中也发现有黑色花品种。从这些花瓣中提取出来的色素物质均为花色素苷,并未发现黑色的色素,进一步的研究揭开了黑色之谜。

做蔷薇红色品种和黑色品种花瓣的切片,比较其上表皮细胞的形态。两个品种花瓣的表皮细胞的共同点均为乳头状,但黑色品种和红色品种相比较,具有向垂直于花瓣表面的方向显著伸长的特征。黑色品种这种特殊的表皮细胞构造使之易于产生自身的阴影,因此,在人的视觉上就感觉花瓣是黑色的。随着花朵的开放,黑色花表皮细胞的间隙变宽,阴影逐渐变淡,于是花朵渐渐呈现红色。

7.1.3　花色遗传的实例

绝大多数影响花色的因素已知是由基因控制的,而基因的作用又是高度专一化的。专一化的各基因共同作用形成万紫千红的花色。

【例1】　马鞭草(*Herba Verbenae Officinalis*)

紫红色含有 3,5-2 糖苷飞燕草色素,这是由一对基因的差异所决定的,当包含有 3,5-2 糖苷的 F1 自交时,紫红色和栗色的分离是 3:1。

【例2】　樱草(*Prinula sinensis*)

从红色变为蓝色可以分不同阶段完成。

bR 植物开红色花;br 植物开蓝灰色花;BR 植物开洋红色花;Br 植物开蓝灰色花。

这是 B 和 R 分别控制共同着色的象牙色和形成更酸性细胞液的基因。在这种情况下,花色素是 3-单糖苷锦葵色素,由基因 K 所控制。隐性突变体 R 形成 3-单糖苷天竺葵色素。所有这些基因表现正常的孟德尔式遗传。

【例3】　好望角苣苔(*Strep tocarpus*)

象牙色　arod　粉红色　　AroD　洋红色　　AROD　蓝色　　AROD
橙红色　Arod　蔷薇红色　Arod　紫红色　　ARod

基因 A 是形成花色素(天竺葵色素)所必需的。当 R 存在时花色素为芍药色素(3-0-甲基矢车菊色素)。锦葵色素只有当基因 D 存在时才能合成。基因 D 的作用是联接一个糖分子到花色素分子位置上。

比较化学和遗传学的实验可能清楚看出:

①两个亲本物种和它们杂种的花色,是由两种花色素和它们所联结的不同类型糖分子多种结合的结果。

②中间色(紫红色和洋红色)来自双亲物种色素的混合。

③而基因 r 的分离创造出新的橙红色和粉红色类型。

【例4】　翠菊(*Callistephus chinensis*)

翠菊舌状花的花色由花色素和花黄色素所决定。基本上可分成三大类,蓝色、紫红色和红色。红色花是由一组三重等位基因,Rr'r 所控制。它们分别产生飞燕草色素、矢车菊色素、天竺葵色素。M 决定花色素中糖苷的类型。所有含有显性基因的基因型里有两个糖分子联接在花色素上,而隐性基因的基因型里只有一个。基因 S 稀释花色素,并增加其对阳光脱色作用的敏感性而使颜色加深,并抵抗阳光的脱色作用。

【例5】　大丽花(*Dahlia variabilis*)

大丽花($2n=64$)起源于中美洲的墨西哥地区,18世纪被首次引入欧洲时仅有两种花色,紫红色和蔷薇色。以后100年间几乎没有什么进展,然而19世纪初,当从美洲直接引入大丽花种子后,情况起了很大变化,在短短的12年内,无数的新品种,包括现代大丽花的主要花色和花型突然涌现出来了,其速度之快,在园艺植物的历史上是绝无仅有的。

很有趣的是,目前栽培的现代大丽花(D. variabilis)同时含有两个大组的色素,这是证明大丽花为杂种起源的化学和形态学证明。

对大丽花大量花色系列的化学检验表明,如此广泛的花色变异完全是由于色素混合的结果,即两种黄酮颜色混合的比例,深浅的等级,以及花色素从浅到深的变化等。例如,浅色和深色的花色素苷在乳白(或象牙白色)底色上,分别形成洋红和紫红。与此相似,浅色和深色的花色素苷在黄色底色上,分别形成杏黄色和猩红色。假如底色呈中间色(米黄色或樱草色),那么当花色素存在时,花色也是中间色的,如从浅到浓的深红色(根据花色素苷在花瓣中存在的深度而变化)。当黄酮和花色素二者不存在时,花为白色。

除化学和形态学方面的证据以外,细胞学提供了更加有力的证据,说明现代大丽花的杂种起源。对减数分裂过程的研究发现,5个原种都是同源四倍体,有明显的次级联会(Secondary association)。其中4个种是$2n=32$个染色体($x=8$),只有1个是$2n=36$个染色体($x=9$)。从花色看它们当中3个属于第1组,两个属于第2组,而现代大丽花恰好是两组大丽花染色体数目的总和($2n=64,x=8$),是异源八倍体,即两大组大丽花的双四倍体杂种。这一结论为大丽花的细胞学观察所支持,现代大丽花的减数分裂过程中,发现特别明显的染色体的次级联会现象,可以看到2个二价体或三个二价体或4个二价体聚成组。

大丽花花色遗传基本上按多倍体遗传规律进行。已发现的主要有4个决定花色的基因:Y产生黄色,I产生象牙色黄酮,A产生浅色的花色素,B产生深色的花色素。Y,A和B的遗传是按四倍体的方式(异源八倍体等于双四倍体,每个基因只能有4个等位基因),表现典型的同源四倍体的分离比率在不同的杂交组合中分别为5:1,11:1或35:1。I的遗传也按四倍体方式进行,不过由于单显性组合和无显性组合都不形成色素而稍有变化。

尽管以上基因都是四倍体的,它们的表现方式又因基因相互作用而不同,Y和B在单显性组合中是完全显性的,而且单显性组合、双显性组合、三显性组合和四显性组合在表现型上是一样的,A的效果从单显性组合到四显性组合是累加的,符合数量遗传的法则。AAaa颜色深,AAAa比AAaa更深,AAAA表现最深的颜色。iiii不形成色素,Iiii实际上也等于没有色素。而Iiii、IIIi和IIII才充分着色。除此之外还有一个四倍体的黄酮抑制基因H,能不同程度地抑制这种色素,从而造成乳黄色和樱草色。

在大丽花中发现的花色素苷主要有两种,即矢车菊色素和天竺葵色素的二糖苷。这里应当强调指出,这两种色素的差异并不是浅色与深色的差异。它们各自都可以有深浅的变化。花色素可能跟黄酮和黄酮醇同时存在,也可以单独存在。前述两大组大丽花中,第一组以矢车菊色素和黄酮芹菜苷配基为主,第二组则以天竺葵色素为主。

不同色素的形成,有时存在显著的相互作用。例如,当黄色的黄酮大量形成时,象牙色黄酮的形成即或多或少地受到抑制。与此相似,黄酮类跟花色素类的形成也有竞争现象。在某些基因型中,黄酮类基质完全抑制花色素的形成,相互作用的具体程度决定于所含花色基因的比例。因此,虽然大丽花只有四种花色基因和两种黄酮抑制因子,但由于基因之间的相互作用和高度多倍化,以及复等位基因的累加作用,因此花色的遗传是极复杂的。另外,大丽花自交不亲和性所造成的高度杂合性,也是使遗传复杂的原因之一。

实验表明四倍体大丽花原种起源于未知的古代二倍体原种(现已绝灭),而异源八倍体的现代大丽花则是通过杂交和染色体加倍起源于这些四倍体原种。

7.1.4　花色的遗传改良

1)杂交育种

杂交育种是目前观赏植物品种改良的主要途径,也是创造新花色的重要方法,尤其是种间杂交。如 Umiel 等在以香石竹为中心的石竹属种间杂交中,得到了许多新的花色类型,表现在基斑的形状、花瓣中心的斑点及不同色彩和亮度的组合等。目前已选育出许多新型的香石竹品种。Stepbens 等在凤仙花属中间杂交中发现橙色花为完全显性。Uemofe 等用山茶花的白花品种 Hatsu-Arashi 与金花茶杂交得到粉白色 F_1,而金花茶主要的黄色素栎皮素未传递下来,可能是隐性基因控制的。

2)突变育种

自发突变产生的新花色突变体是选育新花色品种的重要遗传资源。如在二倍体的白花仙客来品种自交系中出现了黄花突变体。其色素为柚配基查耳酮(chalcononaringenin),这可能是缺少查耳酮-黄酮转化的活性基因造成的,可能培育深黄色仙客来。

3)辐射诱变

辐射诱变也是创造新花色的重要手段。单个色素合成酶基因的突变即可产生新的花色。如 Banerji 等用 1.5,2.0,2.5 Krael γ 射线照射"Anupam"菊花的生根插条,M_1 出现了花色突变的嵌合体,从中分离出了 3 个红色突变体。Venkatachalam 等在 γ 射线照射的橙粉色百日菊 M_2 中,出现了洋红、黄、红、红底白点等花色突变体,而与照射剂量无关,并在 M_3、M_4 中稳定遗传。

4)利用生物技术改良花色

观赏植物产业一直在不断开发新品种,以适应市场的需求。这些改良后的新品种具有更高的观赏价值和商品价值。被改良的性状包括花的形态和花的颜色等。到现在为止,大多数新品种都是通过传统育种方法来获得的。而传统育种法存在着很多局限性,如变异率不高、杂交不亲和、育种周期长以及盲目性大等。生物高新技术的发展,为克服传统育种的缺陷提供了新观念、新方法和新手段。从花卉资源利用、植物组织培养到细胞杂交和基因遗传转化等均从不同的方面给花卉育种注入了巨大的活力。因此各国对花卉生物技术十分重视,开展了广泛的研究,对促进世界花卉新品种的增加,品质的提高以及花卉产业化的发展均起到了重要促进作用。

基因工程已广泛应用于月季、香石竹、菊花、郁金香、百合、扶郎花、火鹤花、金鱼草、石斛、草原龙胆、唐菖蒲和满天香等几乎各种重要花卉。花色是由包括遗传学、酶活性和分子生态学在内的若干因素决定的。虽然关于决定花卉颜色的重要色素的合成研究目前还处于早期阶段,但许多研究已开始将已知的基因与控制花色的酶联系在一起。在大多数植物种类里,类黄酮化合物是最重要的花色素,类黄酮的生物合成途径已有较为详细的研究。大多数生物合成基因以及一些调控基因已被克隆,这使得有可能用生物工程手段来改变花的颜色,遗传工程技术可以从以下几方面来改变花的颜色。

（1）直接导入外源结构基因以改变花色　对于单基因控制的花色，如果某物种或品种本身缺该基因，可直接导入外源结构基因以改变某花色。世界上第一例基因工程改变矮牵牛花色的实验便用此法，从而创造了砖红色矮牵牛花的新花色系列。荷兰 S&G 公司将玉米 DFR 基因导入矮牵牛花，将转基因植株自交，培育出了鲜橙色矮牵牛。用同样的原理，将非洲菊和月季 DFR 基因转入矮牵牛，得到了与此相似的植物花色变异。

（2）利用反义基因和共抑制原理改变花色　抑制类黄酮生物合成基因的活性，从而导致中间产物的积累和花色的改变，对基因的沉默有不同的理论假说，如 DNA 异位配对、DNA 的甲基化、染色质的改变、反义 DNA 的抑制和共抑制。反义基因方法（Antisense suppression）是将某一基因反向插入植物表达载体，然后导入植物体内，这种"错误"的 DNA 转录成 RNA 之后，与内源的互补 mRNA 结合，使 mRNA 不能合成蛋白质，进而形成花的突变。此项技术已被成功地用来抑制 CHS 基因的活性。从而造成 CHS 无色底物的积累，使花颜色变浅或成白色。另一种抑制基因活性的方法是共抑制法（sense suppression），即通过导入一个（或几个）内源基因额外的拷贝，达到抑制该内源基因转录产生（mRNA）的积累，进而抑制该内源基因表达的技术。该技术已在矮牵牛和菊花等花卉的色花修饰方面取得成功。最后，还有这些年刚兴起的一种抑制基因活性的方法是用核酶（ribozyme）。核酶是具有酶活性的 RNA 分子，能特异性地切断 mRNA，从而阻止其编码蛋白的合成，因此，该技术可望用来特异性地抑制类黄酮生物合成基因的表达，从而改变花的颜色。

（3）导入调节基因使植物内源基因活化而改变花色　当植物体内本身含有花色素代谢的结构基因，由于组织特异性或缺乏调节基因表达产物的激活而不表达时，可通过导入调节基因并使其适当表达而改变植物花色。例如将花色素苷激活剂 R 和 CL 导入拟南芥和烟草后，其白色的花冠均不同程度地变粉。Quattrocchio 等将一系列的花色素苷代谢的调节基因转入矮牵牛后，得到了红色的愈伤组织和粉红色的花冠。包满珠等将 CL 和 Lc 基因转入矮牵牛，得到部分转化的花冠由白色变为粉色。

（4）多基因控制花色的综合调控　花色通常是由多基因调控，要想改良花色，必须清楚每一步生化过程以及基因调控的机理，这便是花色改良的难点所在，同时也是它吸引众多研究者苦苦摸索的原因所在，在众多观赏植物中，蓝色花偏少。日本大阪 Suntry 有限公司和澳大利亚 Calgene Pacific 股份有限公司目前已经培育出了"蓝色月季"。要育成蓝色月季花需要同时具备三个条件，即翠雀素的合成，黄酮醇共染剂和较高的 pH 值。翠雀素合成所需的 F3′5′H 酶的编码基因已被克隆，更值得一提的是在矮牵牛中确定了花瓣细胞内控制 pH 值的 6 个基因 pH1—pH6，Chuck 等将 pH6 基因进行了克隆。由此看来，用基因工程的方法培育蓝花观赏植物已有了可行性。

7.2　彩斑遗传

7.2.1　彩斑的概念和分类

1）彩斑的概念

植物的花、叶、果实、枝干等部位的异色斑点、条纹统称为彩斑。彩斑能够大大提高植物的

观赏价值,因而彩斑遗传早就引起许多学者的研究兴趣。经过近 30 年的研究和育种实践的积累,现代栽培品种群拥有许多新奇彩斑植物品种。

　　自然界野生的植物体上出现一些色彩或条纹,便具有了与众不同的观赏性状,被人从原生地迁入花园或保护地栽培进行观赏、繁殖,或用于育种。彩斑的大小、出现时间的先后与进化过程直接相关,园艺化程度越高的种类往往其彩斑发生频率也越高。这是因为在栽培中,人们有意识地选择并保留较自然状态更多的具有彩斑的植物,人工选择的强度远比自然选择的强度大。现代观赏植物栽培群体中,观赏价值较大的彩斑主要分布在叶片、花瓣、果实和枝干上。

2) 彩斑分类

　　具有较高观赏价值的彩斑主要分布于花朵和叶子上,此处仅以花瓣彩斑和叶部彩斑为主要对象就彩斑分类展开讨论。

　　花瓣彩瓣可分为规则彩斑和不规则彩斑两大类,规则彩斑根据其在花瓣上的位置分为花环、花眼、花肋和花边等多种形式。花环是指花瓣或花序(菊科)的中部分布异色花环;花眼是指花瓣基部有异色斑点,这些斑点在花瓣上组成界限分明或不分明的"眼"或"花心";花斑指花瓣上的彩斑虽不呈现一定规则但是定型的图案;有些花沿中脉方向具有放射性彩色条纹,这种情形称为花肋;花边是指花瓣的外缘具有或宽或窄的异色镶边。

　　不规则彩斑是指花瓣上具有非固定图案的异色散点或条纹,形成"洒金";有些花朵被划分为或大或小的异色部分,形成"二乔"或"跳枝"。具有"洒金"性状的,如半支莲属、香石竹、百合属、蔷薇属、山茶属、花烛属等花卉的某些品种。具有"二乔"或"跳枝"性状的,如牡丹、桃花、鸡冠花、翠菊、梅花、杜鹃花等花卉的某些品种。叶子具有彩斑的观赏植物可分为花叶观赏植物和变色叶观赏植物。前者如花叶芋、银边吊兰、"五彩"铁、"金边"常春藤、花叶万年青等,这类植物常年保持有彩斑或条纹;后者如雁来红、一品红等。这类植物只在特定的生长阶段由于季节、气候或生长条件的变化才出现色斑或条纹。根据彩斑在叶上的分布,日本学者将叶部彩斑分为5 大类(图 7.3):覆轮斑,彩斑仅分布于叶片的周边;条带斑,带状条斑较均匀地分布于叶片基部与叶尖间的组织;虎皮斑,彩斑以块状随机地分布在叶片上;扫迹斑,彩斑沿叶中脉向外分布,直至叶缘;切块斑,彩斑分布在叶片中脉一侧,另一侧为正常色。

覆轮斑　　　　条带斑　　　　虎皮斑　　　　扫迹斑　　　　切块斑

图 7.3　叶部彩斑示意图

　　果实彩斑是指果实上具有两种或多种色彩斑纹,多数分布于以观果为主的植物上,如代代、观赏南瓜等。

　　茎干彩斑是指植物茎表皮上具有与众不同的色彩或彩斑,如白皮松、白桦、红瑞木、棣棠、桉、梧桐、某些竹类等。

7.2.2　规则彩斑的遗传

规则彩斑都是通过特定基因的稳定遗传而控制的,都能经由有性生殖过程按照遗传的基本规律进行遗传传递。

1)花斑

以三色堇为例来讨论花瓣彩斑的遗传。该属中有的种具有中央圆斑,有一些种则只有本色而不具花斑。克劳逊(1958)用带花斑的植株作母本,与不带花斑的植株杂交后,再统计 F_1 和 F_2 代中花斑个体的分离比率。他认为这种植物花斑的形成受控于基因 S 和 K,同时还有两个抑制基因 I 和 H,负责抑制花斑的形成,不形成花斑的植株是由于这两个抑制基因在发挥作用。三色堇通常是有花斑的,它的花斑也是由 S 和 K 基因控制的,但没有任何抑制基因。三色堇花斑的遗传符合孟德尔的独立分配规律。

2)花眼(花心)

研究发现,藏报春及其品种花眼的大小受复等位基因控制,而二倍体报春花眼的颜色由一对基因控制。杂交 F_1 代的回交结果,都证明花眼色素的形成受制于单因子。

棉和草棉均为二倍体,有些植株花部具花心,有些则无。研究表明这种差别至少受控于两个相邻的基因(G 和 S)。有花斑个体的基因型为 GS,无花斑个体的基因型为 gs。有花斑个体与无花斑个体杂交,F_1 的基因型为 GS/gs,由于 GS 为显性,因此 F_1 全有花斑;F_2 中有花斑与无花斑的分离比为 3:1。表现为完全连锁。

两株无花斑植株杂交,却可能出现有花斑的单株。这是由于 G 和 S 间发生交换的结果。交换导致 Gs/Gs 和 gS/gS 的形成,这两种基因型都是无花斑的,而两个这种无花斑的植株杂交形成互补的产物 Gs/gS,是有花斑的。表现为不完全连锁。在人工选择及定向培育的育种实践中,在遗传规律的指导下,人们可以获得需要的具规则彩斑的单株,扩大繁殖即可供应园林应用之需。

7.2.3　不规则彩斑的遗传

彩斑可分为遗传性彩斑和病毒导致的花斑。其中遗传性彩斑又分为核基因控制的彩斑和质基因控制的彩斑。核基因控制的彩斑一般遵守基本的遗传规律。例如车前草,与彩斑有关的二对基因,AABB 为绿色,aabb 为彩斑。AABB 与 aabb 杂交后,AaBb 为绿色,AaBb 自交,十六分之一的为 aabb,表现彩斑。核基因控制的彩斑,亲本中任何一方具此基因,均可获得具彩斑后代个体。质基因控制的花斑,其遗传则比较复杂。叶绿体等的基因突变,叶绿素形成受阻,会导致白化。白化组织与绿色组织相间分布,呈现出嵌合体状态。质基因控制的花斑,其遗传一般表现为如下几种形式:

①母性遗传,以此类花斑个体为母本,后代均表现花斑,如紫茉莉。

②双亲遗传,无论是以具花斑性状的植株作父本或作母本,后代均表现花斑。如天竺葵。

③杂种性,这是由于种间杂交时,雌雄亲本的基因组与质体基因之间不协调,如寿霄草种间杂种。

病毒性彩斑是由于病毒侵入植物体内并在体内复制繁殖,影响植物自身基因的正常表达,使植物叶、花都表现花斑现象,以叶部花斑为甚。这类花斑通常极不规则,虽可经无性繁殖传给后代,但如果用生长点培养获得无病的新生个体,则不再出现彩斑。

不规则的彩斑可大致分成两大类,区分彩斑和混杂彩斑。前者,不同颜色的组织相对面积较大,只是它们的比例不固定,或一多一少,或基本相当。后者类似花瓣彩斑中的"洒金"类型,叶子上也有这种类型出现,很多小斑点或小条纹散布在另一种基调颜色上。如茉莉、飞燕草、石竹的某些品种的花瓣为区分彩斑,花叶芋、洒金珊瑚、洒金一叶兰等品种的叶片为混杂彩斑。

彩斑的来源十分复杂,达林顿(Darlington,1971)与格兰特(Grant,1975)把导致花部彩斑与叶部彩斑的原因归结为以下几类:

①质体(叶绿体)的分离和缺失　这种原因导致的彩斑多数是叶部彩斑。

②易变基因的体细胞突变　花瓣上的不规则彩斑主要是这种原因引起。

③位置效应　受到外界条件的刺激,一个位于常染色质区的基因被易位到另一个靠近异染色质的新的位置上,其功能被抑制,可以形成彩斑。

④染色体畸变　由于染色体发生重复、缺失、倒位、易位,使控制花色素形成的基因增加或丢失,或色素基因的表达受到其他非等位基因的影响,出现彩斑。这类彩斑可发生在籽粒上,也可发生于叶子、茎干、胚乳等器官上。

⑤嵌合体　具有明显遗传差异的组织镶嵌而成的个体,称为嵌合体。具有差异性的组织机械地共存于一个生长点。嵌合体是分生组织发生部分突变的结果,包括自然突变和诱导突变。

⑥病毒病　感染病毒的植物种类很多。具彩斑的植物,其中不少是由病毒侵染所致。

7.2.4　嵌合体的遗传

1)嵌合体及其分类

嵌合体是遗传上不同的两种植物的组织机械地共存于一个生长点的植物。由于两种组织在生长发育过程中有各种不同程度的调和,因此嵌合体可以发育成两种植物的中间类型,也可以长成"人面狮身"的植物界怪物。在有些情况下,一些嵌合体可以形成具有花斑的叶子、花朵和果实。嵌合体依两种组织在"共同体"中所处的位置可分为三种类型,即区分嵌合体、周缘嵌合体和周缘区分嵌合体。

(1)区分嵌合体　植物个体的一边为一种组织,而另一边则为另一种植物的组织,两种组织所占的比例可大可小,两种植物的性状同时出现在一个个体上,嫁接最初造成的嵌合体多属于这一类型。这种类型很不稳定,以后可能变为下面两种类型或在不同枝条上完全恢复亲本类型。

(2)周缘嵌合体　整个植株的茎、叶、花、果实等器官组织,其最外一层或几层细胞为一种植物的组织,而其里面则为另一个种　。这种类型是由区分嵌合体演变出来的,即在区分嵌合体的两种组织交界处靠外侧一层或几层细胞长出的不定芽,并由此长成枝条,其无性繁殖后代都是周缘嵌合体。

（3）周缘区分嵌合体　植物体外表一层或几层细胞的一部分细胞为一种植物,其余大部分为另一种植物。这种类型较少,也很不稳定。

2）嵌合体的产生

（1）嫁接嵌合体（Grafting chimaera）　嫁接嵌合体是经过人工嫁接后,在愈合处产生不定芽形成的。当接穗死亡后,在嫁接愈合处产生不定芽,这样形成的嵌合体称为人工自然嵌合体;如嫁接成活后人为切除接穗,使伤口处愈伤组织形成不定芽,从而创造嵌合体,这可称为人工嵌合体。由于这两种嵌合体都是经过嫁接后形成的,故称嫁接嵌合体。

（2）自然发生的嵌合体（Chimaera）　与嫁接嵌合体不同,自然发生的嵌合体不是人工产物。个体包含着遗传上不同的两种组织或细胞,是由于细胞学或遗传学的原因自然发生的,和嫁接无关。这种自然发生的嵌合体起源于体细胞,作为自然过程,遗传上不同的两种细胞组成了一个独立的植物。

3）嵌合体的性状表现

由于嵌合体是遗传上不同的两种植物的组织机械地共生于一体的植物,两种组织从生理上相互协调、相互依赖,而遗传上又互不影响,因此这类植物的性状表现较为奇特。这些奇特的表现往往引起园艺家的极大兴趣。下面的例子说明了嵌合体的特殊表现。

【例1】　酸橙/枸桔　1644年,在美国佛罗伦斯的一个果园中发现由酸橙（*Citrus aurantium*）嫁接在枸桔（*Citrus medica*）上的愈伤组织形成的不定芽长成一种奇特植物。在这种枝条的果皮上具有沟痕和黄色桔子条纹。经鲍尔（Bawr）等人研究,认为这是具有酸橙外皮和枸桔内心的周缘嵌合体。

【例2】　另一个著名的例子是亚当金雀花（*Cytisus Adami*）。这是1825年由法国巴黎一个名叫亚当的花匠嫁接创造的嵌合体。亚当将紫花金雀花（*C. purpureus*）嫁接在金链花（*C. leburnum*）上,由于接穗死亡,在愈伤处形成像金链花的小树。这株小树叶似金链花但叶背面没有绿色茸毛;花序也像金链花,但每朵花下面没有苞叶,而金雀花则有之;花呈中间型,为紫褐色;一般不结实,一旦偶尔结实,其种子后代全部为金链花（即与砧木相同）。亚当金雀花曾通过无性繁殖被保留下来,并栽在巴黎公园。根据后来一些学者的研究,证明这种植物是一种具有一层金雀花表皮的周缘嵌合体,其根据如下:

①将表皮撕去后所长出的不定芽纯粹为金链花。

②植株上有回复为纯粹金雀花和纯粹金链花的枝条长出。

③由授粉所得后代为金链花。

④表皮的性状全部像金雀花,表皮以下的性状则都像金链花。

⑤金链花与金雀花的细胞核大小不同,在亚当金雀花的组织中发现有两种核大小不同的细胞。

在以后的园艺植物培育中出现了很多类似上述两例的植物体,这些嵌合体进一步丰富了观赏植物百花园。

4）嵌合体的遗传

几乎所有的嵌合体都无法稳定地遗传传递下去。

像上述的亚当金雀花以及后来得到的山楂子木瓜（1899年,西洋木瓜/山楂）等,用无性方法繁殖往往得到3种植株:接穗类型、砧木类型和嵌合体类型。因此无性繁殖也不能保证嵌合体稳定。有性繁殖的后代，都无疑地像内层组织。

正常情况下，芽、侧枝是起源于外层的，因此用茎和侧枝进行枝接、芽接、扦插等可以保持花叶的特性。然而在大多数情况下，从根系分出来的芽长成的植株是属内层的，因此这一点可用来检查一个品种是否为自然发生的嵌合体。植物的生殖细胞(花粉细胞和卵细胞)都起源于内层，这就是为什么亚当金雀花的种子后代都是金链花。

很多花叶植物，尤其具有绿色中心部分和白色(或堇色)边缘的品种，是质体缺失的结果。质体在数量上的增加靠的是自体繁殖，与细胞核无关。由于没有任何机制保证质体的均等分配，所以偶尔发现有的子细胞没有分配到叶绿体，当无叶绿体的细胞继续分裂时，便形成白化的组织或器官。突变则是形成白化组织的另一个原因。关于叶绿体的遗传，人们曾做了广泛研究。现在知道：有些情况是受基因控制的，因此遗传按照孟德尔方式进行；而有些属细胞质遗传。

5)关于嫁接杂种的争论

早期的嵌合体被人们称为嫁接杂种，但随着研究工作的深入开展，现在人们普遍接受了嵌合体不是真正的杂种这一观点，即认为在嵌合体中没有发生遗传物质的混杂。那么，通过嫁接过程是否可以产生遗传上混杂的细胞呢？

温克勒曾提出在他的实验中出现了杂种细胞。他在番茄与龙葵的互为砧木和接穗嫁接中得到了一些具中间性状的植株，其中有的植株具有48条染色体(番茄为24条，龙葵为72条)，恰好是两者之和的一半。但后来，这种植株死掉了，没能再做进一步的研究。后来，夏庚生和克伦重复了温克勒的实验，虽然得到了很多嵌合体，但始终未能得到两种植物染色体之和的嫁接杂种(96条染色体)，也未再得到48条染色体的杂种。目前的学者对温氏的实验持否定态度，认为48条染色体很可能是由于番茄的染色体($2n = 24$)加倍而成。因为番茄割伤后所长出的不定芽是有染色体加倍的情况发生的。时至今日，尚没有人通过嫁接获得杂种。

7.3　花径与重瓣性遗传

7.3.1　花径遗传

1)花径概念

花径遗传是指植物花朵直径大小的遗传变异规律。花朵的大小是影响观花植物观赏效果的重要因素之一。花径的大小属于数量性状，其变异从大到小，往往不能明确分组，也不像质量性状那样稳定，对环境变化比较敏感，易受环境的影响。人类通过长期的栽培和选育技术，使菊花、牡丹、月季、百合等中国传统名花的花径增大，花瓣增多成为新的优良品种。

在花径的遗传中有时会出现超亲现象，即个别个体的花径大于大花亲本(或小于小花亲本)，如地旺兰的杂种后代的花朵趋向亲本，一些兰花杂种后代的花朵大小可产生超亲分离。

花径的遗传力一般较低，受环境条件的影响较大，要培育大花品种，需经过微效多基因的长期积累和选育。Heursel 等对石岩杜鹃花的研究表明，花径主要是加性基因的效应。在育种工作中，通过试验，对影响花径遗传的多基因系统进行鉴定，从而挖掘多基因系统的作用潜力，是

改变花径、获得理想品种的有效手段之一。

2）增加花径的途径

在花卉栽培和育种过程中,通过如下几条途径,可以有效地改变花朵直径的大小:

（1）改进栽培条件　优良的栽培条件给花朵生长提供足够的营养,可使其基因得到充分表达。另外,适当的摘心、疏花、施肥、灌溉使营养增加,且比较集中。

（2）人工诱变　在自然界中确实存在大花基因和小花基因,用人工诱变的方法可获得大花基因。

（3）倍性育种　多倍体与二倍体比较,其组织和器官上都表现出明显的巨大性,植株表现茎干粗壮、叶片宽厚、表面粗糙、叶色加深、花大色艳、重瓣性加强等特征。所以,多倍体诱变因其诱变品种具有较高的观赏价值而具有重要意义。

（4）增加花朵重瓣性　使其有效观赏面积增大,从而获得花径增大的实际效果,提高观赏价值。

（5）定向选择　因为花朵的大小是受微效多基因控制,这些基因有着累加的作用,长期人为地向花径增大或花径减小的方向进行选择,最终可以有效地改变花径。

3）花径与多基因系统

伊斯特（East,1916）曾用两种花朵大小不同的烟草自交系（*Nicotiana longiflora*）做杂交。其中一个亲本类型的花为长筒状,另一个为短筒状。花朵大小这一性状在烟草中具有相对较高的遗传力,他对各代群体的花冠长度做了详细记录,并按照每 3 mm 为一组进行分类。试验表明,大花和小花类型的杂交,杂交花朵大小的遗传方式符合前面所说的数量性状的遗传规律,即花径遗传是受微效多基因系统控制的。

根据 Grant（1975）的总结,花朵大小的遗传符合多基因假说,其要点主要如下:

①当两个花朵大小不同的自交系（或纯系）亲本互相杂交时,杂种 F_1 群体的花朵表现型应当是整齐一致的,即不发生分离。

②F_2 群体的变异幅度远远大于 F_1 的变异幅度。

③亲本类型应当在 F_2 群体中重新出现。如果在 F_2 中未出现,应该在随后的后代中出现,如 F_3,F_4 等。

④在 F_2 群体的频率分布曲线上不同点的个体所产生的相应的 F_3 群体,应当表现出显著不同的花径平均值。

⑤F_2 中不同个体产生的 F_3 群体具有大小不同的变异范围。

⑥F_2 以后各代家系的变异范围,应当以 F_2 亲本的数量值为中心。

⑦在 F_2 以后的各世代中,任何家系的遗传力可以小于但不会大于产生它的那个群体的遗传力。

7.3.2 重瓣性遗传

花朵重瓣性指观赏植物花瓣数量的遗传变异规律。花瓣是观花植物的重要观赏部分,其数量和形状的变化对花型的发展和进化有重要意义,是决定观花植物观赏价值的重要因素之一。

受中国传统审美观的影响,注重高度重瓣的大花品种,因此重瓣性的产生及其遗传在花卉育种中有重要的意义。

1)花型的概念及其主要类别

花型是观花植物(包括草本和木本)花朵形态的变异类型,是不同植物和不同花形之间的某些共同特点。花型一般不用作植物分类的依据,但具有园艺学和经济学的价值。例如单瓣花和重瓣花就是两种花型。它们不是某一种植物所特有的特点,而可能是许多植物和花形的共同特点。荷花的重瓣花和曼陀罗的重瓣花在花形上有天渊之别,但它们在园艺花型上却属于一类。同理,荷花的台阁型和芍药台阁型,牡丹的托桂型和翠菊的托桂型,香豌豆的皱瓣型和矮牵牛的皱瓣型等,在植物分类上和花形上都是完全不同的。

两种或两种以上花卉所共用的花型,主要有以下9种:

(1)单瓣型　只是一轮花瓣的单花,或只有一轮放射花的篮状花序,不论这一轮花瓣是离瓣还是合瓣,是舌状还是管状瓣。如君子兰和菊花的帅旗。

(2)重瓣型　花瓣两轮以上,从半重瓣(复瓣)到全重瓣,有一系列过渡类型,如菊花和牡丹的一些品种。

(3)皱瓣型　与平展的普通花瓣相对照,其花瓣有皱褶、波纹或扭曲。如香豌豆、矮牵牛平展瓣为隐性性状。

(4)管瓣(匙瓣)型　与普通舌状花相对照,其花瓣为管状或匙状,如菊花和翠菊的各种管状花类型。

(5)垂瓣型　与普通直立的花瓣相对照,其花瓣柔软或因较长而下垂,如鸢尾和菊花的某些品种。

(6)复瓦型　相邻花瓣逐渐变短排列整齐,呈有规律的几何图案状。如山茶和凤仙花的某些品种。

(7)台阁型　全花可区分为上下两花,在两花之间有时有退化的雄蕊,显然是由两个花叠生的结果,如芍药和荷花的某些品种。

(8)托桂型　全重瓣,但花朵的外轮花瓣显著地比内轮的长。如牡丹和翠菊的某些品种。

(9)球型　全重瓣,但外轮和内轮的花瓣近乎等长,因此,全花略呈球状或半球状,如菊花和芍药的某些品种。

2)重瓣花的起源

从形态发生的角度看,重瓣花有以下6种起源方式:

(1)积累起源　单瓣花的花瓣数目在一般情况下是固定的,但偶尔也会出现增加或减少一两个花瓣的单株。在人工选择的条件下,从多一两个花瓣的单株开始,经过若干代选择,可使花瓣数目逐代增加,直至最后形成重瓣花。这种起源方式在月季、梅花、芍药、牡丹等花卉中时有发生。

(2)雌雄蕊起源　雌雄蕊起源的重瓣花在重瓣花中占十分重要的地位。很多观赏植物的雄蕊演化成花瓣状,从而使瓣数增加,形成重瓣花。一些重要的花卉,如芍药、牡丹、睡莲、木槿、蜀葵等都有这种重瓣花。通常先发生瓣化的是雄蕊,然后才是雌蕊。有的仅瓣化到雄蕊为止,所增加的新花瓣由外向内逐渐变小,甚至出现花瓣和雄蕊过渡形式,有的还残留着花药或花丝的痕迹,仅仅花丝变成花瓣状。这种过渡在睡莲上表现得最为明显。有的品种则两种花蕊全部

变成花瓣,因而完全丧失结实能力,如牡丹的"青龙卧墨池"品种等。一般,花内器官较多的易发生这类重瓣花。

(3)花序起源 它是由单瓣小花组成的花序形成的重瓣花。最突出的例子是菊科的头状花序,当最外一轮小花延伸和扩展成舌状花瓣,而其余的盘花保持筒状花,为单瓣花;当盘花的部分或全部也变成舌状花时,就成为重瓣花。筒状花瓣化的过程伴随着雄蕊的减少或丧失,因此只剩下雌蕊,舌状花的雌蕊是可育的,授粉后可以结实,但因其舌状的花瓣过长而妨碍授粉,一般不能结实。花序起源的重瓣花也可以是积累起源,即在选择的条件下,舌状花的数目可以是跃变的,大部分或全部盘花同时瓣化,形成托桂型或球形的全重瓣花,在这种情况下由于雌雄蕊的丧失是不育的。

(4)重复起源(套筒起源) 此种类型多见于合瓣花中,如重瓣的曼陀罗、矮牵牛、套筒型映山红、重瓣丁香。特点是多为2层(少见3层)合瓣花。从花的结构上看,雄蕊、雌蕊及萼片均未发生变化,而花冠则为2~3层呈套筒状,其内层完全重复外层的结构与裂片基数相等,这是真正的重瓣花。

(5)突变起源 由苞片等(不是花器官本身)彩化变态,形成重瓣状花朵,如"二层楼"的紫茉莉、重瓣一品红等。

(6)台阁起源 实际上为花枝极度压缩成为花中有花,如各色品种的台阁梅等(花朵叠生)。特点是在花开后,花心中复有一蕊心放出,两花内外重叠而来,下位花充分发育,成为花型的主体,上位花退化或不发达。但这种性状并不十分稳定,常因营养状况而变化,仅在栽培品种中发现台阁。

除以上6种类型的重瓣花外,还有各种混合起源的类型,如花序起源的重瓣花也有以积累方式增加重瓣性的;雌雄蕊起源,有时也以积累的方式变异。

3)重瓣花的遗传

各种类型的重瓣花都是植物系统发育和个体发育的结果,通过自然选择,尤其是人工选择而获得,无疑都是由遗传基础控制的。如前所述,重瓣性的起源和重瓣花的类型既然有很大的差异,就不可能是同一遗传模式。现有的研究报道表明,有些观赏植物的重瓣性服从质量性状的遗传规律;但大多数情况下,重瓣性的遗传表现为明显的数量性状遗传规律。

(1)单因子控制 在一般情况下,花朵重瓣性是隐性性状。当品种为纯合体时表现重瓣,杂合时则表现为单瓣,当这些杂合体的单瓣花自交或相互授粉时,可预期子代分离比率为3/4单瓣、1/4重瓣。也有不完全显性的,如用香石竹单瓣品种与超重瓣品种杂交,F_1植株多为普通重瓣型,F_2则为单瓣:重瓣:超重瓣植株比例为1:2:1。因此超重瓣对单瓣来说是一种不完全显性。单瓣×单瓣的子代100%单瓣;重瓣×单瓣的子代,重瓣:单瓣=1:3。

(2)双因子控制 有的观赏植物重瓣性受两对基因的支配,如紫罗兰,表现为隐性上位。具有两个不同显性基因时表现为单瓣花,只有一个显性基因或均为隐性基因,则表现为重瓣花,因此当两株含有重瓣基因的单瓣紫罗兰相互杂交时,得到的单瓣植株与重瓣植株的比为9:7。

据 Punnett(1923)报道,万寿菊的重瓣对单瓣是显性,平瓣型对管瓣型是显性,而且这两对基因互不连锁。因此在具有上述性状的亲本间杂交时,其F_2可见到重平瓣:重管瓣:单平瓣:单管瓣呈9:3:3:1的分离比例。而据 Kanna(1926)观察凤仙花的重瓣性,单瓣是显性,重瓣是隐性。当用单瓣花品种与重瓣花品种杂交时,会产生9:3:4的分离现象,单瓣为9,一般重瓣为3,茶花型重瓣为4。

（3）多基因控制　对花朵重瓣性表现为数量性状的观赏植物如菊花、大丽花、百日草等，当以单瓣品种与重瓣品种杂交，F_1 出现一系列过渡类型。表明花朵重瓣性遗传是受微效多基因系统的控制。不过在 F_1 植株中，也常出现偏向单瓣或复瓣的倾向。SerratoCruz 对万寿菊的研究表明，单瓣花的后代是单瓣或复瓣，重瓣花的后代中，单瓣、复瓣和重瓣均有分布。

（4）其他　在紫斑牡丹新品种选育过程中，"甘肃牡丹×甘肃牡丹"杂交中取样统计，在"单瓣（品种）×重瓣（品种）"组合中，F_1 代 65% 为单瓣、20% 为半重瓣、15% 为重瓣；反交后，以重瓣类品种为母本，单瓣类品种为父本时，F_1 代单瓣约占 30%、半重瓣占 40%、重瓣占 30%，可见紫斑牡丹花型可能受母性遗传影响较大，而且单瓣性遗传较强。楼斗菜属的重瓣性则表现了母性遗传，而且可能是细胞质遗传。Rouse（1968，1971）报道，以单瓣株为母本与重瓣花杂交，后代为单瓣型；反之，以重瓣型为母本，则后代表现重瓣型。

在很多花卉中，花朵重瓣性与种子及花蕾形态特征有一定的相关性。如单瓣紫罗兰种粒较大，子叶呈短椭圆形而真叶叶缘锯齿少；而重瓣花的种粒小，子叶呈阔椭圆形而真叶边缘锯齿多。从花蕾外观看，短而粗者开重瓣花；长而细者开单瓣花。根据以上性状差异，在种子、幼苗期及花蕾现蕾期可区分出单重瓣植株来。

7.4　株型和抗性遗传

7.4.1　株型的遗传

株型是园林植物的一个非常重要的观赏性状，与花器官的观赏性状同等重要。在一些花型较小的植物上，株型性状甚至比花器官性状更重要。尽管人们对株型性状给予极大的关注，但对其遗传规律的了解还很少。

1）株型的分类

植物的株型，从分枝、株高、枝姿方面来分类：

$$
分枝\begin{cases}乔\\灌\\藤\end{cases}\qquad 株高\begin{cases}乔化\\\\矮化\end{cases}\qquad 枝姿\begin{cases}直枝\\垂枝\\曲枝\end{cases}
$$

如果将上述因子组合起来，就有很多的株型，如"龙爪"槐是乔木、乔化、曲枝型的。

2）植物激素与株型发育

植物的乔、灌之分，主要是顶端优势的作用。乔木具有明显的顶端优势，而灌木几乎没有顶端优势。顶端优势实际上是植物体内的一种激素平衡。在顶芽合成，通过韧皮部向下运输的生长素和赤霉素，抑制侧芽的生长；而在根部合成，经过木质部向上运输的细胞分裂素，能促进侧芽萌发。顶端优势能控制侧枝的直立生长，形成下延型而非贯顶型的树形。对此研制了许多顶芽抑制剂或整形素等，如抗生长素的三碘苯甲酸。株高上的区别主要是节间伸长的问题，与生长素和赤霉素的含量有关，CCC，PP_{333} 等生长延缓剂有助于植株矮化。枝姿则是生长素和赤霉素在枝条横断面上的不均匀分布及其变化造成的。

（1）生长素与细胞分裂素　拟南芥 axr1 突变体，对生长素、细胞分裂素和乙烯都不敏感，茎生长受抑制，顶端优势减弱；axr2 突变体对生长素、细胞分裂素和脱落酸都不敏感，但顶端优势增强;dwf 突变体对生长素不敏感,茎生长受抑制。这 3 种突变体都与株型发育有关,它们不敏感的激素种类不同,而且表现型的变化方向也不同。对高浓度激素不敏感,要么是激素受体或信号传递的突变体,要么是激素吸收、运输或代谢的突变体,均导致激素作用受阻。由此看来,茎的生长或顶端优势均是生长素和细胞分裂素的平衡。

从农杆菌中克隆的生长素和细胞分裂素的代谢基因,通过转基因可改变植物内源生长素和细胞分裂素的浓度及分布,从而导致植物的株型变化。如 iaaM 和 iaaH 基因的功能是合成生长素,增加生长素浓度,转基因植株的茎生长受抑制,顶端优势增强。iaaL 使生长素和赖氨酸结合而降低生长素浓度,ipt 合成细胞分裂素并使其浓度提高,转基因植株的茎和根生长均受抑制,顶端优势减弱。从转基因植株的茎生长来看,生长素浓度无论升高或降低,茎的生长均受抑制,细胞分裂素浓度的增高也使茎生长受抑制。顶端优势与生长素和细胞分裂素的比例有关,比例高顶端优势强,比例低顶端优势弱。

(2)赤霉素   与植物株型有关的赤霉素突变体主要包括两类:一类是 GA 缺陷型变异,一类是 GA 不敏感型变异。从玉米、豌豆、番茄及拟南芥等十几种植物中,已鉴定了近 50 个不同的 GA 缺陷型变异。这些突变体最显著的特点是导致植株矮化,而施加外源 GA 可使变异性状完全或部分恢复。GA 不敏感型变异的性状可分两类:一类表现矮化、顶端优势减弱等;一类表现植株异常细长、可育性降低。这些性状均不受外源 GA 的影响。可见,赤霉素与植株矮化的关系更为密切。

3)株型遗传的一般规律

园林树木的株型有些由显隐性基因控制的,除了以前采用嫁接繁殖外。用种子繁殖也可获得部分变异株。如龙桑的曲枝性为显性,而一般桑的直枝性为等位隐性基因,故可用简单的种子繁殖法获得 50% 的龙桑品系。龙爪槐的播种后代中约有 1/3 ~ 1/2 的龙爪类型。龙爪欧洲云杉的播种苗中秋季有 15% 左右的具有龙爪云杉的枝条特征。垂枝英国栎可由播种进行部分繁殖。

有些株型变异为数量性状,其遗传符合数量性状的遗传规律。如苹果的乔化与矮化是一对数量性状,非加性效应大,遗传力较小。

4)生物技术修饰株型

激素平衡是植物组织培养过程中体细胞无性系形态变异的基础,单基因性状则是基因工程的前提。株型基因工程就是通过插入编码与激素调节有关蛋白的基因来修饰激素变化而改变株型。

(1)植物体细胞无性系的形态变异   植物组织培养过程中由于多次继代,常可见到丛生状或扁平茎的变异。如组培快繁的秋海棠,丛生变异比对照多 25%,矮化变异比对照多 30%。事实上,我们在通过丛生芽方式扩繁时,就是加大细胞分裂素浓度,抑制顶端优势,促发侧芽,使不定芽向丛生芽转化。

(2)微生物来源的激素基因工程   通过给植物转移微生物的激素基因来修饰株型。如 iaaM,iaaH,iaaL,ipt,rolA,rolB,rolC 等均为微生物(以农杆菌为主)来源的激素基因。其中 iaaM,iaaL 的作用是 IAA 过量表达,转基因植物表现为顶端优势增加,分枝减少,节间缩短,次生木质部和木质素增加,叶片窄小,常上卷,不定根增加。iaaL 的作用是内源 IAA 减少,转基因植株的顶端优势减弱,分枝增加。

(3)植物来源的细胞色素基因工程   生长在光照下或黑暗中植物的株型不一样,这与细胞色素有关。细胞色素基因的功能是细胞色素过量表达,转基因植株的节间缩短,植株矮化,叶绿素增加,叶色变深,顶端优势减少,侧枝增加,叶片衰老延迟。

综上所述,植物的株型是一个非常复杂的性状,既有激素平衡等生理因素,也有单基因控制的显、隐性性状,或多基因控制的数量性状。对于激素生理的影响,我们可以通过外施激素、修剪或矮化砧穗来加以控制。对于单基因性状可通过基因工程加以修饰,而对多基因控制的数量性状,只有通过常规育种加以解决。

7.4.2　植物抗性的遗传

植物的抗逆性主要是指植物对不良环境条件的适应能力。它包括抗病、抗虫、抗寒、抗热、抗旱、抗涝、耐盐碱、耐贫瘠、抗污染等能力。

1)植物抗病性

植物的抗病性是指寄主植物与病原生物间相互作用所表现出的抗病现象。一般把植物抗病性分为两类:一是垂直抗性,即植物的某一品种只对病原的某一或某些小种具有抗性,属于主基因控制的质量性状。它受环境变化的影响不大,比较稳定,而对病原变异不稳定,易于丧失抗性,但对它的鉴定比较容易。二是水平抗性,即某一品种能抗所有病原小种,虽然抗性的程度不高,但对所有小种的反应是一致的,属于微效多基因控制的数量性状。受环境变化的影响较大,不稳定,对病原的变异则较稳定,在大面积上抗性能持久,鉴定较难。

(1)植物抗病性遗传一般规律　植物抗病性在多数情况下属于核遗传,极少数为胞质遗传,还有一定的核质互作。在核遗传中,控制抗病性遗传的基因有两类:一是主效基因,二是微效基因。前者单独起作用,效应明显表现为质量性状,抗病感病的界限识别清楚;后者多共同起作用,单独时效应不明显,为数量性状遗传。但由于寄主植物和病原物相互作用的情况比较复杂,因此需从寄主植物抗病性及其变异、病原生物致病性及其变异、寄主和病原的相互作用及环境条件对以上三方面的影响进行深入研究。

①基因对基因假说　在病理学上,如果某病原物对某一植物的侵染会导致该植物的死亡,称该植物对这种病原是敏感的,或称这种植物与该病原之间是相容的(亲和)。也有的植物会对一些特定的病原产生抗性,如果被侵染的植物通过体内的一系列生理生化反应来抵御外源入侵,则称该植物与病原是不相容的(不亲和)。

Flor 认为,相容病原含有"毒性基因",不相容病原带有"无毒基因";不相容寄主带有"抗性基因",相容寄主带有"感病基因"。无毒基因和抗病基因互补,显性时决定了病原菌和含相应抗病基因寄主植物的不亲和性,表现出抗性反应;隐性时病原菌和寄主植物则表现为亲和互作,即感病。因此,通常把抗病基因用 R 代表,感病基因为 r,致病基因中 P 代表无毒性,p 代表有毒性,其关系见表 7.2。

表 7.2　基因对基因的相互作用

	P_	pp
R_	抗	感
rr	感	感

②植物垂直抗性的遗传

a. 单基因抗病遗传 垂直抗性遗传一般符合孟德尔的遗传规律,大量研究证明,在许多病害方面,寄主植物中存在着单基因抗性的遗传。在抗真菌性病害中,大多数品种的单基因抗性属于显性遗传,少数品种对一些病害的单基因抗性属于隐性或不完全显性的遗传。有时同一抗性基因对病菌某些小种是显性,对另一些为隐性。在不同遗传背景下,一个抗病基因可表现为显性或隐性,这是常见的。植物抗病毒病害中抗性基因多属于隐性基因。

b. 受2~3对抗性基因的遗传 有些品种对某些病害具2~3对主效抗性基因,基因间的作用方式有:基因独立遗传,2~3对基因分布在不同染色体上,或在同一染色体的不同位点(超过50遗传单位)上;复等位基因遗传,某些寄主对专化性强的病菌的抗性基因常具复等位性,每个等位基因抗不同的小种谱,具不同的表现效应;基因的连锁遗传,同一染色体上两个位点的抗性基因,小于50遗传距离,表现为连锁遗传。

c. 植物水平抗性的遗传 水平抗性是多基因控制的,易受环境影响,常不稳定。如玉米对大斑病、叶锈病等的水平抗性,属数量性状,对小斑病、秆腐病、褐斑病也是如此,这是近代玉米栽培的受益所在。由于品种对多种病害存在普遍的水平抗性,一般很少出现病害的大面积流行,其原因可能是由于长期开放性授粉的结果。

植物抗病性,在大多数情况下,属于核遗传,极少数为胞质遗传。另外,还有一定的核质互相作用遗传。在生产实践中,一般利用植物的水平抗性(田间抗性)来预防当地致病菌系,但有不少病害的病原物生理小种复杂,在同一地区具有不同的生理小种,可以在一个地区育成或推广多个抗性品种,即品种不能单一化,既种植有水平抗性的品种,也要种植具有垂直抗性的品种。

(2)植物抗病基因工程 植物抗病基因工程是改良植物抗病性,使植物更有效地抵抗病害的基因操作技术。随着对病原物致病和植物抗病机制研究的深入,植物抗病基因工程在园林植物品种选育的生产实践中得到越来越广泛的应用。与传统育种方法比较起来,显示出了其目的性强、效率高、周期短等方面的优点。这方面植物病毒病的研究较早,又由于病毒基因比细菌、真菌简单,因此抗病基因工程首先在病毒病中取得成功。

病毒的感染是病毒基因组对寄主植物的感染。植物被一种病毒感染后可抵抗该种病毒的再次侵染,因此,接种病毒弱毒株系能够保护植物免受强毒株系的感染。抗病毒基因的研究主要是克隆病毒外壳蛋白基因,通过外壳蛋白基因的导入,并借助交叉保护作用机理,达到降低病毒侵染的目的。

2)植物的抗虫性

植物对昆虫的防卫分为原生防卫和诱发防卫。原生防卫指在昆虫危害前,植物在进化过程中形成的组织结构或产生毒它性化学物质,包括机械阻止、威吓、忌避、使昆虫中毒或干扰昆虫生长发育及生殖等;诱发防卫是在昆虫侵害后,植物在非固有的理化因子刺激下所做出的组织和化学反应,包括分泌毒它性化合物、坏死反应和减少对入侵者所必需的营养物质的供给等。

(1)抗虫的遗传机制 植物的抗虫遗传机制,因植物种和昆虫的不同而异。寺田贵美雄通过对日本黑松抗松针瘿虫能力不同的个体间杂交子代的分析,认为抗虫是受一个显性基因控制的。美洲黑杨对云斑天牛的抗性则被认为是受多基因控制的。经鉴定,侵害豇豆的害虫至少有85种,在温室实验室筛选技术条件下,对抗蚜虫和豆象的遗传特性的初步研究结果表明,对蚜虫的抗性为显性,可能受1或2个基因控制;对豆象的抗性是一种隐性,在杂交第二代群体中,抗性植株的恢复百分率相当低,表明可能涉及一个以上的基因,包括对病虫害抗性在内的多数性状。

（2）抗虫基因工程　目前,防治害虫仍然是使用化学农药,随着时间的推移,由此而引起的一些问题日益突出,如诱导害虫产生抗药性、天敌被杀灭、自然生态环境被破坏、引起次要害虫的大发生及环境污染。自20世纪80年代以来,从微生物及植物本身分离到了一些有效的抗虫基因,并由此获得了大量的转基因抗虫植物,经常使用的抗虫基因及其研究主要集中在以下几个方面。

①苏云金杆菌（Bt）毒蛋白基因　是目前开展得最广泛和最有潜力的抗虫基因工程。Bt毒蛋白是在芽孢形成过程中构成伴胞晶体的最主要的蛋白。在昆虫中肠碱性和还原性环境下,它们被降解成活性小肽并和位于中肠上皮微绒毛上的受体结合,随之插入到细胞膜上并产生一些孔道,使细胞膜周质和中肠腔之间的离子平衡被破坏,引起细胞肿胀甚至裂解,从而导致昆虫停止进食而最终死亡。1985年比利时的科学家最先从苏云金杆菌中分离编码了Bt毒蛋白基因,通过Ti质粒修饰后的Bt基因转入烟草,有效地阻止烟草天蛾幼虫的危害,害虫在转基因植物上1 d内停食,3 d内全部死亡。

②蛋白酶抑制基因　昆虫及微生物体内存在着消化代谢所必需的蛋白质裂解酶,如胰蛋白酶。作为植物的一种天然防御体系,植物在体内贮藏相当丰富的蛋白酶抑制剂来抵御昆虫和病菌的侵袭,现从马铃薯、大豆、南瓜、大麦、豇豆等植物中分离并纯化出多种蛋白酶抑制剂,有些抑制剂的基因已被克隆或转入植物,其中最为成功的是英国农业遗传公司自豇豆中分离的蛋白酶抑制基因CpTI。这一基因已分别转入烟草、玉米、马铃薯、番茄和绿化用的草坪植物,具有明显的抗虫作用。

3）植物的抗寒性

抗寒性是园林植物在对低温寒冷环境的长期适应中,通过本身的遗传变异和自然选择获得的一种抗寒能力。低温寒害是一种重要的自然灾害,许多珍贵园林植物,如山茶、梅花、蜡梅、玉兰等向北扩种以及南方产观赏植物受寒潮袭击,抗寒性都是常遇到的问题。另外,低温也是影响切花生产的主要原因之一。

（1）抗寒性遗传特性　植物的抗寒性是植物对零下摄氏度低温长期适应的一种遗传特性,控制这种抗性的基因是一种诱发性基因,只有在低温和短日照的作用下才能表达成为抗寒力。在抗寒基因表达之前,抗寒性强的植物也是不耐寒的,所以抗寒的遗传性只是一种潜能和基础。只有当它表达后,才能发展为抗寒力。抗寒基因表达为抗寒力的过程,就是抗寒性提高的过程,为抗寒锻炼或寒冷驯化。植物进入抗寒锻炼,一是决定于外界诱发条件,如低温与短日照,其中低温是主要的影响条件。大多数植物抗寒锻炼的临界温度为2～5 ℃,温度越低,抗寒效应越高。抗寒锻炼还受光的影响,如果缺光,植物即使在持续的低温下也不能得到抗寒锻炼。二是与植物体的内因,如胁变的生理活动强度、胁变的分裂和生长活动等密切相关。植物的生长活动与抗寒基因的表达是矛盾的,生长越旺盛,抗寒力越弱;越冬植物必须在秋季低温和短日照条件下,逐渐停止生长活动,抗寒基因才能活动,表达为抗寒力。

遗传研究结果表明,植物的抗寒性是由多基因控制的数量性状。因此,抗寒育种中,亲本选择很重要。亲本都具有较高的抗寒性,在杂交后代中,可导致抗寒性的积累,有可能培育出更抗寒的新品种。

（2）抗寒育种的途径

①杂交育种　可利用野生种，或其他更抗寒的种间、属间材料，对亲本进行远缘杂交。如抗寒梅花、月季、地被菊均已进行了 30 多年的研究，已培育出一大批适应北方气候和土壤，抗寒、抗旱、抗病的地被菊、梅花和月季新型杂交品种群。

②理化因子诱变　利用辐射及化学诱变剂，培育抗寒新品种。北京林业大学程金水开展地被菊组织培养辐射诱变的研究，1983 年用北京地方小菊"药红"为试材，取其脚芽幼叶进行离体培养，约 3 周后，用其愈伤组织绿色细胞团进行 ^{60}Co-γ 射线照射，1984 年将诱变的试管苗栽于露地。经 2 年筛选，获得了"四季黄""四季粉""四季红"突变体，其中"四季黄"不仅开花时间长，而且重瓣、不露心，抗逆性极强。据测试，能抗 –35 ℃的低温，能忍耐 7% 左右的土壤含水量，现在已推广到东北、西北，生长良好，表现巨大的适应性。

③细胞遗传工程　细胞遗传工程进行抗寒育种是一新的手段，突出的优点是可以利用低温直接筛选抗寒细胞突变体和抗寒的杂种细胞，再经过细胞与组织培养，最后诱导分化并产生新的抗寒株系。

④低温驯化选择　由于抗寒性是在植物对低温的长期适应，并通过本身的变异和自然选择获得的一种遗传特性。人类通过自然低温的驯化与选择作用，也可使在比较温暖地方生长的植物逐步适应在寒冷地区生长。

复习思考题

1. 如何区分色素分布基因、易变基因、病毒造成的复色花？
2. 比较类胡萝卜素和类黄酮的异同。
3. 花变色的机制是什么？试举例说明之。
4. 遗传力在花卉育种实践中有什么指导作用？
5. 重瓣花的主要起源有哪些？
6. 顶端优势与矮化是什么关系？主要的影响因素有哪些？
7. 如何针对不同的株型变化机理来改良株型？
8. 通过基因工程来修饰株型有哪些途径？
9. 植物的适应性主要表现在哪些方面？
10. 病原物的变异与植物的抗病性有什么关系？
11. 园林植物抗寒的遗传机制与主要的育种途径有哪些？

第2篇

园林植物一般育种技术

8 园林植物种质资源

[本章导读]

本章介绍我国种质资源的特点和国外园林植物种质资源的概况,讲解园林植物种质资源的概念和分类,详细阐述园林植物种质资源的收集、保存、研究和利用的方法,尤其是种质资源的保护。有人说"谁掌握资源,谁就掌握未来",可见种质资源的重要意义。

8.1 种质资源的概念和意义

微课

8.1.1 种质资源的概念

亲代传给子代的遗传物质叫作种质(germplasm),具有种质并能繁殖的生物体叫作种质资源(germplasm resources)。种质资源也叫品种资源、遗传资源或基因资源。根据《种子法》第74条规定:种质资源是指选育新品种的基础材料,包括各种植物的栽培种、野生种的繁殖材料以及利用上述繁殖材料人工创造的各种植物的遗传材料。种质资源小到具有植物全能性的器官、组织和细胞,以至控制生物性质的基因,大到植物个体,甚至种内许多个体的混合(种质库或基因库)。只要具有种质并能繁殖的生物体,都能归入种质资源之内。

8.1.2 种质资源的意义和作用

园林植物种质资源是在漫长的历史过程中,由于自然演化和人工创造而形成的一种重要的自然资源。它积累了由于自然和人工引起的、极其丰富的遗传变异,即蕴藏着各种性状的遗传基因,是人类用以选育新品种和发展园林生产的物质基础,也是进行生物学研究的重要材料和极其宝贵的自然财富,对育种工作有着极为重要的意义。主要表现在以下几个方面:

①种质资源是育种工作的物质基础。确定的育种目标要得以实现,首先就取决于掌握有关的种质资源的多少。育种工作者掌握的种质资源越丰富,对它们的研究越深入,则利用它们选育新品种的成效就越大。大量的事实证明,育种工作者的突破性成就,决定于关键性资源的发

现和利用。

②种质资源是不断发展新花卉植物的主要来源。据不完全统计,全球植物有 35 万~40 万种,其中 1/6 具有观赏性。这些花卉植物有许多还处于野生状态,尚待人们对其进行调查、收集、保存、研究和利用,以满足人们日益增长的物质、文化生活的需要。

③适应生产的不断发展,需要发掘更多的种质资源。随着花卉生产发展和人类欣赏水平的提高,对花卉育种不断提出新的要求。要使育种工作有所突破,就需要发掘更多的种质资源,来供人们研究、利用。

8.1.3　我国园林植物种质资源的特点

我国地跨热带、亚热带、温带等气候带,幅员辽阔,是世界上植物种类最丰富的国家,其中很多具有观赏价值。所以,我国园林植物资源极多,品种纷繁,被称为"世界园林之母"。各国园林界、植物学界对中国评价极高,视为世界园林植物重要发祥地之一。中国的各种名贵园林树木,几百年来不断传至西方,对他们的园林事业和园艺植物育种工作起了重大作用。例如,原产我国的菊花经朝鲜传到日本。大约在 1688 年,有"海上马车夫"之称的荷兰人,引进了 6 个漂亮的菊花品种,花的颜色分别为淡红、白色、紫色、淡黄、粉红和紫红。1689 年法国的商人布朗查德又把它们引到法国,到 1920 年的时候,美国植物学家卡尔斯又从朝鲜半岛把中国的一些抗寒的菊花品种引到美国。目前,世界各国栽培菊花十分普遍,品种有 3 000 多个。又如梅花在中国的栽培历史也达 3 000 余年,培育出两三百个品种,在 15 世纪时先后传入朝鲜、日本,至 19 世纪才传入欧洲,至于美国仅在 20 世纪才开始栽培梅花。再如桃花的栽培历史达 3 000 年以上,培育出 100 多个品种,在纪元 300 余年时传至伊朗,以后才辗转传至德国、西班牙、葡萄牙等国,至 15 世纪才传入英国,而美国则从 16 世纪才开始栽培桃花。中国月月红于 1792 年传入欧洲,经园艺家与当地蔷薇杂交后,培育成婀娜多姿、色彩斑斓的现代月季,有 1 万多个品种。至于号称"花王"的牡丹,其栽培历史达 1 400 余年,远在宋代时品种曾达六七百种之多。报春花、杜鹃花、龙胆花被称为我国天然的三大名花。中国兰花以浓郁的芳香而名扬世界。现在,一方面充分利用现有的花卉资源;另一方面不断地发掘野生花卉资源,经驯化、定向培育,进而扩大栽培,达到丰富花卉种类的目的。

中国园林植物种质资源有以下特点:

1)种类繁多、丰富多彩

中国原产的乔木树种约为 8 000 种,在世界树种总数中所占比例极大。以中国园林树木在英国丘园引种驯化成功的种类而论(1930 年统计),即可发现中国种类确实远比世界其他地区丰富。丘园近 60 种墙园植物中有 29 种来自中国,以耐寒乔灌木及松杉类为例,原产我国华西、华东及日本的共 1 377 种,占该园引自全球的 4 113 种树木的 33.5%。英国爱丁堡皇家植物园拥有 2.6 万种活植物,据 1984 年夏统计,其中引自中国的活植物就有 1 527 种之多。在亚洲,中国园林树木最为丰富,尤以西南山区特别突出,这一地区的植物种类最为繁多,约比毗邻的印度、缅甸、尼泊尔等国山地多 4~5 倍。据已故陈嵘教授在《中国树木分类学》(1937 年)一书中统计,中国原产的乔灌木种类,竟比全世界其他北温带地区所产的总数还多。非我国原产的乔木种类仅有悬铃木、刺槐、酸木树、箬棕、岩梨、山月桂、北美红杉、落羽杉、金松、罗汉柏、南洋杉

11 个属而已。原产我国的植物种质资源不仅数量多,而且变异广泛,类型丰富。仅就常绿杜鹃亚属而论,植株习性、形态特点、生态要求和地理分布等差别极大、变幅极广。小型的平卧杜鹃高仅 5~10 cm,巨型的如大树杜鹃高达 25 m,径围 2.6 m。常绿杜鹃的花序、花型、花色、花香等差异很大或单花或数朵或排成多花的伞形花序;花朵形状有钟形、漏斗形、筒形等,花色有粉红、朱红、紫红、丁香紫、玫瑰红、金黄、淡黄、雪白、斑点、条纹及变色等,在花香方面,则有不香、淡香、幽香、烈香等种种变化。

2)分布集中

很多著名观赏树木的科、属是以中国为其世界分布中心,在相对较小的地区内集中原产着众多的种类。据相关资料显示,仅广东的草本植物就占全国高等植物的 2/3 强;金粟兰全世界共 15 种,全产自我国;百合属世界上共 80 余种,我国有 42 种,而在云南省就有 23 种。许多传统名花,如梅花、牡丹、杜鹃、月季花、山茶、玫瑰、玉兰等都以我国为其分布中心。如杜鹃属全世界共有 800 余种,我国就有 600 余种;木兰科世界总共有 90 种,我国有 73 种;丁香属约 30 种,我国就有 25 种;槭树属有 205 种,我国就有 150 余种;毛竹属约有 50 种,我国有 40 种;蜡梅全世界共 6 种,全都原产我国。根据我国园林植物占世界植物的比例(表 8.1),足以说明中国确实是若干树种的世界分布中心。

表 8.1　我国园林植物占世界植物的比例

属　名	世界大致种类	我国大致种类	占世界总种数百分比/%	属　名	世界大致种类	我国大致种类	占世界总种数百分比/%	属　名	世界大致种类	我国大致种类	占世界总种数百分比/%
金粟兰	15	15	100	花椒	85	60	71	虎耳草	400	200	50
山茶	220	195	89	蜡瓣花	30	21	70	紫菀	200	100	50
猕猴桃	60	53	88	含笑	60	35	58.3	蔷薇	150	65	43
丁香	32	27	84.4	椴树	50	35	70	乌头	370	160	43
卫矛	150	125	83	落新妇	25	15	60	忍冬	200	84	42
石楠	55	45	82	蜡梅	6	6	100	飞燕草	300	113	38
油杉	12	10	75	爬山虎	15	10	66.7	铁线莲	300	110	37
绿绒蒿	45	37	82	马先蒿	600	329	54.8	栎	300	110	37
木兰科	90	73	81	花楸	85	60	71	银莲花	150	54	36
杜鹃花	900	530	58.9	李	200	140	70	百合	80	42	52.5
溲疏	50	40	80	菊花	50	35	70	芍药	35	11	31
毛竹	50	45	90	金莲花	25	16	64	凤仙花	600	180	30
蚊母树	15	12	80	苹果	35	22	63	冬青	400	118	30
报春花	500	294	58.8	木樨	30	26	86.6	兰	40	25	62.5
紫堇	200	150	75	枸子	95	60	62	日照花	12	9	75
苹	120	90	75	绣线菊	105	65	62	泡桐	9	9	100
槭	205	150	73	南蛇藤	50	30	60	紫藤	10	7	70
萱草	15	11	73	龙胆	400	230	58				

3)特点突出、遗传性好

在中国有许多植物是世界他处所无而仅产于中国的特产科、属、种,甚至是举世无双的。例如银杏科的银杏属,松科的金钱松属,杉科的台湾杉属、水杉属、水松属,柏科的建柏属,红豆杉科的白豆杉属,榆科的青檀属,蔷薇科的牛筋条属、棣棠属,木兰科的宿轴木属,瑞香科的结香属,槭树科的金钱槭属,蜡梅科的蜡梅属,蓝果树科(珙桐科)的珙桐属、旱莲木属,杜仲科的杜仲属,棕榈科的琼棕属等。

我国园林树木资源除具有观赏价值外,还具有特殊的抗逆性和抗病能力,是园林植物育种的珍稀原始材料和关键亲本。如美国曾于1904年后用中国的板栗与北美板栗杂交才解决了大面积栗疫病的灾难。又如美国曾经利用原产我国的白榆与美国榆树杂交,选育出抗病的新品种,才避免了美国榆树灭绝的灾难。

8.2　种质资源的分类

种质资源的类别,一般是按其生态、类型、亲缘关系、种质类型、遗传学类型等进行划分。如按其种质类型可分为群体种质和个体种质,按遗传学类型可分为纯合型、杂合型,还可根据其来源分为本地种质资源、外地种质资源、野生种质资源和人工创造的种质资源。

1)本地种质资源

本地种质资源是指在当地的自然和栽培条件下,经长期的栽培与选育而得到的植物品种和类型。它是选育新品种时最主要、最基本的原始材料。具有取材方便,对当地自然、栽培条件有高度适应性和抗逆性等方面的优点,也具有遗传性较保守,对不同环境适应范围窄的缺点。

本地种质资源包括古老的地方品种(或称地方农家品种)和当前推广的改良品种。古老的地方品种是长期自然选择和人工选择的产物,它不仅深刻地反映了本地的风土特点,对本地的生态条件具有高度的适应性,而且还反映了当地人民生产、生活需要的特点,是改良现有品种的基础材料。

2)外地种质资源

这是指由其他国家或地区引入的植物品种和类型。它们反映了各自原产地区的生态和栽培特点,具有不同的生物学、经济学和遗传性状,其中有些是本地种质资源所不具备的,特别是来自起源中心的材料,集中反映了遗传的多样性,是改良本地品种的重要材料。在育种上有时还特意选用产地距离远的品种或类型为杂交亲本,以创造遗传基础丰富的新类型。也可直接对外地种质资源进行引种、驯化。但是外地种质资源对本地区的自然和栽培条件的适应能力较差。正确地选择和利用外地种质资源,可以极大地丰富本地的种质资源。

3)野生种质资源

该资源是指未经人们栽培的自然界野生的植物。它是长期自然选择的结果,具有高度的适应性和抗逆性。除少数种类具有较高的观赏价值,只需经过引种、驯化就可直接应用于花卉生产外,多数种类的观赏性状和经济性状较差。但是往往具有一般栽培植物所缺少的某些重要性状,如顽强的抗逆性、独特的品质等,是培育新品种的宝贵材料。

4)人工创造的种质资源

该资源主要是指应用杂交、诱变等方法所创造的变异类型。它包括各种育种方法和育种过程中所得到的育种材料,有些类型虽不符合花卉生产的需要,但往往具有某些特殊性状的基因,是培育新品种和进行有关理论研究的珍贵资源材料。也有些类型具有比自然资源更能符合我们需要的综合性状，是自然资源中所缺乏的，它可以满足人们对品种的复杂要求，又可以为进一步的育种工作提供理想的原始材料。

8.3　种质资源的收集、保存、研究和利用

目前，地球上的物种正在以惊人的速度减少，不仅是一些不常见的植物品种在消失，大量常见植物的品种数量也在下降。世界物种保护联盟公布的"2000 濒临灭绝物种红色名单"中，地球上大约有 11 046 种动植物面临永久性从地球上消失的危险，其中包括 1/4 的哺乳类、1/8 的鸟类、1/4 的爬行类、1/5 的两栖类和近 1/3 的鱼类。而且专家说，世界上大约有 1/4 的植物在未来二三十年中灭绝。据光明日报 2003 年报道，中国有近 200 个特有物种消失，近两成动植物濒危。《濒危野生动植物物种国际贸易公约》列出的 640 个世界性濒危物种中，中国约占其总数的 24%。有关专家估计，到 2016 年，中国将有 4 000～4 500 种植物处于濒危之中。由于物种之间的相互关联、相互制约关系，如果有一种植物灭绝，就会有 10～30 种依附于这种植物的其他生物消失。而在全球，每 1 小时就有一个物种被贴上死亡标签。科学家指出，物种灭绝的危机几乎全是由人类活动不当造成的，这将严重影响地球的生态平衡。随着成千上万植物品种濒临灭绝，全世界的农民将失去许多有价值的作物品种。因此，种质资源的保护已成为当今世界的头等大事。种质资源工作包括种质资源的收集、保存、研究和利用。

8.3.1　种质资源收集的原则和方法

1）原则

收集种质资源时，应掌握以下几项原则：

①必须根据收集的目的和要求、单位的具体条件和任务，确定收集的对象，包括类别、数量和实施步骤。收集时必须在普查的基础上，有计划、有步骤、分期分批地进行，收集材料应根据需要，有针对性地进行。

②收集范围应该由近及远，根据需要先后进行，首先应考虑珍稀濒危种的收集，其次收集有关的种、变种、类型和遗传变异的个体，尽可能保存生物的多样性。

③种苗收集应遵照种苗调拨制度的规定，注意检疫，并做好登记、核对，尽量避免材料的重复和遗漏。

2）方法

（1）直接考察收集　收集种质资源常用的方法是有计划地组织国内外的考察收集。除到栽培植物起源中心和各种近缘野生种众多的地区去考察收集外，还要到国内不同生态地区去考察收集。由于我国的种质资源十分丰富，所以目前和今后相当一段时间内，主要着重于搜集本国的种质资源。

（2）交换或购买　我们应该注意发展对外的种质交换甚至购买，加强国外引种。

（3）征集　种质资源的收集除考察搜集外，更多的是征集。征集大多是通过通信、访问或交换进行。

收集的样本，应能充分代表收集地的遗传变异性，并要求有一定的群体。如自交草本植物至少要从50株上采取100粒种子；异交的草本植物至少要从200~300株上各采取几粒种子。收集的样本应包括植株、种子和无性繁殖器官。种质资源收集的实物一般是种子、苗木、枝条、花粉，有时也有组织和细胞等。

采集样本时，必须详细记录品种或类型名称，产地的自然、耕作、栽培条件，样本的来源（如荒野、农田、庭院、集市等），主要形态特征、生物学特性和经济性状，群众反映及采集的地点、时间等。

8.3.2　种质资源的保存

收集到的种质资源，经整理归类后，必须妥善保存，使之维持样本的一定数量，以备今后育种和各种研究使用。

1）植物种质资源保存的范围

种质资源的保存范围有以下几类：

①为进行遗传和育种研究的所有种质，包括主栽品种、当地历史上应用过的地方品种、过时品种、原始栽培类型、野生近缘种、育种材料等。

②可能灭绝的稀有种和已经濒危的种质，特别是栽培种的野生祖先。

③具有经济利用潜力而尚未被发现和利用的种质。

④在普及教育上有用的种质，如分类上的各个栽培植物种、类型、野生近缘种等。

⑤生产上重要的品种，以及一些突变形成单系的特殊芽变类型。

2）种质资源的保存方式

（1）就地保存法　就地（原地）保存是指将园林植物连同它的生存环境一起保护起来，以防止通常来自人类活动造成的进一步损失，达到保存种质的目的。就地保存法有两种形式：一种是建立自然保护区和国家森林公园，它是野生动、植物保护的主要形式。其主要优点是保存了原有生态环境和生物多样性，林木可继续进化，如辟出一小片永久性样地，长期监测种群的变化。另一种是全力保护栽培的古树名木，如陕西楼观台的古银杏、江苏吴县的汉柏、山东曲阜孔庙的圆柏、山东莒县定林寺的古银杏等。这些古树名木都要就地保存原树，并进行繁殖。它们经历了漫长历史时期，具有较高的研究利用价值和历史纪念意义。

（2）异地保存法　它是把植物的繁殖材料（种子或营养繁殖器官）栽种在植物园、苗圃、种植园等地方的一种保存方法。为了保持种质资源的种子或无性繁殖器官的生活力，并不断补充其数量，种质资源材料必须每隔一定时间（如1~5年）播种一次。

来自自然条件悬殊地区的种质资源，若都在同一地区种植保存，不一定都能适应。应采取集中与分散保存的原则，把某些种质资源材料分别在不同生态地点种植保存。

在异地保存时，每种栽培植物品种类型的种植条件，应尽可能与原产地相似，以减少由于生态条件的改变而引起的变异和自然选择的影响。在种植过程中应尽可能避免或减少天然杂交和人为混杂的机会,以保持原品种或类型的遗传特点和群体结构。对异花和常异花植物,在异地保存时,应采取自交、典型株姐妹交或隔离种植等方式进行控制授粉,以防止生物学混杂。

(3)组织培养保存法 20世纪70年代以来,国内外采取用试管保存组织或细胞培养的方法,有效地保存了种质资源材料。目前,作为保存种质资源的组织或细胞培养物有愈伤组织、悬浮细胞、幼芽生长点、花粉、花药、体细胞、原生质体、幼胚、组织块等。在组织培养条件下,对林木种质的保存有2种形式:

①培养物的反复继代培养。这是一种安全、经济的方法。组织培养技术可在较小面积上保存大量的遗传资源,占有空间小,可繁殖脱毒苗,便于种质交换。用营养器官作为繁殖材料,可有效地减少生物学混杂和保持材料的原有基因型,可以解决用常规的种子贮藏法所不易保存的某些资源材料,如高度杂合性的、不能产生种子的多倍体材料和无性繁殖植物等,在科学研究中也是一种常用的保存方法。

②超低温冷冻保存。超低温冷冻保存法,是将离体培养的茎尖分生组织、愈伤组织、悬浮培养细胞、原生质体经冷冻保护剂二甲亚砜(DMSO)等处理后,送入-196℃液氮库进行超低温冷冻保存。当需要时,可将上述培养物在30~40℃温度下迅速解冻,在满足原有培养条件下,植物恢复分裂、分化和植株再生的能力。在超低温下,细胞处于代谢不活动状态,从而可防止或延缓细胞的老化。由于不需多次继代培养也可抑制细胞分裂和DNA的合成,因而可保证资源材料的遗传稳定性。所以超低温冷冻保存为保存种质描绘了诱人的前景。

(4)贮藏保存。贮藏保存主要是控制贮藏时的温、湿条件,以保持种质资源种子的生活力。大多数植物种子的寿命,在自然条件下只有3~5年,多者10余年。研究表明:低温、干燥、缺氧能抑制种子呼吸作用,从而延长种子寿命。如种子含水率在4%~14%的范围内,含水率每下降1%,种子寿命可延长1倍。在贮藏温度为-50~0℃,每降低5℃,种子寿命可延长约1倍。氧气能促进种子的呼吸作用,二氧化碳的作用则相反,光和高能射线对种子的贮藏保存不利。因此,含水量低的健全种子,装在密封的容器中,安放在适当低温、干燥、黑暗的贮藏库(室)里,可以长期维持种子的生命力。种子保存库可分为普通库、中期库和长期库。普通库库内温度为11~12℃,一般种子可保存3~5年。中期库库内温度为1~3℃,可保存20~25年。长期库库内温度为-15℃,可保存50~70年。

20年来,我国已建立了长期保存和中期保存相结合的作物种质资源保存体系。

①我国长期保存设施 国家作物种质长期保存设施主要由两座低温种质库组成,即位于北京的国家作物种质库和位于青海西宁的国家作物种质复份库(简称复份库)。前者受中国农业科学院作物品种资源所领导,后者业务上亦受该所管理。

国家作物种质库于1984年破土动工,1986年建成。该库总建筑面积3 200 m²,包括贮藏区、试验区、种子处理区和动力区4部分。贮藏区有长期贮藏冷库两间,面积均为150 m²,温度为-18℃±2℃,相对湿度小于57%。按每份种质贮存3盒(袋)计,贮存种质容量40万份以上,种子贮藏寿命50年以上。另有4个可调节温度的试验小冷库,面积均为17 m²。国家作物种质库的任务是:负责我国作物种质资源的长期保存,当库存的某份种子发芽率降低或其中期库材料绝种时,负责向有关中期库或原供种单位提供种子,一般不向研究和利用单位供种。至1998年12月,该库保存数量已达31.8万余份。

复份库1991年破土动工,1993年建成投入使用。该库是目前世界上库容量最大的节能型国家级复份种质库,总建筑面积284 m²,冷库净容积183.5 m²。复份库内每份种质贮存1盒

(袋),据估计总容量可达 40 余万份。该库主要任务是复份保存国家长期库所有的种质材料,平时不取不用,仅是为了国家作物种质库万一发生意外而设立的。

②我国中期保存设施　从 20 世纪 70 年代后期开始,中国农科院作物品种资源所、中国水稻所,中国农科院蔬菜花卉所、草原所、烟草所、原子能所、油料所、棉花所,以及广西、河北、湖北、黑龙江、辽宁、北京、山西、湖南、广东、云南、四川、青海、新疆、上海等省、自治区、直辖市农业科学院及河北农业大学,相继建成了 22 座中期库,这些中期库的贮存温度大都在 0~10 ℃,贮存种子寿命在 15 年左右。中期库主要负责本专业、本地区范围内种质资源的保存和种质材料的分发与交换,现在贮存种质共计 40 余万份。

种质资源的保存,除对资源材料本身的保存外,还应包括种质资源的各种资料。每一份种质资源材料应有一份档案,档案中记录有编号、名称、来源、研究鉴定年度和结果。档案资料输入电子计算机储存,建立数据库,以便于资料检索和进行有关的分类、遗传研究。

在上面介绍的 4 种保存方式中,后两种方式与前两种方式相比,具有节省土地和成本的优点,但是后两种反映不出植物与环境的关系,许多性状表现不出来,不利于直接观察、研究和利用。因此,几种保存方式要相互补充,取长补短。

8.3.3　种质资源的研究和利用

种质资源收集、保存的目的是育种利用,而合理利用的关键在于对种质资源进行深入的研究。为了正确认识种质资源,有效地发挥其作用,必须对收集到的种质资源进行全面、系统的研究。只有占有比较全面的专属种质资源,并对其进行细胞学、遗传学、生物学等方面的系统研究,才能在较大的群体中根据育种目标选择最佳组合,培育新品种。

1)种质资源的研究

(1)分类学性状的研究　通过对收集到的种质资源各种材料的主要器官形状、大小、数量、色泽等外部特征的比较分析,可判断各种材料之间的亲缘关系及其在分类学中的地位。通过对分类学性状的研究,可为以后的有性杂交、倍性育种等工作奠定基础。

(2)生物学特性的研究　通过对生物学特性的研究,可了解种质材料的生长发育规律、生育周期及其对温、光、水、矿物质营养的要求等,从而为今后引种栽培、杂交技术等育种工作打好基础。

(3)经济性状的研究　许多花卉植物不仅具有很好的观赏性,而且还可带来一定的经济收益。如玫瑰可提炼香精,金莲花可用于美容保健等。对种质资源的经济性状进行研究,可进一步发挥它们的作用。

(4)观赏特性的研究　针对不同花卉植物种质资源的观赏特性,要有重点地记载其属于观花类、观果类,还是观叶类等,特别要注意可能在观赏性方面有突破性作用的好材料,以便对其进行性状遗传学、生理生化学等方面的深入研究。

(5)抗性特点的研究　对收集的种质材料,还需进行抗寒性、抗旱性、耐热性、耐湿性、耐盐碱、抗病虫害等方面的研究,从而通过抗性育种,培养出更多更好的园林花卉品种。

(6)适应能力的研究　植物材料对不同环境条件和栽培方法的适应能力有大有小。通过适应能力的研究,可为今后的引种驯化、新品种选育、推广等工作打好基础。

（7）分子生物学研究　种质资源的分子生物学研究主要是：重要性状的分子机理、分子标记辅助育种、限制片段长度多态性（RFLP）、随机扩增的多态性 DNA（RAPD）、扩增片段长度多态性（AFLP）分子标记技术、微卫星（SSR）分子标记技术等的研究。

2）种质资源的利用

鉴定出具有优良性状的种质材料，可作为亲本，通过杂交、人工诱变及其他手段创造新的种质资源，为育种提供半成品，并从其后代中选育出优良变异个体培育成新品种；也可利用种质资源，直接从中选育出优良个体培育成品种。目前，许多育种家通过远缘杂交，将野生近缘植物的基因导入植物品种，使其获得新的优良性状，虽然有的不能直接利用与生产，但可能成为有价值的育种材料。

复习思考题

1. 种质资源对园林植物的育种有什么作用？
2. 你所在的地方是否出现了植物资源匮乏的问题？你能想到哪些解决的方法？
3. 如何进行种质资源的保护？
4. 我国的花卉资源有哪些优势？如何创造有特色的花卉？

9 园林植物引种

微课

[本章导读]

    引种在生产实践中具有特殊的意义,它简便易行,容易掌握,可以迅速为生产提供优良品种。本章主要介绍的是植物引种的概念、意义,引种驯化的原理以及引种的程序和方法,引种中采取的农业技术措施和注意事项等。需要注意的是,在引种中,要防止外来物种的入侵。

9.1 植物引种概述

9.1.1 引种驯化的概念

    植物的种类和品种在自然界都有一定的分布区域。引种驯化(introduction and domestication)就是把一种植物从现有的分布区域(野生植物)或栽培区域(栽培植物)人为地迁移到其他地区种植的过程。简单地说,引种是人类为了某种需要,把植物从原分布区移种到新地区。植物引入新地区后有两种反应:一种是原分布区与引入地区的自然条件差异较小或由于引入植物适应范围较广,植物不需要改变其遗传性就能适应新的环境条件,正常生长发育,开花结果,称为简单引种(introduction);另一种是原分布区和引种地区的自然条件差异较大或由于引种植物的适应范围较窄,植物生长不正常,但经过精细的栽培管理或结合杂交、诱变、选择等改良植物的措施,逐步改变其遗传性以适应新的环境,称为驯化引种(domestication)。如三叶橡胶先引种到南洋,经过一定程度的适应过程以后,再引入海南岛、广东等地。

9.1.2 引种驯化的意义

    (1)引种可以迅速丰富和改善本地品种的结构　世界各地的自然条件复杂多样,这就形成了不同的植物种类,为引种创造了有利的条件。通过引种虽然不能创造新品种,但可以最快的速度增加当地品种的种类,并且通过试验之后,可以扩大植物品种的种植区域,从而改善当地的植物种植结构。据报道,杭州植物园近30年来,广泛从国外引种,到目前为止,实际保存种类约

4 000 种,对其中 50 种城市绿化树种进行引种鉴定和评价,为城市绿化提供了新的植物种类。

(2)引种省时、省力,可以迅速提高经济效益 和其他育种方法相比较,引种所需要的时间短,见效快,即节省人力、物力,成本低,所以在制订育种计划时,首先要考虑引种驯化的可能性,只有在没有类似品种可供引种时,才考虑其他方法创造新品种。

(3)引种可以充实育种的基因资源,为其他育种途径提供育种材料 从外地引入的品种,有些不能直接适应新地区的气候条件、土壤条件以及人们的要求,但往往表现出这样或那样的优良的经济性状,经本地栽培或作其他育种方法的原始材料时,会出现某些有利的变异的后代,通过进行单株选择,有可能从中选育出新品种。如墨西哥落羽杉 1928 年引入中国后,一直长势不佳,1962 年,叶培忠教授将其与柳杉杂交,培育出了抗台风、耐水湿、耐盐碱的东方杉。

9.1.3 我国引种驯化的概况

我国园林植物的引种历史悠久,早在汉代张骞出使西域时,就引进了核桃、石榴、葡萄、红花等经济作物。目前各大城市种植较多的世界著名的行道树——悬铃木,相传是晋代由鸠摩罗什引入陕西户县的。新中国成立前,我国引种工作的历史虽然悠久,但主要为民间所为,发展很慢。新中国成立以后,在党的领导下,植物引种驯化工作有了突飞猛进的发展。中国科学院先后在全国各地成立了多个植物研究所和以引种驯化为中心工作的植物园,进行引种驯化的研究,把多种野生植物驯化为栽培植物。国内不同地区间的引种取得了很大成功。如北京引种了梅花、雪松、银杏,杉木在陕西关中落户,柑橘北移,苹果南下,高山植物到平原落户,平原植物到高原安家。50 多年来,我国还从国外引入了大量植物,如原产大洋洲的桉树,福建省引种了 390 多种;大洋洲的耐盐树种木麻黄,在南方沿海地区已是郁郁葱葱;从欧洲引入的对海滩淤积有显著作用的大米草,在东南沿海正在不断扩展。引入的园林植物更多,如木本植物中,龙柏、黑松、赤松来自日本,池杉、落叶松、湿地松、香柏、绿干柏、广玉兰、刺槐来自北美,桉树、银桦、木麻黄来自大洋洲,橡胶树、金鸡纳树来自热带北美。草本花卉中,蒲包花、月光花、波斯菊、蛇目菊、千日红、含羞草、紫茉莉、月见草、一串红、万寿菊等来自美洲,金鱼草、雏菊、彩叶甘蓝、矢车菊、飞燕草、香豌豆、香石竹、三色堇等来自欧洲,除虫菊、曼陀罗、鸡冠花、雁来红来自亚洲,天竺葵、唐菖蒲、小苍兰、马蹄莲等来自非洲。我国幅员辽阔,土壤和气候条件十分复杂,为引种工作提供了极为有利的条件,植物引种有着广阔的前景。

9.2 植物引种驯化的原理

9.2.1 引种驯化的原理

长期以来,有关学者提出多种引种的理论,将其中有影响的介绍如下:

1)气候相似论

这是一种主张在气候相似的地区之间引种的理论,慕尼黑大学林学家迈依尔教授(H. M. Marg)在《欧洲外地园林树木》(1906 年)和《在自然历史基础上的林木培育》(1909 年)两本著作中,论述了该观点。他的观点是:木本植物引种成功的最大原因是,在树种原产地和新引入地区气候条件有相似之处。他还认为:木本植物的要求和本性是不变的,对它们进行驯化,迫使它们改变本性去适应新地区的环境条件是无效的。不少事例证明在气候相似的地区引种容易成功。如大叶桉,原产于澳大利亚新南威尔士东部沿海,气候条件与我国广东、广西、福建一带相似,引种到这些地区,生长迅速,繁殖良好。

但这一理论也有一定的缺陷,它过分强调了气候条件的相似性,忽视了植物本身的适应性和种内的变异,尤其是在长期进化的过程中,植物所形成的巨大的、潜在的适应能力。

2) 驯化理论

这是一种主张通过实生驯化,增强个体适应能力,来提高引种成功率的理论。苏联果树育种学家米丘林的观点是:在自然条件差异较大的地区间引种,必须从种子实生苗开始,这样容易成功,尤其杂种实生苗更易驯化。他认为,植物在实生苗阶段,其适应性有更大的潜力。另外,远缘杂交后代对新环境的适应性更强,从而提出了种子实生驯化法、远缘杂交驯化法、逐步驯化法等,对引种实践有一定的指导意义。他用这种方法将杏树北移了 600 多千米,获得了具有高度抗寒性的品种——北方杏。

这一理论的不足之处在于,它过分强调了自然环境和栽培技术的作用。事实证明,通常自然环境的变化,不能马上导致植物体内遗传物质发生变化。树木实生苗,特别是杂种实生苗比无性繁殖苗木具有较大的适应能力,原因在于实生苗,特别是杂种实生苗具有广泛的遗传基础,而长期无性繁殖的苗木,本身遗传物质没有发生变化,所以适应性差。

3) 栽培植物起源中心理论

苏联植物学家瓦维洛夫从 1920 年开始,组织采集队,在 60 多个国家的不同生态地区考察180 多次,采集到 30 余万份植物标本和种子,进行多方面的研究,发现植物在地球上的分布是不均衡的。于是在 1926 年发表了《栽培植物起源研究》一书,提出栽培植物起源中心学说。把集中了某种植物不同类型的古老农业国家或由高山、海洋隔开的地区,称为栽培植物起源中心。1935 年他提出了 8 个作物起源中心,在这些中心,其农业及植物栽培都是独立发展的,每个中心都有很多有价值的植物及多种类型的变异个体,是很丰富的基因宝库。

瓦维洛夫认为:栽培植物物种是在起源中心地区产生的,然后传播到其他地区。起源中心与变异中心一致,那里存在着多种多样的基因资源,是该物种基因最集中、最丰富的地带。因此,从起源中心引种,可得到最丰富的基因资源,引种材料具有最大的适应能力。

但是,对自然界物种形成和演化过程的研究表明,物种并不只是在一个地区形成,可能同时在几个地区形成,也可能由于人类的作用,使其由初生起源中心变成次生起源中心。此外,由于自然条件的不断变化和人类栽培活动的影响,使变异中心可能离开了起源中心。这样,引种范围就可以扩大,"中心"就不太明确了。尽管如此,瓦维洛夫的理论对引种工作,特别是对于寻找育种上所需要的基因资源来讲,仍有一定的价值。

9.2.2　影响引种驯化的因素

引种驯化的核心问题,就是研究和解决引种植物遗传特性的要求与引入地区环境条件之间的矛盾问题,所以必须全面分析和比较原产地和引种地的生态条件,初步估计引种成功的可能性,找出影响引种成败的因子,制订出切实可行的措施,保证引种成功。

1）主导生态因子

（1）温度　　温度是影响引种的主要限制因素之一。它的作用是支配植物的生长发育,限制植物的分布。该因素包括年平均气温,最高、最低温度及持续时间、无霜期、季节交替的特点等。

各种植物生长发育都需要一定的温度,生长期平均气温是植物分布带划分的主要依据。如特种经济植物厚朴分布在年平均气温 10～20 ℃,一月份平均气温 3～9 ℃ 地区,因而秦岭以北地区不能正常生长。有些植物引种,年平均气温基本相同,但全年最高、最低温度及其持续时间却成了限制因子。高温是植物南引的主要限制因子。如北方植物红松、水曲柳南引时,就很难度过越夏关。对于一、二年生的花卉,可通过调节播种期和栽培季节,避开炎热,但对于多年生的观赏树木,引种时必须分析高温对其影响。低温是植物北引的限制因子。如油松曾由沈阳引往长春,20 年生长正常,但在 1956—1957 年冬春之交,大部分被冻死。在引种中,除考虑最高、最低温度外,还要注意低温持续的时间。以云南陆良县种植蓝桉为例,1975 年 12 月最低温度为 -5.4 ℃,持续 5 d,这期间蓝桉遭受严重的冻害,15 年以上的大树有 69% 被冻死。

季节交替的特点也是限制因子之一。如中纬度地区的气候特点是初春时气温变化反复无常,春季寒流经常发生,所以该地区的树种,通常具有较长时间的冬季休眠期,不会因为气温短时上升而萌动,这是对该地区气温特点的一种特殊适应性。而高纬度地区,春季天气转暖晚,但转暖后一般不再突然变冷,所以原产这些地区的树种,不具备对气温反复变化的适应性,引种到中纬度地区后,初春天气暂时转暖就会引起冬眠的中断,开始萌发,一旦寒流再度侵袭,就会造成冻害。如朝鲜杨、暗叶杨等高纬度地区的树种,引种到北京生长不良就是这个原因。另外,有些树种还要求一定时期的低温来满足其休眠或二年生植物春化阶段的需要,所以引种地区冬季是否具有足够时间的低温则成为另一限制因子。

从国外引种时,还要考虑我国的气候特点。冬季由于受西伯利亚寒流影响,与同纬度其他地区比较,我国冬季温度较低。如天津市和葡萄牙首都里斯本的纬度相似,天津一月份的平均气温为 -4.1 ℃,极端最低温度为 -22.9 ℃,而里斯本一月份的平均气温为 9.2 ℃,极端最低气温仅为 -1.7 ℃,与我国两广北部地区相似,引种试验时应给予特殊考虑。

（2）光照　　该因素包括昼夜交替的光周期、日照强度和日照时间的长短。不同植物对光周期的反应不同,植物只有在光周期适宜的条件下,才能正常开花结实。南种北引时,由于日照时间加长,秋季植物继续生长,影响枝条封顶或促进副梢萌发,不能及时积累养分,促进植物组织木质化,所以抗寒性弱,易受冻害。北种南引时,由于日照时间缩短,促使枝条提前封顶,缩短了生长期,年生长量减少,正常的生命活动受到抑制。如杭州植物园引种红松,就表现为封顶早,生长缓慢。北树南移的另一种情况是第一次生长过早停止,但高温能引起芽的第二次生长,结果也会降低树体的越冬能力。

根据植物对日照强度的需求不同,又分为阳性植物和阴性植物。阳性树种有松属、柳属、银杏、悬铃木、核桃等;阴性树种有八仙花属、罗汉松属、黄杨属、山茶属等。

所以,引种时要掌握这些规律,或引种后采取相应的措施,以保证引种成功。

（3）降水和湿度　　水是植物生存的必要条件。包括两方面:一是年降雨量,二是空气湿度。我国不同地区,降雨量相差很大,一般是东南沿海地区多,西北内陆地区逐渐减少,且在一年四季中,降雨极不均匀,低纬度地区多集中在 4—9 月份,高纬度地区多集中在 6—8 月份。但就现在发达的灌溉技术来讲,对园林植物的影响不是很大,具有较大影响的是空气湿度。据北京植物园观察,许多南方树种在北京不是冬季最冷时候冻死的,而是在初春干热风袭击下因生理脱水干死的。生长在淮河、长江流域的一些常绿树种很难引种到北京,主要限制因子就是空气湿度,所以在植物引种时,从降雨多、空气湿度大的地区,引种到降雨少、空气湿度小的地区,通常可通过改善灌溉条件使引种成功。相反,将适合于降雨少、空气湿度小的地区的品种,引种到降雨多、空气湿度大的地区,往往难以成功。

(4)土壤　土壤的理化性质、含盐量、酸碱度都会影响植物的生长发育,其中含盐量和酸碱度是影响某些植物种类和品种分布的限制因子。我国华北、西北一带多为碱性土,华南红壤山地主要是酸性土,而沿海涝洼地多为盐碱土或盐渍土。不同植物种类对土壤酸碱度和含盐量的适应性有很大差异。如栀子花、棕榈、山茶等适合酸性土,怪柳、紫穗槐等适合中性土或微碱性土,胡杨、粉叶杨等可耐土壤的含盐量为 0.5%。引种时,要注意不同植物对土壤酸碱度和含盐量的要求,在适应的范围内引种或进行局部的土壤改良,否则,引种很难成功。如南方的栀子花、杜鹃引种到华北后,由于土壤碱性过大,即使盆栽也难以成活。后来采取施用能使土壤酸化的特殊矾肥水灌溉,生长良好。1992 年北京植物园在平原地区和城市绿地推广种植金山绣线菊、金焰绣线菊,生长势变弱,表现焦边黄叶,究其原因是平原和城市绿地土壤盐碱化,不适合其生长。

2)历史生态条件

植物适应性的大小,不仅与目前分布区的生态条件有关,而且与其系统发育历史上经历的生态条件有关。生态历史越复杂,其适应性就越广泛。

古生物学研究证明,目前植物的自然分布区,是经历巨大的地质变迁后的结果。在第三纪时,地球上很温暖,到了第四纪,气候开始变冷,冰川由北向南推进,一部分植物随冰川南移,得以保存,以后随冰川的后退又逐渐返回原分布区。有些植物产生了新的适应,占据了有利的微域地形,从而得以保存。如我国西北的抗旱树种小叶杨,具有发达的旱生结构,抗旱能力很强,但引种到湿润条件的北京地区后,表现比在西北更好。究其原因,小叶杨的祖先是湿生起源的。而华北地区广泛分布的油松,引种到欧洲各国时,都没有成功。所以,对植物历史生态条件进行分析,有利于对引种对象的正确选择。一般来讲,进化程度高的、经历的历史生态条件复杂的,适应的潜在能力就强,引种成功的可能性就大。

9.3　引种的程序和方法

9.3.1　引种的程序

(1)确定引种目标　引种目标通常是针对本地区的自然条件、现有园林植物种类和品种存在的问题、市场的需求及其经济效益等来确定。如北方城市冬天很少有常绿阔叶树,可以引一些广玉兰、女贞等。浙江一些城市街道两旁多为法国梧桐,可以引种一些棕榈、樟树等。一般来讲,要根据当地的生态环境条件,以当地市场需求的品种为主攻方向,其次是新、奇、特及抗逆性。

(2)搜集引种材料并编号登记　搜集引种材料时,必须先掌握有关品种的情报,包括品种的选育历史、生态类型、遗传性状和原产地的生态环境条件及生产水平等,然后比较分析,估计哪些品种类型有适应本地区生态环境和生产要求的可能性,从而确定搜集的品种类型。引种材料可通过实地调查搜集,也可通过通信邮寄等方式搜集。

目前繁殖材料的类型很多,有种子、接穗、插穗、球根、块根、块茎,也可能是完整的植株或试管苗,搜集到的材料必须逐个进行详细的登记并编号。登记的项目包括种类、品种的名称(包括学名、俗名等)、繁殖材料的种类(种子、接穗、插条、苗木等,嫁接苗还要注明砧木的名称)、材料来源、数量、收到日期以及收到后采取的处理措施(包括苗木的假植、定植)。搜集到的每份材料只要来源和搜集时间不同,都要分别编号,同时,对每份材料的植物学性状、经济性状、原产地的生态特点等均应记载说明,分别装入相同编号的档案袋内备查。每个品种材料的搜集数量以足供初步试验研究为度,不必太多。

(3)引种材料的检疫　　引种是传播病虫害和杂草的一个重要途径。国内外在这方面都有许多严重的教训。为避免随引种材料传入本地区没有的病虫害和杂草,从外地区特别是国外引入的材料必须先通过植物检疫部门的严格检疫。如发现具有检疫对象的繁殖材料,必须及时进行药剂处理。到原产地直接搜集品种材料时,要注意就地取舍和检疫处理,使引入材料中不夹带原产地的病虫和杂草。为确保安全,对于新引种的品种材料,除进行严格检疫外,必要时要隔离种植,一旦发现具有检疫对象,马上采取根除措施,避免给引种地区造成巨大的经济损失。

(4)引种试验　　由于各地区生态条件存在着差异,所以一个品种引入到新地区后,和在原产地相比较,表现可能不同,必须进行引种试验。用当地有代表性的优良品种做对照,对引入材料进行系统的比较观察,以确定其适应性和优劣。试验地的土壤条件和管理措施力求一致,以便准确判断引入材料的利用价值。

(5)引种材料的评价　　引入材料经过试验后,要组织专业人员对其进行综合评价,包括两方面:一是根据引种驯化成功的标准进行科学性评价,二是根据生产成本和市场价格进行经济性评价。

(6)扩大繁殖和推广　　引种试验往往在少数科研单位或大中院校进行,引种成功的材料数量少,远远不能满足生产上的需要,所以必须及时进行扩大繁殖,以供生产之需,这样才能使引种成果产生经济效益。

9.3.2　引种的方法

一个品种引到新地区后,由于气候条件、耕作制度与原产地不同,引入后可能有不同的表现,所以必须进行引种试验。在试验时,要求用当地有代表性的优良品种作对照,同时试验地的土壤条件必须均匀,管理措施力求一致,使引种材料能得到客观的评价。步骤如下:

(1)种源试验　　种源试验是指对同一种植物分布区中不同地理种源提供的种子或苗木进行的对比栽培试验。在种源试验中,应尽可能引入一个新品种若干个种源的植物材料或引入较多的品种,每个品种材料的数量最初可以少些,即少量试引,将初引进的材料先小面积试种观察,初步鉴定其对本地区生态条件的适应性和生产上的利用价值。对于多年生、个体大的观赏树木,每个材料可种植3~5株,可结合在种植资源圃或生产单位的品种园栽植。初步肯定有希望的品种,进一步参加品种比较试验。

（2）品种比较试验　将种源试验中表现优良的品种,参加品种比较试验。试验中严格设有小区重复,以便作出更精确客观的鉴定。如对同是引自德国的几个藤本月季品种进行栽培试验,观察其对本地区栽培条件的适应性及其观赏特性,结果发现:"同情"春季花量很大,夏、秋开花很少,甚至不见花;"宠爱小姐"生长势旺盛,三季都可见花;"多特蒙德"春季开花旺盛,三季都可见花,但须加强肥水养护,否则只能一季见花。只有经过几年的重复观察,才能掌握其生长发育的规律,决定取舍。通常品比试验的时间是乔木 5～10 年,花灌木 3～5 年,多年生草本2～3 年。

（3）区域试验　将品比试验中表现优异的品种栽种到更大范围的试验点,利用各种小气候进行多点试验,以测定其适应范围。如金山、金焰绣线菊在北京植物园山地苗圃、西南郊苗圃的砂质壤中表现很好,但在小汤山苗圃及城区绿地较黏重的土壤或盐碱化较重的土壤栽植,则表现出焦边黄叶,生长受到抑制,观赏特性不能充分表现。可该品种在沈阳、铁岭地区表现优良,很受人们喜爱。所以,通过区域试验可确定品种更适宜的种植范围。

（4）栽培试验　经过品比试验和区域化试验,对表现适应性好而经济性状优异的引入品种,可进入较大面积的栽培试验,作出最后的综合评价,并制订相应的栽培技术措施,使其得到合理的利用。

9.3.3　引种驯化成功的标准

怎样才算引种成功呢? 具体标准可概括为以下 3 点:

①和在原产地栽培时相比较,引种植物在新地区不加保护或稍加保护,就能安全越冬或越夏,生长良好。

②没有降低原来的产品质量、经济价值和观赏特性。

③能够用原来的繁殖方式(有性或无性繁殖方式)进行正常的繁殖。

9.3.4　引种栽培的技术措施

引种时,必须注意要与栽培技术相结合,避免出现引入品种虽然能够适应引种地区的自然条件,但由于栽培技术没跟上而错误地否定该品种的利用价值的现象。农谚"会种是个宝,不会种是根草"足以说明引种与栽培技术相结合的重要性。

（1）播种期　由于日照长短影响植物的生长,南北日照长短不同,植物的生长量也不同。当植物由南向北引种时,应适当延期播种,目的是减少植物生长量,使养分积累于植物组织,增加其充实度,提高越冬抗寒能力。但也不能播种过迟,否则幼苗生长太弱,也不能安全越冬。相反,植物由北向南引时,可适当提早播种,增加植物在长日照下的生长期和生长量,提高其越夏能力。

（2）种子的特殊处理　种子萌动时,进行特殊剧烈变动的外界条件处理,能在一定程度上增强其对外界条件的适应性。如进行高温、低温或变温处理,可促使种子发芽;种子萌动后进行干燥处理,有助于增强植物的抗旱能力;种子萌动后用一定浓度的盐水处理,能增强其抗盐能力。

（3）栽培密度　植物由南向北引时，簇播或适当密植的方式，使植物群体的不同个体之间形成相互保护，提高其抗寒性。相反，植物由北向南引时，则应适当加大株行距，有利于通风散热，使植物正常生长。

（4）肥水管理　南方植物向北引种时，在苗木生长季后期，应适当节制肥水，控制生长，促使枝条木质化，提前封顶，提高其抗寒性。另外，在苗木生长前期施用氮肥，后期不施氮肥，适当增施磷、钾肥，也有利于植物组织提早木质化，提高抗寒性。如上海园林管理处在桉树育苗中，前期施用氮肥，后期增施磷、钾肥，10 月下旬用硫酸锌混在胶泥中施在苗木根部，对控制苗木后期生长，促进枝条木质化，提高其越冬抗寒能力具有良好效果。相反，北方植物向南引种时，为了延迟植物的封顶时间，应多施氮肥并追肥，促进植物生长，以抵制短日照对植物造成的伤害。同时，增加灌溉次数，来加大土壤和空气的湿度，降低温度。

（5）光照处理　南方植物向北引种时，由于生长季内光照时间变长，植物不能及时停止生长，枝条木质化程度差，易遭受冻害。可在幼苗期遮去早、晚光，进行 8～10 h 的短日照处理，缩短其生长期，增强枝条的木质化程度，使植物体内营养物质积累增多，提高抗寒性。相反，北方植物向南引种时，由于生长季内光照时间变短，植物提前停止生长，生长量不足，不能抵御南方夏季炎热和病虫害的浸染，此时可采用长日照处理，延长植物的生长期，以增加其生长量，提高植物的抗炎热能力及抗病虫害浸染的能力。

（6）土壤的酸碱度　北方土壤多碱性，南方土壤多酸性。在南方酸性土壤中生长的植物向北引种时，首选北方山林隙地微酸性土壤试种。另外，可浇微酸性的水或施有机肥，进行土壤改良。在北方碱性土壤或中性土壤中生长的植物向南引种时，首先在土壤中施用生石灰，改良土壤的 pH 值，然后进行引种，确保引种植物能正常生长。

（7）防寒与遮阴　南方植物向北引种时，苗木生长的第一、二年冬季要进行适当的防寒保护。抗寒性不同，可采取不同措施。如温室、塑料大棚、设置风障、培土、覆草等，大的树体还可单独用塑料薄膜将其围住，以提高温度，增强其抗寒能力。北京植物园在北京地区引种杉木、乌桕时，第一年冬前埋苗入土，第二年设置风障，第三年起不再保护，有一定效果。相反，北方植物向南引种时，为使其安全越夏，可适当搭棚遮阴来抵御夏季的炎热，并在夏末起逐渐缩短遮阴时间，使其逐步适应。

（8）引种某些共生性微生物　由于某些树种及豆科植物有与某些微生物共生的特性，所以在引种时要注意发挥菌根的作用，即在引种植物的同时，引入与其根部共生的土壤微生物，确保引种成功。

（9）做好引入品种的种子检验工作　种子检验包括种子含水量、发芽势、发芽率、纯度、净度等项目。引种前，必须做好这些项目的检验，符合各级种子规定标准的才可以调运。否则，必须协同种子调出单位进行种子处理，达到标准后才能引入，避免造成经济损失。

9.3.5　引种驯化应该注意的问题

（1）坚持"既积极又慎重"的原则　引种具有投资少、见效快、简单易行等特点，尤其对育种周期长的多年生植物改进其生产中的品种组成具有更重要的意义。另一方面，历史上因盲目引种也给生产造成了很大损失。1958 年江苏吴县东山园艺场从福建引入香蕉、凤梨、龙眼等亚热带果树进行露地栽培,结果香蕉、凤梨当年冬就被冻死,第二年龙眼也全部被冻死。所以,对待引种既要积极,又要慎重,一定要按引种的程序和方法去做,切忌生产性的盲目引种。

(2)必须与栽培技术相结合　为确保引种成功,引种时必须注意配合相应的栽培技术。如前面所叙述的调节播种期、栽培密度、种子的特殊处理、抗寒与遮阴等,均能增加品种类型的适应能力。

(3)注意植物习性类型的特点　园林植物种类多,习性各异,从种类分,有木本的观赏树、草本的观赏花卉;从栽培角度分,既有温室栽培,又有露地栽培。露地园林植物又包括一、二年生花卉,宿根花卉,球根花卉和观赏树本。所以,引种时应根据各类园林植物的习性,区别其类型、繁殖特点、生活周期,灵活运用引种的程序和方法。

复习思考题

1. 引种的含义是什么? 什么是简单引种? 什么是驯化引种?
2. 分析影响引种成败的因素。
3. 试述在园林植物引种驯化过程中,为确保引种成功,采取哪些栽培技术措施。
4. 引种驯化成功的标准是什么?
5. 根据育种目标,试制订某一园林植物引种驯化的实施方案。

10 选择育种

微课

[本章导读]

　　选择育种是花卉育种的基本方法,简单易行,便于掌握。本章主要介绍的是选择育种的概念、意义、主要方法及影响选择效果的因素。目的在于通过学习,掌握各种选择方法及提高选择效果的途径,在各种花卉的栽培过程中,在原品种的基础上不断培育出新品种,满足生产需要及人们不断变化的物质需要和精神需求。

10.1 选择育种的概念和意义

10.1.1 选择育种的概念

　　从现有种类、品种的自然变异群体中,选出符合人类需要的优良变异类型,经过比较、鉴定,培育出新品种的方法,称为选择育种(selection breeding)。

　　选择育种具有最悠久的历史,是应用最广泛的一种选种途径。在原始的农业生产活动中,人类就开始了有意识或无意识的选种过程。长期以来,把许许多多的野生类型驯化为半栽培或栽培植物,培育出许多越来越优良的品种和类型。如栽培的福禄考属植物,最初的花瓣以5为基数,但现在生产上应用的品种从单瓣到重瓣,形成了很多种类的花卉类型。布尔班克与Wilks曾对虞美人的花色进行了多代定向选择的试验,开始时发现在开满猩红色花的虞美人圃地中具有窄白边的花,收获种子,在其后代中发现了花瓣带白颜色的花朵,最后选出开纯白花的类型。他们用同样的方法在Shirley中选出了花蕊为黄色及白色的花,以后又选出了开蓝花的珍稀类型,这都是长期选择的结果。人类在长期的选种实践中积累了丰富的经验,由此产生了各种各样的选择方法,广泛应用于现代各种育种途径中。所以,在未来的园林植物育种中,选择育种仍然是不可忽视的重要育种途径。

10.1.2 选择育种的意义

　　(1)选择育种可直接培育和创造新品种　纵观世界各国植物育种的历史,选择是人类改造动植物最原始的,而且是应用最普遍的一种育种方法。经过漫长的历史时期,在人们有意识的选择前提下,产生许多优良的园林植物品种。如凤仙花、芍药、翠菊、山茶、牡丹等重瓣品种,还有皱边唐菖蒲、玫瑰的许多品种、香水月季品种等。

(2)选择育种方法简单,见效快,新品种能很快在生产上繁殖推广　和杂交育种相比,选择育种可以省去杂交亲本的选配、人工杂交等过程,并且选择育种是对本地的品种或类型进行选择,选出的个体对当地的环境条件具有较大的适应能力,可简化一些育种程序,使新品种能及时应用到生产当中。

10.2　选择育种的主要方法

10.2.1　混合选择法

混合选择法又称表现型选择法。是按照某些观赏特性和经济性状,从混杂的原始群体中,选取符合选择标准的优良单株,将其种子或无性繁殖材料混合留种,混合保存,下一代混合播种在混选区内,相邻种植标准品种(当地同类优良品种)及原始群体进行比较、鉴定,从而培育出新品种的方法。

混合选择必须在田间条件下进行,室内选择和贮藏期间的选择也是在田间选择的基础上进行的,这样才能提高选择效果。生产上应用的片选、株选、果选、粒选等多属于混合选择法。对原始群体只进行一次混合选择,当选群体就表现优于原始群体或对照品种,即进行繁殖推广的,称为一次混合选择法(图10.1)。对原始群体进行多次混合选择后,性状表现一致,并优于对照品种,然后进行繁殖推广的,称为多次混合选择法(图10.2)。

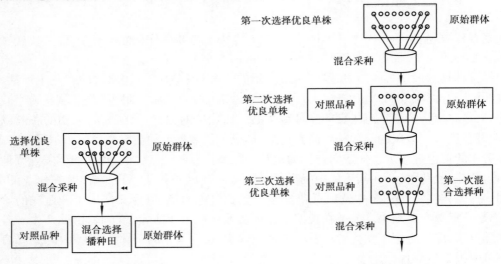

图10.1　一次混合选择法　　　　图10.2　多次混合选择法

混合选择法的优点:方法简单易行,不需要较多的土地、劳力、设备就能迅速从杂的原始群体中分离出优良类型,便于掌握;一次选择就能获得大量种子或繁殖材料,便于及早进行推广;混合选择的群体能保留较丰富的遗传性,用以保持和提高品种的种性。

混合选择法的缺点:选择效果较差,系谱关系不明确。由于所选优良单株的种子是混收混种,不能鉴别每一单株后代遗传性的真正优劣,这样就有可能把仅在优良的环境条件下外形表现优良,而实际上遗传性并不优良的个体选留下来,因此降低了选择效果。但在连续多次混合选择的情况下,这种缺点会得到一定程度的弥补。因此在初期原始群体比较复杂的情况下,进行混合选择易得到比较显著的效果,但经过连续多次选择后,群体基本上趋于一致,在环境条件相对不变的情况下,选择效果会逐步降低,可采用单株选择或其他育种措施。

对于凤仙花、桂香竹、香豌豆、金盏菊等自花授粉植物,由于长期自交,其群体中每个单株多为纯合体,遗传性状稳定,后代不易发生分离,通常进行 1~2 次混合选择即可。但对于异花授粉植物,如石竹、四季秋海棠、向日葵、菊花、松树等,由于经常异花授粉,群体内每个单株多为杂合体,不同植株基因型可能不同,后代分离复杂,此类植物通常采用多次混合选择。

10.2.2 单株选择法

单株选择法是个体选择和后代鉴定相结合的方法,所以又称为系谱选择法或基因型选择法。即按照某些观赏特性和经济性状,从混杂的原始群体中选出若干优良单株,分别编号、分别采种、下一代分别种植成一单独小区,根据各株系的表现,鉴定各入选单株基因型的优劣,从而选育出新品种的方法,称为单株选择法。在整个育种过程中,若只进行一次以单株为对象的选择,以后就以各株系为取舍单位的,称为一次单株选择法(图 10.3)。如果先进行连续多次的以单株为对象的选择,然后再以各株系为取舍单位,就称为多次单株选择法(图 10.4)。

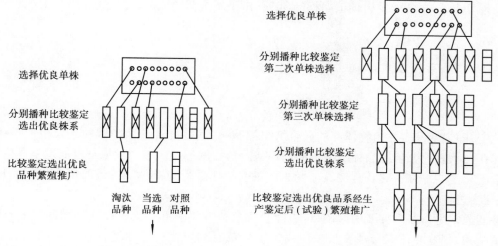

图 10.3 一次单株选择   图 10.4 多次单株选择

单株选择法的优点:一是选择效果较高。由于单株选择是根据所选单株后代的表现,对所选单株进行遗传性优劣的鉴定,这样可以消除环境条件造成的影响,淘汰不良的株系,选出真正属于遗传性变异的优良类型。二是多次单株选择可以定向积累有利的变异。许多用种子繁殖的花卉,如百日草、翠菊、凤仙花、水仙等重瓣品种,就是用这种方法选择出来的。

单株选择法的缺点:首先,需要较多的土地、设备和较长的时间。由于单株选择法工作程序比较复杂,需要专门设置试验地,有些植物还需隔离,成本较高。其次,有可能会丢失一些有利的基因。因为在选择过程中,会淘汰许多株系,其中某些个体可能含有一些有价值的基因。再次,单株选择法一次选择所得的种子数量有限,难以迅速在生产上应用。最后,异花授粉植物多次隔离授粉生活力容易衰退。

10.2.3　无性系选择法

植物的无性繁殖,又称为植物营养繁殖,由同一植株经无性繁殖得到的后代群体,为无性系。无性系选择法是指从普通的种群中,或从人工杂交及天然杂交的原始群体中,挑选优良的单株,用无性繁殖的方式繁殖,然后对其后代进行比较、选择,从而获得新品种的方法。

无性系选择适用于容易无性繁殖的园林植物。无性系选择育种在杨树和日本柳杉等植物中应用已久。我国开展无性系选种的有杨树、柳树、泡桐、水杉等。另外,无性系选择与杂交相结合,可取得更好的结果。因为通过杂交,可以获得具有明显优势的优良单株,对其进行无性繁殖、推广,在育种过程中是一条捷径。如在杂种香水月季的育种过程中,就是用优良的品种杂交,获得杂交种子,或采集优良植株上自由授粉的种子,培育其实生苗至开花,然后根据所需性状的表现,选出优良的单株,进行无性系鉴定,将其中总评最好的无性系投入生产。

无性系选择的优点:一是在无性繁殖过程中,能够保留优良单株的全部优良性状,对那些可采用营养繁殖,而遗传性又极其复杂的杂种,采用无性系选择效果较好。二是不必等世代更替,在个体发育早期即可进行选种工作,缩短了育种年限。三是方法简单,见效快。

无性系选择的缺点:一个无性系内,由于遗传组成单一,所以适应性一般较差。如荷兰有一榆树品种 Belgin,占全国榆树种植面积的30%,由于不抗荷兰榆病,在发病年份全部死亡。

10.2.4　芽变选种

1)芽变的概念

芽变,即突变发生在植物体芽的分生组织细胞中,当变异的芽萌生成枝条及由此枝条长成的植株在性状表现上与原品种类型不同的现象。植物的芽、叶、枝、花、果都可能发生芽变,芽变是体细胞突变的一种。对具有优良芽变的枝条或植株进行选择、鉴定,进而培育出新品种的方法,为芽变选种。

芽变通常是由基因突变引起的,也可能由染色体变异引起。无论是无性繁殖植物,还是有性繁殖植物,都普遍存在着芽变现象。我国很早就有利用优良芽变选育新品种的记载。公元533—544年,《齐民要术》中,记述了农民在进行枣树繁殖时"常选好味者留之";公元1031年,欧阳修在《洛阳牡丹记》中,记述了牡丹的多种芽变。在国外,达尔文在对植物芽变现象进行广泛调查后指出:无性繁殖植物芽变现象具有普遍性。在园林植物中,也有很多芽变发生,如黄杨、万年青中有金心或银边的芽变,杜鹃中有各种花色的芽变,垂枝白蜡、龙柏、龙爪柳、银边六月雪等都是通过芽变选种得到的。梅花、山茶、桃花、月季、菊花等观赏植物中,也常有芽变类型出现。据不完全统计,通过芽变选种培育出来的新品种,菊花有400多个,月季有300多个,郁金香有200多个。

另外,还有一个需要注意的问题,园林植物的营养系内除存在由于遗传物质发生突变而引起的变异外,还存在由于土壤、小气候、施肥、灌水等条件不同所造成的差异,植物本身遗传物质组成没有改变,一旦引起这种变化的环境条件消失,变异的性状就不再存在。这种由于环境条件或栽培措施的影响而产生的表现型变异,称为饰变或彷徨变异。这种变异不能遗传给后代,在芽变选种过程中,重要的问题就是要比较分析变异的原因,正确鉴定芽变和饰变,把真正优良的芽变选择出来。

2) 芽变选择的意义

(1)可直接选育新品种　优良的芽变一经选出,即可进行无性繁殖,供生产利用。

(2)和杂交育种方法相比较,方法简单,见效快,便于开展群众评选　我国园林植物栽培历史悠久,资源丰富,可为开展芽变选种提供极其丰富的原始资料,也可为其他育种途径提供新的种质资源。我们应充分利用这些有利条件,采取专业机构和群众选择相结合的方法,深入细致地开展芽变选种工作,选出更多更好的产品,以满足人们的需要。

(3)改良品种　通过芽变选种,对现有的园林植物品种进行改良,以提高其商品价值。如苹果、柑橘、葡萄的无籽果实变异,大大提高了其商品价值。花冠颜色的芽变,如蓝色的月季、双色非洲菊、橙色的牡丹和白色的孔雀草,在价格上比原来的普通品种高很多。

3) 芽变的特点

(1)芽变的嵌合性　体细胞突变最初仅发生于个别细胞。就发生突变的个体、器官或组织来说,它只是由突变和未突变细胞组成的嵌合体。只有在细胞分裂、发育过程中异型细胞间的竞争和选择的作用下才能转化成突变芽、枝、植株和株系,如花卉中的"二乔""跳枝"类型,竹类的黄金间碧玉类型就要求有某种程度的异型嵌合状态。

(2)芽变表现的多样性　芽变的表现是多方面的,有形态特征的变异,有生物学特性的变异,有的是营养器官发生变异,有的是生殖器官发生变异。

①形态特征的变异　芽变最明显的表现是在形态特征,最容易被人们发现。如叶的形态变异,包括大叶与小叶、宽叶与窄叶、平展叶与皱缩叶、叶的颜色以及叶刺的有无等变异。花器的变异,包括花冠的大小、花瓣的多少、颜色及形状、花萼的形状等变异。枝条形态的变异,包括梢的长短和粗细、节间的长度、枝条颜色等。植株形态的变异,包括蔓生型、扭枝型、垂枝型、乔木型、灌木型及矮化型等变异。果实形态的变异,包括果实的大小和形状、果蒂或果顶特征及果皮颜色等的变异。如园林植物中出现了红叶李、红枫、六月雪、双色非洲菊、蓝色月季、垂柳、龙爪槐、葡地柏等品种,为园林丰富了种类,增添了色彩。

②生物学特性的变异　如生长结果习性的变异,包括枝干生长特点、分枝角度、长短枝的比例及密度、枝梢萌芽能力及成花能力,结果习性等,这些都与树体形态和观赏价值有关。物候期的变异,包括萌芽期、开花期、种子成熟期、落叶休眠期等变异。开花期与开花次数的变异较多,利用的价值最高。抗逆性变异,包括抗病、抗虫、抗旱、抗寒、抗盐碱、耐热性等变异。其中抗寒型变异较多,利用价值也较高。育性变异,包括雄性不育、雌性不育、种胚中途败育及单性结实等变异。

(3)芽变的重演性　芽变的重演性是指同一品种相同类型的芽变可以在不同时期、不同地点、不同单株上重复发生。这与基因突变的重演性是联系在一起的,如"金心海桐""银边黄杨"等为叶绿素的突变,过去发生过,现在也有,将来还可能出现,并且在我国发生过,在国外也发生过。所以对调查中发现的芽变类型,要经过分析、比较、鉴定,确定其是否为新出现的芽变类型。

（4）芽变的稳定性　有些芽变很稳定,性状一旦发生改变,在其生命周期中就可以延续下去,并且不管采取哪种繁殖方式,变异的性状均能代代相传,这就是芽变的稳定性。

（5）芽变的可逆性　又称为回归芽变。有些芽变,虽然不经过有性繁殖,但在其继续生长发育过程中,可能失去芽变性状,恢复为原有类型,这种变异特点,为芽变的可逆性。如树梅上产生无刺的芽变,但从无刺的枝条上采条繁殖时,后代全部都是有刺的。究其原因,一方面与基因突变的可逆性有关,另一方面与芽变的嵌合体有关。

（6）芽变的局限性和多效性　芽变一般是少数性状发生变异,是原类型遗传物质发生突变的结果。因为在自然条件下,基因突变的频率很低,且多个基因同时发生突变的几率更是少之又少,所以这种突变引起的变异性状是有局限性的。如月季品种中,"东方欲晓"是"伊丽莎白"的芽变品种,它们只是花色不同,其他性状基本是一致的。但是,也有少数芽变,它们发生变异的性状有时不是几个而是几十个,这些性状之间可能是基因的一因多效的关系。

4）芽变的原理

（1）嵌合体及芽变的发生　被子植物梢端分生组织都有几个相互区分的细胞层,称为组织发生层,用 L_1, L_2, L_3 代表。植物的所有组织都是由这三层细胞分别衍生而来的。在正常情况下,这三层细胞具有相同的遗传物质基础,如果各层或层内不同部分细胞的遗传物质发生变化,那么变与不变的组织同时存在,就形成了嵌合体。如果层间不同部分含有不同的遗传物质基础,叫周缘嵌合体,分为内周、中周、外周、外中周、外内周和中内周 6 种类型;如果在层内或层内与层间都有不同遗传物质基础的变异细胞,叫扇形嵌合体,分为外扇、中扇、内扇、外中扇、中内扇、外中内扇 6 种类型（图 10.5）。嵌合体发育阶段越早,则扇形体越宽;发育阶段越晚,则扇形体越窄。

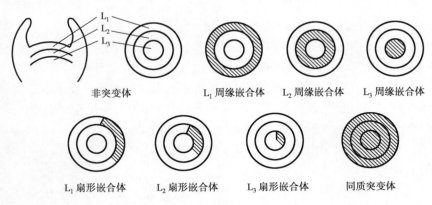

图 10.5　嵌合体的主要类型

各个组织发生层按不同的方式进行细胞分裂,衍生成特定的组织。L_1 的细胞在分裂时与生长锥成直角,为垂周分裂,形成一层细胞,衍生为表皮;L_2 的细胞在分裂时与生长锥垂直或平行,既有垂周分裂,又有平周分裂,形成多层细胞,衍生为皮层的外层及胞原组织;L_3 的细胞分裂与 L_3 相似,也形成多层细胞,衍生为皮层的内层及中柱。芽变是遗传物质发生突变,但只有发生在梢端组织发生层的细胞时,突变才有可能成为一个芽变,所以,突变发生在哪一层细胞就会引起相应的组织和器官产生变异。如突变发生在 L_1 层,一般来说表皮出现变异;如发生在 L_2 层,皮层的外层及胞原组织出现变异;如发生在 L_3 层,皮层的内层及中柱就会出现变异。通常只有其中一层细胞中个别细胞发生突变,而三层细胞同时发生同一种突变的可能性几乎不存在。所以,芽变开始时总是以嵌合体的形式出现。

（2）芽变的转化　一个扇形嵌合体在发生侧枝时,由于芽的部位不同,产生的结果也不同。处于变异扇形内的芽,萌发后将转化为具有周缘嵌合体的新枝;处于扇形边缘的芽,萌发后长成仍具有扇形周缘嵌合体的新枝;而恰好正处于扇形边缘的芽,萌发后将长成仍然是扇形嵌合体结构的枝条;还有些侧枝为非突变体。所以,可通过短截、修剪等措施控制发枝,改变扇形嵌合体的类型,使其出现不同情况的转化。

（3）芽变的遗传学基础　芽变是细胞内遗传物质改变的结果,其改变形式有以下几种:

①染色体数目变异　即染色体数目发生改变,产生不同的变异类型,包括单倍性、多倍性、非整倍性变异。染色体数目变异如果发生在生长点细胞中,就会形成多倍体芽变,其特征是各种器官具有巨大性,因为其细胞具有巨大性。

②染色体结构变异　包括缺失、重复、倒位、易位。由于染色体结构发生变化,导致基因原来的排列顺序发生变化,使有关的性状发生变异。这种变异在无性繁殖植物中可以得到保存,在有性繁殖植物中,会由于减数分裂而消失。

③基因突变　指控制显隐性的等位基因发生突变,导致性状变异。包括正突变和逆突变,一般来讲,正突变的频率高于逆突变。用基因型表示,有 4 种情况:$AA \rightarrow Aa$,$Aa \rightarrow aa$,$aa \rightarrow Aa$,$Aa \rightarrow AA$,在完全显性的条件下,一般自交植物正突变的形式是 $AA \rightarrow Aa$,这种突变在当代不表现,只能在下一代有性世代的分离中才表现出来。在异花授粉的园林植物中,正突变的形式有 $AA \rightarrow Aa$,$Aa \rightarrow aa$,前者不表现变异性状,后者可表现出来。另外,$AA \rightarrow Aa$ 可在体细胞中保存下来,成为发生 $Aa \rightarrow aa$ 突变的基础,如采用无性繁殖,突变的性状可以固定下来。$aa \rightarrow Aa$ 是逆突变,突变的性状当代就表现出来,但自花授粉植物必须通过自交纯化,变异性状才能稳定。

④细胞质基因突变　它是细胞质中遗传物质发生突变。目前已经知道,由细胞质基因控制的变异有:雄性不育、性分化、质粒和线粒体控制的性状变异、叶绿素形成等。

5）芽变选种的方法

（1）芽变选种的目标　由于芽变选种是以原有的优良品种为对象,进一步发现更优良的变异,要求在保持原有品种优良性状的基础上,通过选择,修缮其个别缺点,或者是获得具有有利的特殊性状的新类型,所以育种目标的针对性要强,且简单、明确。如月季,花大色艳,适应性强,四季开花,花香浓郁,此时的育种目标应注重特殊花色的选择,如白色、黄色、蓝色、黑色、绿色等。

（2）芽变选种的时期　芽变选种原则上在植物整个生长发育过程中的各个时期均可进行观察和选择。但为了提高芽变选种的工作效率,除了进行经常性的观察和选择外,还必须根据育种目标的要求,抓住最易发生芽变的关键时期,进行集中的选择。如要想得到开花期提前或延迟的类型,应在初花期前或终花期后进行观察和选择;选择抗逆性强的类型,应在自然灾害发生后或在诱发灾害的条件下进行观察和选择。

（3）分析变异,筛出饰变　在芽变选种的过程中,对于发现的变异,首先要区分它是芽变还是饰变,所以,最好在鉴定之前,先通过分析,筛出显而易见的饰变,肯定具有充分证据的优良芽变,然后对不能肯定的变异个体进行鉴定,这样可以节省土地、人力和物力。一般从以下几方面进行分析:

①变异的性质　一般来讲,质量性状不容易受环境条件的影响,所以只要是典型的质量性状变异,即可判断为芽变。如花色的变异、育性的变异等可判定为芽变。

②变异体发生的范围　变异体是指枝变、单株变和多枝变。如果在不同地点、不同栽培技术条件下，出现多株相同的变异，就可以排除环境条件和栽培技术的影响，肯定为芽变；对于枝变，观察它是否为嵌合体，如果为明显的扇形嵌合体，则肯定为芽变；如果是单株变异，则可能为芽变，也可能为饰变，还需要进行进一步的分析。

③变异的方向　凡是与环境条件的变化不一致的，则可能为芽变。如在病害流行的年份，大部分植株被感染，个别植株未被感染，表现出较强的生命力，可能为芽变。

④变异的稳定性　芽变的表现一般是比较稳定的，而饰变只有在能引起饰变的环境条件下存在，该条件不存在时，变异就会消失，所以，通过了解变异性状在历年的表现，结合分析其所处环境条件的变化，可对变异作出正确的判断。

⑤变异的程度　如果是饰变，它的变化应该是在某一基因型的反应范围之内，超出这个范围，就可能是芽变。

⑥变异性状间的相关性　有些数量性状的变异，可利用同时出现的与其具有相关性的质量性状或较稳定的数量性状的变异，进行间接的分析判断。

（4）芽变的鉴定　通过分析，对可能为芽变的个体，还要进行进一步的鉴定。鉴定的方法有两种：

①直接鉴定法　直接检查其遗传物质，包括染色体的数目、染色体的组型、DNA 的化学测定。这种方法可以节省大量的人力、物力和时间，但是有些变异如基因突变这种方法不能鉴定，况且还需要一定的设备和技术，所以在生产上很难大量地推广使用。

②间接鉴定法　将变异部分通过嫁接、扦插或组织培养等方式分离出来，进行繁殖，并与原品种类型种植在相同的环境条件下，鉴定变异的稳定性，如果变异性状能稳定遗传，则为芽变。这种方法简单易行，但需要大量的人力、物力和较长的时间，在生产上应用得较多。

（5）芽变选种的程序　芽变选种分两级进行：第一级从生产园或花圃中选出优良的变异类型，包括单株变异和枝变，为初选阶段；第二级是对初选的变异类型进行无性繁殖，然后进行比较、鉴定、选择，包括复选阶段和决选阶段（图 10.6）。

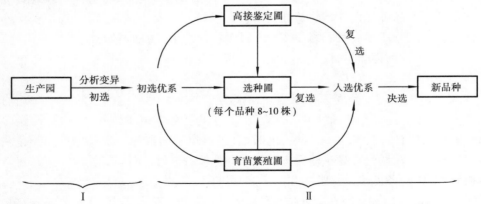

图 10.6　芽变选种的一般程序

①初选　初选一般是从生产园或花圃中进行，为目测预选。为了挖掘优良的变异，要将经常性的专业选种和群众性选种结合起来，由专业人员向群众宣传芽变选种的意义，讲解芽变选种的基本知识和基本技能，建立必要的选种组织，根据已确定的选种目标，开展多种形式的选种活动。在花圃中，对符合育种目标要求的植株进行编号并作出明显的标志，填写记载表格，然后

由专业人员进行现场调查,对记录材料进行整理,并选好生态环境相同的对照树,对变异体进行分析。对有充分证据可以肯定为饰变的,应及时淘汰;对变异不明显或不稳定的,要继续观察,如果枝变的范围太小,不足以进行分析鉴定,可通过修剪、嫁接、组织培养等方式,使变异部分迅速膨大后再进行鉴定;对变异的性状十分优良,但不能证明是否为芽变,可先进入高接鉴定圃,进一步观察其性状表现,再确定下一步的工作;对有充分证据可以肯定为优良芽变,但还有一些性状不十分了解,可不经过高接鉴定圃,直接进入选种圃;对有充分证据可以肯定为优良芽变,而且没有相关的劣变,可以不经过高接鉴定圃和选种圃,直接进入决选;对于嵌合体形式的优良芽变,应先使其分离纯化,成为稳定的突变体后,再进行下一步工作。

②复选 这个阶段是对初选中所选植株再次进行评选,主要在选种圃进行,包括高接鉴定圃和选种圃。高接鉴定圃的作用是为深入鉴定变异性状及变异的稳定性提供依据,同时为扩大繁殖准备接穗材料。在高接鉴定中,为了消除砧木的影响,所用砧木必须力求一致,并且在同一砧木上嫁接对照,高接时应注意选用砧木的中上部、发育健壮、无病虫害的良好枝条。高接鉴定圃一般比选种圃开花早,特别是对变异较小的枝变,通过高接鉴定可以在较短的时间内为鉴定提供一定数量的花,但容易受中间砧的影响,而且不能全面鉴定树体结构的特点,所以高接鉴定的同时仍需在选种圃再次进行鉴定。选种圃的主要作用是全面、精确的对芽变系进行综合鉴定。因为在选种初期往往只注意特别突出的少数优良性状,容易忽视一些微小的数量性状的变异,同时还要了解所选个系对环境条件和栽培技术可能有的不同反应和要求,所以,在投入生产之前,在选种圃对各芽变单系进行系统的观察、鉴定、比较,获得一个比较全面的鉴定材料,为繁殖推广提供可靠依据。选种圃要求土地平整,土质肥力均匀一致,将选出的多个芽变系和对照进行种植,每系一般以 10 株为宜(不得少于 10 株),单行小区,每行 5 株,株行距根据株型来定,两次重复,同时要求品系确切,严防混杂,苗木年龄一致,生长势相近。在圃地周围可用对照品种作保护行。对照品种用原品种的普通类型,砧木宜用当地习用类型。在选种圃内应逐株建立田间档案,进行观察记载,从开花的第一年开始,连续 3 年(不得少于 3 年)的组织鉴定,对花、叶及其他性状进行全面的评价,同时与其母树及对照进行对比,将结果记载入档,根据鉴定结果,由负责选种单位写出复选报告,将最优秀的品系定为复选入选优系,提交上级部门组织决选。为了对不同单系进行风土条件适应性的鉴定,要求尽快在不同的地区进行多点试验。对个别认为可靠的初选优良单株也可在进入选种圃的同时,进行多点试验。

③决选 选种单位对复选合格的品系提出复选报告后,由主管部门组织有关人员进行决选的评审工作。参加决选的优良单系,应由选种单位提供下列完整的资料和实物:

a.该品系的来源、选育历史、群众评价及发展前途的综合报告。

b.该品系在选种圃内连续 3 年的鉴评结果。

c.该品系在不同自然区内的生产试验结果和有关的鉴定意见。

d.该品系及对照的实物。

经过评审,各方面都认为该品系确实为有发展前途的品系,然后由选种单位命名,由组织决选的主管们作为新品种予以推荐公布,可在规定的范围内推广。选种单位在发表新品种时,应提供该品系的详细说明书。

10.3 影响选择效果的因素

在选择育种过程中,为了取得良好的选择效果,达到选种目的,必须了解和掌握影响选择效果的因素。现介绍如下:

1)选择群体的大小

选择群体越大,选择的效果越好。因为供选群体越大,群体内变异类型越复杂,选择机会就越多,选择效果会相对提高。反之,供选群体越小,对所需变异选择的机会就少,选择效果相对降低。所以,选择育种要求有足够大的供选群体,但不宜过大。通过办花展,逐级评选,效果不错。

2)供选群体的遗传组成

无性繁殖群体和有性繁殖群体相比,遗传组成的杂合程度不同,无性繁殖群体遗传组成的纯合性高,性状稳定,新性状出现的几率低,所以选择效果差。有性繁殖群体中又分自花授粉植物群体和异花授粉植物群体,二者相比较,前者性状比较稳定,变异的几率低,选择机会少,选择效果差;对于异花授粉植物,原始群体遗传组成复杂,变异几率高,选择效果好,但对于经多次选择的群体,特别是经多次单株选择的群体来讲,其遗传组成就简单得多,性状比较稳定,选择效果相对异花授粉植物群体要差。总之,供选群体的遗传组成越复杂,其变异类型就越丰富,选择效果就越好。

3)质量性状和数量性状

质量性状通常由一对或少数几对主基因控制,变异性状明显,容易区别,能稳定遗传给后代,不易受环境条件的影响,一般通过一次选择即可成功,选择效果好,如花卉的色泽、香味、株型等变异。而数量性状由多基因控制,变异性状不明显,一般不易区分,而且受环境条件的影响大,所以数量性状的选择效果受以下因素影响:

(1)性状遗传力的大小。遗传力是直接影响选择效果的重要因子,所选性状的遗传力高,选择效果就好;所选性状遗传力低,选择效果就差。如树干通直度这一性状的遗传力较高,所以通过选择改进树干通直度的效果较好,树木的高、粗度等性状的遗传力不如前者,故选择效果就较差。

(2)入选率。入选率是指入选个体在原群体中所占的百分率。入选率越低,选择效果越好;入选率越高,选择效果越差。在实际工作中,常以降低入选率来增大选择强度。降低入选率就是提高选择标准,但不能为了提高某一性状的选择效果,把选择标准定得过高,使入选群体过小而影响对其他性状的选择。

(3)性状的变异幅度。一般来说性状在原始群体内的变异幅度越大,则选择的潜力越大,选择的效果也就越好。因此,选种过程中,开始确定供选群体时,除了考虑群体具有较高的性状平均值外,还必须考虑供选群体在主要改进性状上有较大的变异幅度。

4)直接选择和间接选择

直接选择是指对目标性状本身进行直接的选择,选择效果好。如根据开花早晚和花径大小选择早开花的大花品种;根据花卉的收获量选择丰产性等。间接选择是指对目标性状的构成性状或相关性状进行选择。选择效果低于直接选择,但可在直接选择之前应用。如抗性选择,在不发病的情况下对抗病性无法进行选择。特别是在生育后期表现的目标性状,如花型、花色等进行早期测定时,无法进行直接选择,可根据与其相关的间接性状来选择。

5)所需选择性状的数目

所需选择性状的数目越多,符合要求的个体越少,选择效果就越差。特别是几个选择性状呈负相关时,更为明显。相反,选择性状的数目越少,选择效果就越好。一般来讲,对单个性状直接选择效果较好,随着性状数目的增多,选择效果会降低。选择时,一般以目标性状为重点性状,同时兼顾综合性状,重点性状不宜太多,否则会降低选择标准。

6)环境条件

在环境条件相对一致的条件下进行选种,可以消除由环境因素所引起的误差,对所选个体进行正确的评价,选择效果较好。相反,环境条件不同时,不能正确地判断所选个体遗传性的优劣,选择效果较差。

复习思考题

1. 什么是选择育种？选择育种有何意义？
2. 什么是混合选择、单株选择、无性系选择？各有何特点？
3. 什么是芽变、饰变、芽变选种？
4. 芽变有什么特点？
5. 如何提高芽变选种的效率？
6. 试述芽变选种的程序。

11 有性杂交育种

微课

[本章导读]

　　花卉的生产过程也是不断培育新品种的过程,尽管现在育种方法很多,但杂交育种依然是花卉育种中最常用、最有效的育种方法。本章主要介绍杂交育种概念和意义,明确杂交育种的原理,远缘杂交困难的原因和克服的方法,详细阐述杂交育种的方法步骤和利用杂种优势进行 F_1 代制种的技术及注意事项。

11.1　杂交育种概述

11.1.1　杂交育种的概念及分类

　　基因型不同的类型或个体间配子的结合叫作杂交。杂交育种(cross breeding)是通过两个遗传性不同的个体之间进行有性杂交获得杂种,继而选择培育以创造新品种的育种方法。

　　根据杂交亲本亲缘关系的远近,可分为近缘杂交和远缘杂交。近缘杂交是品种内、品种间或类型间的杂交;远缘杂交是种间、属间,或地理上相隔很远不同生态类型间的杂交。根据杂交效应的利用方式可分为组合育种和优势育种。组合育种是"先杂后纯",培育的新品种在遗传上是纯合体,其种子可连续种植;优势育种是"先纯后杂",培育的新品种在遗传上是杂合体(F_1 代),需要年年制种。

11.1.2　杂交育种的意义

1)杂交育种是创造新品种新类型的重要手段

　　通过杂交育种,可以把2个或多个亲本的优良特性结合于杂种,把野生的优良性状输送到栽培品种中,把不同种间、属间的性状集中于杂种,从而培育出新品种。如现代月季是由一季开花的法国蔷薇(*Rosa gallica*)、百叶蔷薇(*R. centifolia*)、突厥蔷薇(*R. damascena*)与原产中国四季开花的月季花(*R. chinensis*)、香水月季(*R. odorata*)等10余个种经反复杂交长期选育出来的,这些品种集中了多个亲本的优良性状,其类型丰富,有色有香。随着现代生物技术的发展,各种新的育种方法不断出现,但杂交育种在植物育种上特别是在园林植物育种上仍然占据着重要地位,园林植物新品种绝大部分仍来自杂交育种。

2)杂交育种可加速生物进化

在自然界不同基因型的植物间杂交是经常发生的,由于基因的重组分离,产生植物的多样性,通过自然选择使植物向着适应自然方向进化。自然进化受到自然条件的限制,发展速度慢。杂交育种可创造植物进化的条件,促进植物的遗传物质的相互交流,从而加速植物的进化。例如蔷薇属全世界原来共约150个种,现在通过多次种间杂交而育成的近代月季已发展到16 000多个品种,其中我国四季开花的月季花和香水月季是两个决定性的杂交亲本。

3)杂交育种可使植物向着人类需要的方向发展

在自然界中,植物在自然选择的作用下,向着有利于自身的繁衍和生存的方向发展。而杂交育种是以满足人类的需要为目的,并使植物沿着此方向发展。通过杂交育种,观赏植物的花色越来越鲜艳、花型越来越丰富、姿态越来越美、观赏价值越来越高。杂交育种方法适用于绝大部分园林植物,无论是自花授粉植物、常异花授粉植物还是异花授粉植物,只要植株间杂交可产生正常后代,就可应用杂交育种方法。自花授粉植物如香豌豆等,自然个体往往是纯合的,选择的余地不大,杂交可以出现新的变异类型。由于自花授粉的习性,该类植物杂种后代的纯化与选择工作大为简化,因此,杂交育种特别适用于自花授粉植物。对于异花授粉植物与常异花授粉植物,其自交后代可能产生衰退,育种的难度可能会大一些,但只要科学计划、精心管理,同样可以使植物向着人类需要的方向发展。

11.2 杂交育种的准备工作

杂交按其参与杂交亲本数目的不同,常可分为单杂交、复合杂交、回交、多父本授粉及聚合杂交等方式。

11.2.1 杂交方式

1)单杂交

一个母本与一个父本的成对杂交称为单杂交,以 A×B 表示。当两个亲本优缺点能互补,性状基本上能符合育种目标时,应尽可能采用单杂交,因单杂交只需杂交一次即可完成,杂交及后代选择的规模不是很大。单杂交时,两个亲本可以互为父母本,即 A×B 或 B×A,前者称为正交,后者称为反交。在某种情况下,母本具有遗传优势,所以习惯上多以优良性状较多、适应性较强的作为母本。如紫茉莉的彩斑性状具有母性遗传的特点,其正反交的结果不同,杂交时应加以注意。为了比较正反交不同的效果,尽可能正反交同时进行。

2）复合杂交

用两个以上亲本杂交通称为多交或复合杂交。一般先配成单交,然后根据单交的缺点再选配另一单交组合或亲本,以使多个亲本优缺点能互相弥补。复交的方式又因采用亲本的数目及杂交方式不同分为不同的方式:

(1)三交　单交的 F_1 再与第 3 个亲本杂交,即(A×B)×C。

(2)双交　两个不同单交的杂种再进行一次杂交,即(A×B)×(C×D)或(A×B)×(A×C)。

(3)四交　将三交的杂种后代再与另一个亲本杂交,即[(A×B)×C]×D。

依此类推,还有五交、六交等复交方式。

复交各亲本的次序究竟如何排列,这就需要全面衡量各个亲本的优缺点和相互弥补的可能性,一般将综合性好的或者具有主要目标性状的亲本放在最后一次杂交,这样后代出现具有主要目标性状的个体可能性就大些。

3）回交

回交是指两亲本杂交后代 F_1 再与亲本之一进行杂交。一般在第一次杂交时选具有优良特性的亲本作母本,这一亲本在以后各次回交时作父本,这个亲本叫轮回亲本(图 11.1)。回交的目的是使轮回亲本的优良特性在杂种后代中慢慢加强,回交育种主要应用于在优良品种中输入抗性基因,转育雄性不育系和自交不亲和系,改善育种材料的某一性状,克服远缘杂交不稔等。

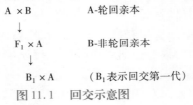

$$A×B \qquad\qquad A\text{-轮回亲本}$$
$$\downarrow$$
$$F_1×A \qquad\qquad B\text{-非轮回亲本}$$
$$\downarrow$$
$$B_1×A \qquad\qquad (B_1\text{表示回交第一代})$$

图 11.1　回交示意图

4）多父本混合授粉杂交

选择一个以上的父本,把它们的花粉混合后,授给一个母本的杂交方式,即 A×(B+C+D+…)。将某一选定的母本与选定的多个父本混合种植,母本去雄后任其自然授粉。这种方法简单易行,杂种后代的遗传基础比较丰富,容易选出优良品种,如地被菊品种"金不换""美矮黄""乳荷""紫荷"分别是从"美矮粉"和"铺地荷花"自然授粉后代选育出的品种。但该方法由于无法控制花粉来源,因此后代中往往会出现某些退化性状。

5）聚合杂交

聚合杂交是一种比较复杂的复合杂交,目的在于把多个亲本的优良基因集中到杂种组合中去。一般根据要求不同采用以下几种方案:

方案 1　各个亲本在杂种中的遗传比例相同(图 11.2)。

第一年　A×B　C×D　E×F　G×H
　　　　　↓　　↓　　↓　　↓
第二年　F_1 × F_1　　F_1 × F_1
　　　　　　↓　　　　　　↓
第三年　　　F_1　　　×　　　F_1
　　　　　　　　　↓

图 11.2　聚合杂交方案 1

方案 2　以某亲本(A)为基础亲本,杂种中基础亲本的遗传比例占 1/2(图 11.3)。

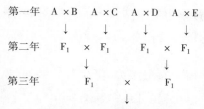

图 11.3 聚合杂交方案 2

方案 3 采用不完全回交的聚合杂交,杂种中基础亲本(A)占 3/4(图 11.4)。

图 11.4 聚合杂交方案 3

11.2.2 杂交亲本选择与选配

杂交的目的是将不同的性状组合到同一植株中,父母亲本是获得目标品种的内在物质基础。因此对亲本进行正确的选择与选配是杂交育种获得成功的首要保证。

亲本选择是指根据育种目标从原始材料中选择优良的品种类型作为杂交的父母本。亲本选配则是指从入选的亲本中选择合适的品种类型配组杂交。在单交中选择合适的父母本,在复交中还需确定品种类型杂交的先后顺序,在回交中则需正确确定轮回亲本与非轮回亲本。

1)亲本选择的原则

(1)明确亲本选择的目标性状,分清主次 杂交育种工作中往往会同时涉及多个性状,要求主要性状要有较高水平,次要性状不低于一般水平。园林植物的育种往往是以较高的观赏价值为其目标,这一目标是由多个性状合成的复合性状。如对一、二年生草本花卉而言,其观赏性由花色、花径、花期、花数、株幅、株型、株高等性状综合决定。因此在进行杂交育种时应从广泛搜集的原始育种材料中,确定重点目标性状,同时对次要性状确立最低水平,这样才能做到有的放矢,高效率地达到育种的目标。

(2)亲本具有尽可能多的优良性状 优良性状较多而不良性状少,便于选择与之互补的亲本,从而在短期内可达到预期的育种目标。若亲本具有高遗传力的不良性状,则对其后代不良性状的改造更加困难,一般应避免选用这种材料作为亲本。还要选择优良性状连锁在一起的品种作为亲本,最好不选优良性状和不良性状连锁在一起的品种为亲本,如果必须要选,则应选择交换值大的品种为亲本。

(3)亲本优良性状的遗传力要强 亲本优良性状的遗传力强,则其杂交后代中优良性状出现的可能性就越大,优良性状的保持越容易,越容易选择出合乎目标的新品种。如小叶杨的抗旱性和抗寒性,箭杆杨、钻天杨的窄冠性遗传力较强,在培育抗寒、耐旱、窄冠的杨树品种时,可以考虑采用它们作亲本。又如月季中的中国古老品种"秋水芙蓉"在连续开花性、鲜艳花色、重瓣性上具有较强的遗传力,而我国原产野生蔷薇种'极春刺玫'在抗寒、抗旱、抗病等方面具有较强遗传力。

在性状遗传力上存在下列规律:一般来说,野生种比栽培种、老的栽培种比新的栽培种、当地品种比外来品种、纯种比杂种、成年植株比幼年实生苗、自根植株比嫁接植株,遗传传递能力要强。另外,母本对杂种后代的影响常比父本强,因此要尽可能选择优良性状较多的作母本。

(4)重视选用本地的种质资源　我国园林植物经过几千年的栽培选育,在很多植物中形成了各具特色的地方品种,这些地方品种对当地的自然条件与栽培条件有良好的适应性。在杂交育种工作中,当地品种有助于增强品种的适应性。

2)亲本选配的原则

(1)父母本性状互补　父母本性状互补是指一方亲本的优点应在很大程度上能克服另一亲本的缺点,则二者杂交组合才可能出现符合育种目标的后代。杂交亲本可以具有相同的优点,但一定要避免共同的缺点。如上海植物园用花型大、色彩多但花期晚的普通秋菊与花型小、花色单调但花期早的五九菊杂交,结果综合了双亲的优点,育成了花型大、花色多、花期早的早菊新品种。

需要注意的是,由于性状遗传的复杂性,性状互补的杂交组合并不一定就能得到性状互补的后代。如矮牵牛中花大、花疏的品种与花小、花密的品种杂交,并不一定能得到花大而密的新品种,而往往是伴随着花数增多,花径会减小。

(2)选择地理上起源较远、生态型差别较大的亲本组合　不同生态型、不同地理起源的品种具有不同的亲缘关系,亲本间的遗传基础差异大,杂交后代的分离较大,往往容易分离出超越亲本的杂种优势或适应性和抗逆性强的优良性状。如杂种香水月季就是中国月季与欧洲蔷薇杂交育成的;目前世界栽培最广泛的绿化树种双球悬铃木(英国悬铃木),是由生长在美国东部的单球悬铃木(美国悬铃木)与生长在地中海西部地区的多球悬铃木(法国悬铃木)杂交育成的,表现出生长迅速、冠荫浓郁、适应性强等优良性状;地被菊杂交育种中,亲本'美矮粉'源自美国,而父本毛华菊来自我国,以这两个亲本为基础,已育出了几十个优良的地被菊品种。

(3)选择具有较多优良性状的亲本为母本　以具有优良性状多的亲本作母本,杂交后代中出现综合性状优良的个体较多。我们知道,母本既提供核遗传物质也提供胞质遗传物质,而父本只提供核遗传物质。因此,对表现为胞质遗传特性的性状如紫茉莉花叶、耧斗菜的重瓣性等,在亲本选配中,要将具有胞质遗传特性性状的亲本作为母本,以加强该性状在后代中的传递。实际工作中,当用栽培品种与野生品种杂交时,一般都用栽培品种作母本;本地品种与外地品种杂交时,通常用本地品种作母本。

(4)与一般配合力高的亲本配组　一般配合力指某一亲本品种或品系与其他品种杂交所得杂交组合某一数量性状的平均表现。一般配合力反映了该品种与其他品种杂交产生优良杂种后代的能力,通常,一般配合力越高,与其他品种杂交得到优良后代的可能性越大。一个一般配合力高的品种,自身并非一定具有优良性状;有优良性状也并不一定就有较高的一般配合力。因此不能完全依据性状来预测一般配合力,而需要进行专门的配合力测验试验,分析了解某一品种一般配合力的高低。

(5)亲本的育性及亲本杂交亲和力　父本、母本的性器官均发育健全,但由于雌雄配子间相互不适应而不能结籽,叫杂交的不亲和性。因此,应注意选配杂交亲和性高的杂交组合。园林植物中有许多品种为奇数多倍体、非整倍体和染色体结构变异的类型,还有许多重瓣品种是由于雌、雄蕊严重瓣化,不能进行正常的有性繁殖,应避免选为亲本。某些花卉植物,如菊花、郁金香、百合等有自交不亲和的表现,选配亲本时,应注意其来源,不能选配亲缘关系太近的种类作亲本组合。

(6)分析亲本的遗传规律 如果亲本所具有的目标性状为显性性状,则在杂种一代就表现并分离出来;如果是隐性性状,则必须使杂种自交,才能使性状表现出来;如果目标性状是数量性状,则杂种后代表现连续的变异,应考虑此性状的遗传力大小。在进行亲本选配时,尽量对目标性状的遗传规律有一定的认识,才有利于目标性状的保持和出现。如三色堇的纯色品种(无花斑)为隐性性状,若要保持这一性状,另一亲本也宜选纯色品种,否则杂种后代中会出现大量花斑类型,增加后代的选育工作量。

园林植物的种类异常丰富,观赏性状的遗传又极其复杂,许多遗传变异规律尚在探索之中,因此在实践中应尽可能多选配一些组合,以增加理想类型出现的机会。

11.2.3 园林植物开花生物学特性

园林植物中只有少数的种类进行自花授粉,如牵牛花、凤仙花、香豌豆等。大约有90%以上的种类进行异花授粉。所以了解亲本的花器构造、开花习性和传粉特点,对于确定花粉采集时期、授粉时期以及杂交技术是十分必要的。

典型的花由花萼、花冠、雄蕊和雌蕊组成。在一朵花里,雄蕊和雌蕊都有的,称两性花,如月季、山茶等。在两性花中有雌雄蕊同时成熟的,如梅花;有雄蕊早于雌蕊成熟的,如香石竹;有雌蕊早于雄蕊成熟的,如银胶菊;也有柱头异长的,如百合属。有的虽是两性花,有自花不孕的,如油茶;也有自花能孕的,如翠菊。

在一朵花里,只有雄蕊或只有雌蕊的称单性花。在单性花中有雌雄同株的,如柏、松、柿等。有雌雄异株的,如银杏、杨、柳等。

花的传粉方式有虫媒花和风媒花两种。虫媒花一般有鲜艳的花瓣、香味、蜜腺等,以引诱昆虫,并且花粉粒大而少,有黏液。为了防止某种传粉的昆虫进入花朵,可以用纱布做隔离袋。风媒花通常无鲜艳的花瓣、香味和蜜腺,但可能具有大的或羽毛状的柱头,以接受空气中的花粉。风媒花的花序紧密,花粉量大,花粉粒小,它们能够在空中飘浮。所以在杂交时,风媒花必须用纸袋(牛皮纸、玻璃纸均可)隔离。

11.2.4 花粉处理技术

1)花期调整

由于亲本种类不同,其开花时间有时不一致,造成杂交工作困难。为了使不同的亲本花期相遇,就要采取相应的措施,促进或推迟某一亲本的花期。一般可采用以下方法:

(1)调节温度 对温度敏感的花卉如玫瑰,通常适当提高温度,可促进花期提前;降低温度,则推迟花期。如外界气温低时采用塑料棚、温室栽培,可提前开花。

（2）调节光照时间　对光周期敏感的植物,可调节光照时间的长短。短光照植物在光周期较短的条件下开花,如菊花、大丽花等秋冬季节开花的植物;长光照植物在日照时间较长的条件下开花,如某些春夏开花的植物。对长日照植物,延长日照时间,可促进开花,如夜间加光;对短日照植物,缩短日照时间,可促进开花,如白天遮光。反之,则推迟花期。

（3）栽培措施　通过摘心、摘蕾、修剪、环剥、嫁接、肥水供给等调节花期。例如生长期多施氮肥,多浇水,可推迟花期;适当增加磷肥、钾肥可促进花期提前。

（4）调整播种期　对光周期要求不严格的园林植物,可以分期播种。例如每隔两周播一批,提前播种的,花期会提前;推迟播种的,花期会推迟,就有可能花期相遇了。

（5）应用化学药剂　某些化学药剂可促进或推迟植物的花期。如用赤霉素处理牡丹、杜鹃、山茶等,可促进其提前开花。

2) 花粉的收集

花粉采集一般在杂交授粉前一天进行。把次日将要开放的花蕾采集回来,夹取花药或直接将花蕾放于铺有硫酸纸的容器中,在干燥、室温条件下,一般 2~3 h 内花药会破裂,散出花粉,然后将杂物去除,收集花粉于小瓶中,贴上标签,注明品种名、采集时间,用透气薄膜、硫酸纸等封口,用于次日的授粉工作。杨柳科的某些物种则可以切取花枝瓶插,下铺硫酸纸,散粉时轻轻敲击花序,使花粉落于纸上,然后去杂收集。

3) 花粉的贮藏

花粉贮藏可以解决花期不遇和远地亲本的杂交问题,可以打破杂交亲本的时间隔离和空间隔离,扩大杂交育种的范围。花粉寿命的长短,除了受遗传因素的影响外,还与温度、湿度有密切关系。贮藏的方法是将花粉采集后阴干,除净杂物,分装在小瓶里,数量为小瓶的 1/5,瓶口用双层纱布封扎,然后贴上标签,注明花粉品种和采集日期。小瓶置于干燥器内,干燥器内底部盛有干燥剂无水氯化钙,干燥器放于阴凉、黑暗的地方,最好放于冰箱内,冰箱温度保持在 0~2 ℃。也可把装有花粉的小瓶放入盛有石灰的箱子内,置于阴凉、干燥、黑暗处。大多数植物的花粉在干燥、低温、黑暗的条件下能保持较高的生活力,表 11.1 列举了几种园林植物花粉贮藏的结果。

表 11.1　几种园林植物花粉贮藏结果

植物种类	贮藏条件		贮藏时间	贮藏后花粉生活力
	温度/℃	相对湿度/%		
斑点花叶万年青	5	90	5 d	丧失生活力
	5	10~50	2 d	丧失生活力
黄石石蒜、中国石蒜等 14 种石蒜科植物	0~2	干燥器中	1 年	发芽率无明显减少
郁金香	2~4	干燥皿中	2 年	保持发芽力
湖北百合	0.5	35	194 d	发芽率由贮前 69% 降至 53%
多叶羽扇豆	-190	30~70	93 d	未降低,维持 78%
山茶	0~2	低温	6 个月	发芽良好

续表

植物种类	贮藏条件		贮藏时间	贮藏后花粉生活力
	温度/℃	相对湿度/%		
丁香	室温	干燥器中	15 d	发芽率降低 50%
桃	0 ~ 2	25	1 ~ 2 年	保持发芽力
苹果	− 37 ~ − 17	5	9 年	发芽率 3%,授粉后坐果正常
白杨	15	3 ~ 5	91 d	发芽率 0.1%
冷杉	0 ~ 2	14	1 年	发芽良好
南洋杉	0 ~ 2	25	1 年	发芽不好
扁柏	0 ~ 2	25	1 年	有发芽
松树	0 ~ 2	14	15 年	有发芽

注:引自何启谦等《园林植物育种学》。

4)花粉生活力的测定

贮藏的花粉进行杂交之前,必须对花粉生活力进行测定。常用的方法有直接测定法、培养基萌发法以及化学染色法。一般认为花粉萌发率大于 40%,可用于杂交。

(1)直接测定法　直接测定法是直接将花粉授于柱头上,隔一定时间后将其染色压片,在显微镜下观察,统计花粉萌发情况。此种方法最为准确,但受花期限制,费时、费力,且大柱头的物种不易压片成功。

(2)培养基萌发法　培养基萌发法即配制一定的培养基,然后将花粉撒在培养基表面,于适当温度下培养,定时镜检,统计萌发率。培养基一般含有 5% ~ 20% 的蔗糖及微量的硼酸,有时还含有 $Ca(NO_3)_2$、$MgSO_4$ 等,因物种而异,有时也可加入激素以促进花粉萌发。该法简单,但准确性较差,且有些物种如棉花的花粉在培养基上很难萌发。

(3)化学染色法　活的花粉粒都有呼吸作用,用一些特殊的化学染料与之作用时,过氧化物酶与过氧化氢或其他过氧化物反应释放出活化的氧可以氧化这些染色剂,使之变色,由此可测定有活力的花粉数。常用的染色剂有 TTC(2,3,5-氯化三苯基唑)等。染色后花粉粒从无色变为有色。用该法测定的花粉生活力可能比实际高,因为有生活力的花粉粒并不一定会萌发。

11.3　杂交技术

11.3.1　植株上授粉

1)去雄

凡是两性花,为防止母本发生自交,必须在杂交前除去母本花中的雄蕊,称为去雄。去雄一般在花朵开放前 1～2 d 进行，闭花授粉的植物应提前 3～5 d。此时花蕾比较松软，花药多绿黄色。去雄时，可先用手轻轻地剥开花蕾，然后用镊子或尖头小剪刀剔去花中的雄蕊，注意不要把花药弄破。去雄要彻底，特别是重瓣花品种，要仔细检查每片花瓣的基部，是否有零星散生的雄蕊。操作时要小心，不要损伤雌蕊，花瓣也要尽量少伤。如果连续对多个材料去雄，则要将镊子等工具用 70% 的酒精消毒。菊科植物因花药很小，可用喷壶冲洗花序，但以这种方式去雄的后代务必认真剔除假的杂种。

去雄的花朵以选择植株的中上部和向阳的花为好。每枝保留的花朵数一般以 3～5 朵为宜。种子和果实小的可适当多留一些，多余的摘去，以保证杂种种子的营养。

2）隔离

去雄后立即套袋以防止天然杂交。隔离袋的材料必须轻、薄、防水、透光、透气。一般采用透明的亚硫酸纸和玻璃纸，虫媒花可用细纱布做袋子。对于不去雄的母本花朵（如自交不孕或雌雄异花、异株的类型）亦必须套袋，以杜绝其他花粉授粉的可能性。套袋后挂上标签，用铅笔注明去雄日期。

3）授粉

去雄后要及时观察雌蕊发育情况，待柱头分泌黏液而发亮时即可授粉。对虫媒花，授粉时将套袋的上部打开，用毛笔、棉球或圆锥形橡皮头蘸取花粉涂抹于柱头上。授粉后立即将套袋折好、封紧。风媒花的花粉多而干燥，可用喷粉器喷粉。为确保授粉成功，最好连续授粉 2～3 次。授粉后在标签上注明杂交组合、授粉日期等。数日后，柱头萎蔫，子房膨大，已无受精的可能时，说明杂交成功，可将套袋去除，以免妨碍果实生长。

11.3.2　室内切枝杂交

种子小而成熟期短的某些园林植物，如杨树、柳树、小菊等可剪下花枝，在室内水培杂交。剪取健壮枝条，如杨树雄花枝应尽量保留全部花芽，以收集大量花粉；雌花枝则每枝留 1～2 个叶芽和 3～5 个花芽，多余的去掉，以免过多消耗枝条养分，影响种子的发育。把剪修好的枝条插在盛有清水的广口瓶或其他容器中，每隔 2～3 d 换水 1 次，如发现枝条切口变色或黏液过多，必须在水中修剪切口。室内应保持空气流通，防止病虫发生。去雄、隔离和授粉等与上述相同。

11.3.3　杂交后的管理

杂交后要细心管理，创造良好的有利于杂种种子发育的条件，并注意观察记载，及时防治病虫害和防止人为破坏。

杂交种子成熟随品种而异，有的分批成熟，要分批采收。对于种子细小而又易飞散的植物，或幼果发育至成熟阶段易被鸟兽危害的植物，在种子成熟前要套上纱布袋。种子成熟采收时将种子或果实连同标签放入牛皮纸袋中，并注明收获日期，分别脱粒贮藏。

11.3.4 杂交后代的培育与选择

1)杂交后代的培育

杂种的贮藏、催芽处理以及播种管理等具体方法,与一般栽培育种技术基本相同。在培育过程中还要注意以下几个问题:

(1)提高杂种苗的成活率 提高种子出苗率、成苗率是培育杂种苗的首要前提。为此,一般都采用在温室内盆播、箱播或营养钵育苗的方法。同时注意培养土的配制、消毒。移植时尽量带土,精细管理。

为了避免混杂或遗失,播种前先对种子编号登记。播种按组合进行,播种后插好标牌,标记杂交组合的名称、数量。绘制播种布局图,做好记载工作。

(2)培育条件均匀一致 为了减少因环境对杂种苗的影响而产生的差异,要求培育条件均匀一致,以便正确选优汰劣。

(3)根据杂种性状的发育规律进行培育 杂种的某些性状在不同的环境条件下、不同的年龄时期都可能有不同的反应和表现,培育条件应适应这个特点。例如,一般重瓣性只有在营养条件充分得到满足时才能得到表现。又如有些园林树木的抗寒力,一般幼年时期比较弱,随着树龄的增加而得到加强。因此,虽然是抗寒育种也应在幼年期给予适合的肥水条件以及必要的保护措施。

(4)做好系统的观察记载 从杂种一代起就要系统观察,记载各杂交组合的有关内容。对园林植物主要记载内容为:萌芽期、展叶期、开花初期、开花盛期、开花末期、落叶期、休眠期等物候期;植株高度、花枝长度、叶形、茎态、花径、花型、瓣型、花色、花瓣数、雌雄蕊育性、香味、有无皮刺等植物学性状;抗寒性、抗旱性、抗污染等抗逆性性状;产花量、品质、综合观赏性、贮运特性等经济性状的记载。通过观察、记载及分析,可以掌握杂种的具体表现,有利于选出优良后代。

2)杂交后代的选择

园林植物大多进行异花授粉,亲本本身往往存在着高度的杂合性,所以杂种一代就发生分离,这样在杂种一代就可以进行单株选择。如选出符合要求的优良单株,能无性繁殖的可以建立无性系。如不能无性繁殖的,可以选出几株优良单株,在它们之间进行授粉杂交。再从中选出优良单株。

对木本植物来说,杂种的优良性状往往要经过一段生长才能逐步表现出来,一般要经过3～5年观察比较。特别是初期生长缓慢的树种,时间更要放长一些,不可过早淘汰。

杂种后代的选择,要在实生苗的各种性状表现明显的物候期进行观察比较,例如早花的选择在孕蕾期,月季经济性状的选择重点在花期等。

11.4 远缘杂交育种

远缘杂交(wide cross)是指种间、属间或地理上相隔很远的不同生态类型间的杂交。由于远缘杂交的种、属间遗传差异大,所以存在着杂交不亲和性、杂种的不育性、后代分离广泛等困难。其中后代分离广泛性给我们提供了更多的选择机会。

11.4.1　克服远缘杂交不亲和方法

远缘杂交时,通常将不能结实或结实不正常的现象称为杂交不亲和。主要表现有:母本的柱头不能识别父本花粉,分泌抑制物导致花粉不能发芽;或花粉能发芽,但花粉不能伸入柱头;或花粉管生长太慢或太短而无法到达胚囊;或花粉管虽然能进入子房,但无法正常受精;或受精的幼胚不发育或发育不正常等。克服的方法如下:

1)选择正确的亲本并注意正反交

选用第一次开花的杂种实生苗用作母本效果较好。如"胡杨"不论种间或属间杂交都很困难,但用天然杂种"加杨"作母本,与"胡杨"杂交获得了成功。以染色体数目较多或倍性较高的种作母本,杂交比较容易成功。在同一杂交组合中,正反交的结实情况可能不同。如防城金花茶×茶梅,正交的结实率是4.0%,反交为1.3%。

2)改变授粉方式

(1)混合授粉　即在选定的父本类型花粉中,掺入少量其他品种的花粉,甚至母本花粉,然后授于母本柱头上。何启谦等以国光苹果为母本,授以鸭梨 + 苹果梨 + 20世纪梨的混合花粉,获得了杂种种子。混合花粉中可混入用射线或高温杀死的非父本花粉,甚至可混入未杀死的花粉,只是对杂交后代一定要认真鉴定。

(2)重复授粉　由于不同的物种适宜的受精时期不同,可以选择在母本花的花蕾期、开花初期、开花盛期、开花末期等不同时期,进行多次重复授粉。

(3)柱头液处理　在授粉时,先将父本的柱头液涂抹于母本柱头上,然后再授以父本的花粉,可刺激花粉的萌发和生长。例如,北京林学院将杨树柱头液涂于柳树的柱头上,然后授以杨树花粉,成功地获得了属间杂种。

(4)射线处理法　某些物种的花粉或柱头经射线处理后,活性增加,如泡桐的种间杂交中用γ射线处理泡桐花粉,使花粉萌芽率、坐果率和受精率大大提高。

3)预先无性接近法

预先将亲本互相嫁接在一起,使他们的生理活性得到协调或改变原来的生理状态,而后进行有性杂交,较易获得成功。例如,花楸和梨是不同的属,米丘林将普通花楸和黑色花楸杂交获得杂种,然后将杂种实生苗的枝条嫁接于成年梨树的树冠上,经过6年时间,当杂种花楸的枝条开花时,授以梨的花粉,从而成功地得到了梨与花楸的远缘杂种。

4)柱头切割移植或子房内授粉

先在父本柱头上授粉,在花粉管伸长之前将其切下,然后嫁接在母本花柱上,或者先进行柱头嫁接,然后再授粉。也可以将母本花柱切除或剪短,撒上父本花粉,百合种间杂交常采用花柱短截的方法。

子房内授粉就是采用各种方法,将父本的花粉直接引入子房腔内使胚珠受精。例如将花粉悬浮液注入子房内使之受精或利用组培技术将母本的胚珠取下,在试管内培养,然后在试管内与父本的花粉受精,并培养成植株。

5)应用化学药剂

应用赤霉素、萘乙酸、生长素、硼酸等促进花粉萌发、生长、受精的药剂处理雌蕊,有助于获得种子。如梅花种间杂交通常用 50 ~ 100 mg/L 的赤霉素处理柱头,可提高结实率。兰科植物杂交时,在柱头上涂抹 2,4,5-三氯化苯基醋酸,可促进杂交成功。

6)离体授粉、试管受精

雌蕊的离体授粉是在母本花药未开裂时切取花蕾灭菌,剥去花冠、花萼和雄蕊,在无菌操作下,将雌蕊接种在人工培养基上,再进行人工授粉和培养。试管受精,是离体培养未受精的母本胚珠,授以父本花粉或已萌发伸长的花粉管,直到培养成杂种植株的子代。

7)创造适宜的授粉条件

创造有利于花粉萌发和受精的环境条件,在远缘杂交中也是必要的。如金花茶与山茶的远缘杂交中,在温暖少雨的气候条件下结实率显著高于低温多雨条件下的结实率。

11.4.2　克服远缘杂种不育的方法

远缘杂交成功后,通常将远缘杂种的不育或结实率很低的现象称为杂种不育性。主要表现是:杂种种子发育不全、幼胚畸形、无胚乳或有极少胚乳,不能萌发或发芽力极低,成株率更低;杂种植株成熟后不能开花,或雌雄配子不育,因而造成杂种的结实性差,甚至完全不育。克服远缘杂种不育的方法如下:

1)延长杂种生育期

远缘杂种的不育性不是一成不变的,延长杂种生育期有可能使杂种的生理机能逐步趋向协调,从而使生殖机能得到恢复。如米丘林曾用高加索百合和山牵牛百合杂交,获得种间杂交种“紫罗兰香百合”,杂交种在栽培的第一、二年仅开花而不结实,第三、四年得到了一些空瘪的种子,至第七年能产生部分发芽种子。

2)回交法

由于亲本与杂种在染色体和基因的组成上的相似性,增强了亲和力,所以能使不育性得到适当恢复,从而提高其结实率。回交次数不宜太多,以 1 ~ 3 次为宜。至于回交时,用父本还是用母本作轮回亲本,则不仅要看能否促进结实,而且要根据哪一亲本的性状更优良,或要排除哪一亲本的不良影响等综合因素而定。

3)染色体加倍法

远缘杂交由于双亲体细胞染色体数不同、性质不同,而杂种细胞内含有双亲各一半的染色体,因此,在减数分裂时,杂种细胞内不同亲本的染色体之间不能正常配对,不能产生正常的雌雄配子。将杂种的种子或幼苗用秋水仙素处理,使体细胞染色体加倍,则能使它们在减数分裂时,染色体正常配对,从而正常结实。

4)幼胚离体培养

将授粉十几天以上的幼胚,在无菌条件下,接种在怀特培养基上,加少许植物激素,在适温、弱光条件下培养,从而培养成一个完整的植株。该方法可克服由于花粉管不伸长或无法到达胚珠而造成的不亲和。此方法已在烟草属、石竹属、芸薹属等植物的远缘杂交中获得成功应用。

5)加强培育和选择

杂交种最好采用人工催芽,进行营养钵或纸筒育苗的方法,待小苗长大后,再移栽田间。在整个生育期间应加强田间水肥条件和管理。在杂种开花期认真选株进行品系间杂交或回交,都有助于提高杂种结实率。

11.5　杂种优势

11.5.1　杂种优势的概念与表现

基因型不同的亲本杂交产生的杂种(F_1),在生长势、生活力、抗逆性、产量、品质等各方面都优于双亲的现象称为杂种优势(heterosis)。杂种优势是自然界生物的普遍现象,当然,并不是任何两个亲本进行配组得到的杂种都能表现出优势。

杂种优势的表现有三种类型:一是营养型。表现营养器官生长势强,植物的根系发达,茎、叶生长繁茂。二是生殖型。表现为生殖器官发育较强,植物开花多,果实及种子产量高,品质好。三是适应型。表现为杂种第一代有较强的适应性,在抵抗不良环境、抵抗病虫害方面超过双亲。观赏植物的杂种优势一般表现是适应性强,生长健壮,株型、叶形、花型、花姿、瓣型、花色的性状有较高的观赏价值,花径大、花枝长、产花量多等,也有些杂种优势表现为植株矮、花期延迟等。

11.5.2　杂种优势的遗传机理

杂种优势的遗传机理一直都是世界各国学者研究的重要课题,但至今仍未得到定论。目前关于杂种优势的遗传解释主要有以下几种观点:

1)显性假说

显性基因有利于个体的生长发育,杂种优势是由双亲的显性基因在杂种上得到互补的结果。例如,以基因型为 AAbbCCddEE 的甲系与基因型为 aaBBccDDee 的乙系杂交,杂种基因型就是 AaBbCcDdEe。可以看出,甲系只表现 3 个显性性状,乙系只表现 2 个显性性状,而杂种却表现了 5 个显性性状。因此,杂种优于双亲。

2)超显性假说

杂种优势来源于等位基因的异质结合而产生的基因间互作效应,这个假说完全排斥了等位基因间显隐性的差别,排斥了显性基因在杂种优势表现中的作用。例如:a_1a_1 为甲系,a_2a_2 为乙系,其杂种基因型为 a_1a_2。a_1 控制合成一种酶,这种酶使植物体进行一种生理代谢功能,a_2 控制合成另一种酶,这种酶使植物体进行另一种生理代谢功能。可见,甲系和乙系都只能进行一种生理代谢,而杂种可进行两种生理代谢,故杂种优于双亲。早期的超显性假说是基于单一位点的基因效应,部分地解释了杂种优势现象,而对控制植物数量性状的微效多基因之间的相互作用,即上位性效应考虑较少。近年的研究结果表明,非等位基因间的互作效应在杂种优势的形成中起着十分重要的作用。

此外,关于杂种优势的解释还有遗传平衡假说、生活力假说、活性基因效应假说、基因网络系统学说、遗传振动合成学说等。大量研究事实显示:杂种优势的产生不仅与亲本间的遗传差异和基因间的作用效应有关,同时与杂种后代线粒体、叶绿体、核基因组的基因表达差异以及由其形成的基因网络系统的协调功能具有必然的联系。

11.5.3 杂种优势的利用

1)利用杂种优势的基本条件

(1)有纯度高的优良亲本品种或自交系 一般来说,亲本纯合度越高,F_1代杂合度就越高,杂种优势越强。园林植物中的自花授粉植物或自交不亲合的花卉,本身基本上是纯合的,可直接采用品种间杂交的方法产生 F_1 代种子。而异花授粉的植物则应通过建立自交系或"三系"(不育系、保持系、恢复系)的方法使亲本纯合。

(2)选配强优势组合 一般应选双亲遗传差异大、表现优良、配合力高、适应性强的杂交组合。要通过多次组合筛选,经过多年、多点的试验才能确定优势强的杂交组合。

(3)亲本繁育和制种工序简便,种子生产成本低 生产上大面积使用杂交种时,必须建立相应的种子生产体系,这一体系包括亲本繁殖和杂交制种两个方面,以保证每年有足够的亲本种子用来制种,以及有足够的 F_1 种子供生产使用。特别是制种方法必须简便,以降低杂种生产成本,便于推广利用。

2)利用杂种优势的途径(杂交种子的生产)

(1)人工去雄 对于去雄和授粉方便,杂交一朵花可获得大量种子的植物,可采用人工去雄的方法。如雌雄异花的玉米、自花授粉的烟草等。雌雄同花的观赏植物,若其雄蕊数较少,雄蕊较大,也可用这种方法,如君子兰、杜鹃、百合等。

(2)化学杀雄 化学杀雄是在植物花粉分化以前或在花粉发育过程中,使用某些化学药剂,破坏植物雄配子形成过程中细胞结构及正常生理功能而造成雄蕊不育,达到去雄目的。目前发现的化学杀雄剂有顺丁烯二酸联氨(MH)、2,4-D、萘乙酸(NAA)、赤霉素、核酸钠等数十种。因为各种药物对不同植物或同一种植物不同发育时期的反应有差别,气候条件对杀雄效果也有影响,残毒无法根除,对人、畜造成威胁,所以化学药剂杀雄制种还有待研究。

(3)利用自交不亲和性 有些异花授粉植物,它们的雄蕊虽然正常,能产生有育性的花粉,但自交不结籽或结籽很少,称为自交不亲和性。利用这样的植物为母本,可省去去雄工作。如果双亲都用自交不亲和性,就可互为父、母本,2 个亲本上采收的种子都是杂交种。

(4)标志性状的利用 给父本选育或转育一个苗期出现的显性性状,给母本选育或转育一个苗期出现的隐性性状,父、母本放任杂交,从母本上可收获自交的或杂交的两种种子。播种后根据标志性状间苗,除去具有隐性性状幼苗即假杂种,留下具有显性性状的幼苗,这些留下的幼苗植株就是杂种植株。

（5）利用单性株制种　　选育单性株系作为母本生产杂交种子,可使去雄工作降至最低限度,从而减少制种成本。目前这一方法已在一些瓜类植物中得到很好的应用。

（6）利用雄性不育系　　利用雄性不育系作母本杂交制种,可以省去人工去雄的麻烦,是目前广泛采用的方法。

①选育不育系和保持系　　首先要获得质核型不育植株,通过自然突变、远缘杂交、人工诱变等均可产生不育植株,还可直接从外地引入不育植株。然后用同类型的优良品种 A 为父本与不育植株多次回交,通过核基因代换的方式,得到 A 品种的不育系,同时,A 品种为其保持系。用同样的方法,可得到 B 品种的不育系,则 B 为保持系。

②选育恢复系　　恢复系的选育有多种方法。一般多用测交筛选法。用多个类型的优良品种为父本和不育系分别杂交,然后对全部后代进行观察比较,选出观赏价值高,综合性状好,表现优越的父本,此父本即为恢复系。园林植物不同于大田作物,F_1 代是否结籽,则显得不甚重要。

③三系配套利用　　配制杂交种要三系配套。雄性不育系作为配制杂种的母本,雄性不育恢复系作为配制杂种的父本,而雄性不育保持系,则作为专门繁殖不育系的父本,如图 11.5 所示。

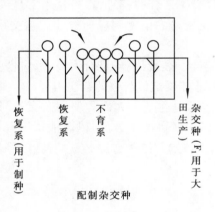
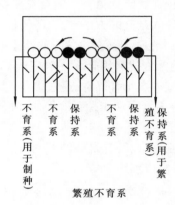

图 11.5　"三系两区"生产 F_1 配套利用示意图

3）制种管理及注意事项

（1）制种区良好的环境条件　　制种区要求良好的栽培条件和先进的栽培措施,有利于获得大量的种子;还有安全隔离防止非父本的花粉干扰,有利于杂种种子的纯度和质量。如有可能,最好选择在不同的地方配制不同亲本的 F_1 杂种,或者将不同组合分散给经过专业培训的农户制种,公司负责供给亲本,一个农户制一个种,以保证制种质量。

（2）确保纯正的自交系选　　制种区的父母本要认真去杂去劣,保持种性。对于异花授粉植物,随着自交世代的不断提高,自交系的生活力和抗逆性等往往会出现衰退,可适当采用自交系内姊妹株间杂交以增加其活力。

（3）合理播种　　在制种区内,父母本分行相间种植。在保证有足够父本花粉供应的前提下,应尽量增加母本的行数,以便多采收杂种种子,从而降低种子生产成本。

父母本播种的时间必须保证父、母本的花期相遇,这是杂交制种成败的关键。另外,制种区要力争做到一次性播全苗,这样既便于去雄授粉,又可提高种子收获量。播种时必须严格将父本行和母本行区分开,并做好记录,避免错行、并行、串行和漏行。

（4）采用相应的去雄方法 根据植物的特点和去雄授粉技术的掌握情况,采用相应的去雄授粉方法,做到去雄及时、干净,授粉良好。对于一些自然授粉效果不佳的植物,可辅以人工授粉,以提高结实率,增加种子产量。

（5）种子成熟后要及时采收 根据父母本的特点进行分收、分藏,并编上号码,严防人为混杂。采收杂种种子自然晾干后,进行筛选,除去瘪粒,然后将纯净饱满的杂种种子进行相应的技术处理(如制作包衣等),分装销售。

复习思考题

1. 简述杂交育种的一般操作步骤。
2. 怎样选择和选配亲本?
3. 如何进行花期调整?
4. 如何克服远缘杂交的不育性和不亲和性?
5. 花卉杂种优势如何利用? 制种中应注意哪些问题?
6. 对照优势法:杂种一代与对照品种较好的推广品种作比较。

12 诱变及倍性育种

微课

[本章导读]

　　诱变育种是人为地采用物理、化学方法,诱发有机体产生遗传物质的突变,经选育成为新品种的育种途径。诱变育种的特点在于突破原有基因库的限制,用各种物理或化学的方法,诱发并利用新的基因,用以丰富种质资源和创造新品种。本章主要介绍倍性变异的规律、诱变育种的原理方法、发展前景及其在园林植物育种中的应用。

12.1 诱变育种

　　人工利用理化因素诱发植物或植物材料发生遗传突变,并将优良突变体培育成新品种的育种方法,称为诱变育种(mutation breeding)。诱变育种常分为物理诱变和化学诱变两种。

12.1.1 化学诱变育种

1)化学诱变育种的特点

　　化学诱变育种是利用化学诱变剂诱发园林植物产生遗传变异,以选育新品种的技术。其特点如下:

　　(1)操作方法简便易行　与辐射诱变相比价格低廉,不需昂贵的 X 光机或 γ 射线源,只要有足够的供试材料,便可大规模进行,并可重复试验。

　　(2)专一性强　特定的化学药剂仅对某个碱基或几个碱基有作用,因此可改变某品种单一不良性状,而保持其他优良性状不变。

　　(3)化学诱变剂可提高突变频率,扩大突变范围　化学诱变可诱变出自然界往往没有或很少出现的新类型,这就为人工选育新品种提供了丰富的原始材料。

　　(4)诱变效应多为点突变　化学诱变剂是靠其化学特性与遗传物质发生一系列生化反应

发生作用的,多为基因点突变,且有迟发效应,在诱变当代往往不表现,在诱导植物的后代,才表现出性状的改变。因此,至少需要经过两代的培育、选择,才能获得性状稳定的新品种。

(5)诱变后代的稳定过程较短,可缩短育种年限　经过化学诱变剂处理后,用种子繁殖的一、二年生草花,一般 F_3 代就可稳定,经 3~6 代即可培育出新品种。天然异花授粉或常异交植物,应注意防止种间或品种间天然杂交引起后代分离。对木本、宿根花卉和能用无性繁殖的植物,应采用营养繁殖,以保持其品种特性。

2)常用化学诱变剂的种类

(1)烷化剂　烷化剂是诱发栽培植物突变最重要的一类诱变剂。常用的种类有甲基磺酸乙酯(EMS)、硫酸二乙酯(DES)、亚硝基乙基脲(NEH)、亚硝基乙基脲烷(NEU)、乙烯亚胺(EI)等。

烷化剂具有烷化作用,通过反应,使 DNA 键断裂或使碱基从 DNA 链上裂解下来,造成 DNA 的缺失及修补,导致遗传物质结构功能改变,引起有机体变异。

(2)核酸碱基类似物　具有与 DNA 碱基类似的结构。常用的有 5-溴尿嘧啶(5-BU)、5-溴去氧尿嘧啶核苷(5-BUdR)、2-氨基嘌呤(2-AP)、8-氮鸟嘌呤、咖啡碱、马来西酰胺(MH)。

碱基类似物不妨碍 DNA 复制,作为组分渗入到 DNA 分子中去,使 DNA 复制时发生偶然的配对上的错误,从而引起有机体的变异。

(3)其他诱变剂　报道的药剂种类较多,如亚硝酸(HNO_2)在 pH = 5 以下的缓液中,能使 DNA 分子的嘌呤和嘧啶基脱去氨基,使核酸碱基发生结构和性质的改变,复制时不能正常配对,造成 DNA 复制紊乱。羟胺(NH_2OH)、吖啶类(嵌入剂)、叠氮化钠(NaN_3)、秋水仙碱、石蒜碱等物质,均能引起染色体畸变和基因突变。

3)化学诱变的方法

(1)操作步骤和处理方法

①药剂配制　诱变处理时通常先将药剂配制成一定浓度的溶液。如硫酸二乙酯在水中不溶解,可先用少量 70% 酒精溶解,再加水配成所需浓度。有些药剂如烷化剂类能与水起水化作用,产生无诱变作用的有毒化合物,配好的药剂不能贮存,最好加入 0.01 mol/L 磷酸缓冲液,pH 分别为:EMS 和 DES 为 7,NEH 为 8。亚硝酸在使用前用亚硝酸钠加入到 pH = 4.5 的醋酸缓冲液中生成硝酸使用。

②试材预处理　在化学诱变剂处理前,将干种子用水预先浸泡。浸泡后种子即被水合,从种子中析出游离代谢物和萌芽抑制物等水溶性物质,使细胞代谢活跃,提高种子对诱变剂的敏感性,浸泡还可提高细胞膜的透性,加快对诱变剂的吸收速度。如能在水中加入适量生长素,更可提高诱变效果。

③药剂处理　根据诱变材料的特点和药剂的性质,处理方法有以下几种:

a.浸渍法　将种子、枝条、块茎等浸入一定浓度的诱变剂溶液中,或将枝条基部插入溶液,通过吸收使药剂进入体内。

b.涂抹或滴液法　将药剂溶液涂抹或缓慢滴在植株、枝条或块茎等处理材料的生长点或芽眼上。

c.注入法　用注射器将药液注入材料内,或先将材料人工刻伤成伤口,再用浸有诱变剂溶液的棉团包裹切口,使药液通过切口进入材料内部。

d.熏蒸法　在密封的容器内使诱变剂产生蒸汽,对花粉等材料进行熏蒸处理。

e.施入法　在培养基中加入低浓度诱变剂溶液,通过根吸收进入植物体。

（2）影响化学诱变效应的因素　影响化学诱变效应的因素除诱变剂本身的理化特性和被处理材料的遗传类型及生理状态外,还有以下几点:

①浓度与处理时间　适宜的处理时间,应是使被处理材料完全被诱变剂所浸透,并有足够药量进入生长点细胞。种皮渗透性差时,应适当延长处理时间。低温低浓度或在诱变剂中加缓冲液时,可长时间处理。对易分解的诱变剂,只能用一定浓度在短时间内处理。

②温度　温度对诱变剂的水解速度有很大影响,随着温度的降低,诱变剂水解半衰期大大延长,从而能与材料发生作用。但当温度增高时,可促进诱变剂在材料体内的反应速度和作用能力。因此,一般先在低温（0～10 ℃）下浸泡种子,使诱变剂进入胚细胞,然后再转入新鲜诱变剂溶液内,在40 ℃下进行处理。

③溶液 pH 及缓冲液的使用　烷基磺酸酯和烷基硫酸酯等诱变剂水解后产生强酸,如亚硝基甲脲在低 pH 时分解产生亚硝酸,在碱性下则产生重氮甲烷,故用一定 pH 的磷酸缓冲液在处理前和处理中校正溶液 pH,可提高诱变剂在溶液中的稳定性,浓度不宜超过 0.1 mol/L。

（3）化学诱变处理应注意的问题

①安全问题　绝大多数化学诱变剂都有极强的毒性,能致癌、腐蚀或易燃易爆,如烷化剂中大部分属于致癌物质,氮芥类易造成皮肤溃烂,乙烯亚胺有强烈的腐蚀作用而且易燃,亚硝基甲基脲易爆炸等。因此,操作时必须注意安全,并妥善处理残液,避免造成污染。

②处理后要用清水冲洗　经药剂处理后的材料用清水冲洗 10～30 min 甚至更长时间,以防止残存诱变剂损伤材料。也可使用硫代硫酸钠等化学清除剂清洗,处理后的材料应立即使用。

③播种前防止种子风干,以免提高种子诱变浓度,造成损害。

4）诱变后代的选育

经诱变处理的当代长成的植株称为第一代,以 M_1 表示。M_1 代由于有生理损伤,往往表现出一些形态和生理上的畸变,一般不遗传,如有突变的 M_1 代,植株大多呈隐性,因此 M_1 代不宜进行选择,但应精心培育,尽可能多地保留变异植株。M_2 代植株出现分离,是选择的重点。为增加有益突变出现的几率,M_2 代群体宜大,选择的单株应尽可能多些,对一些萌发能力强和能利用无性繁殖的园林植物,可通过多次摘心、修剪、扦插、嫁接或组织培养等方法,促进内部变异体组织暴露,使扇形嵌合体扩大并得到表现,然后进行株选或芽变选种。M_3 基本稳定,可鉴定后大量繁殖,并进行品种比较试验、生长试验、多点试验及区域试验,品种命名,登记后推广应用。

12.1.2　辐射育种

1）辐射育种的特点

（1）提高突变频率,扩大突变谱　诱变后的突变率可比自然突变率提高 100 倍以上甚至 1 000倍,一般作物诱变率可达 1/30。同时辐射引起的变异类型多,常常会出现自然界尚未出现的或很少出现的新类型。由于突变频率高,突变的范围宽,这就为选育新品种提供了丰富的原始材料。

（2）能改变品种单一不良性状，而保持其他优良性状不变。

（3）增强抗逆性，改进品质　利用诱变育种增强了植物对不良因素的抵抗力。

（4）辐射后代分离少，稳定快，育种年限短　一般一、二年生草花，用种子繁殖的，M_3 代就可稳定，3～6 年可育出新品种。而采用有性杂交的大多要经过 4～6 代才稳定，须经 7～12 年的时间。用无性繁殖的园林植物，诱变后，经无性系鉴定，证明确是遗传优良性状，即可用无性繁殖把突变固定下来，育种年限大大缩短，所以用无性繁殖的园林植物诱变更为有利。

（5）能克服远缘杂交的不结实性　在亲缘关系远的种或属间杂交不能结实时，可以用适当剂量的射线处理花粉，然后再杂交，可以提高结实率。

从上面可以看出，辐射育种有许多特点和优点，但是亦存在不少缺点，如辐射突变方向是不定的，目前很难人为地控制它；有益突变率还比较低，有时发生逆突变，恢复原来的性状等，所以诱变育种法要与其他育种法结合，以期收到更好的效果。

2）辐射源和辐射剂量

（1）常用辐射源　常用的辐射源有 X 射线、γ 射线、β 射线、中子、激光等。

X 射线是不带电荷的中性射线，波长 0.001～1 nm，由 X 光机产生。

γ 射线由 ^{60}Co 和 ^{137}Cs 及核反应堆产生，也是不带电荷的中性射线，波长 0.000 1～0.001 nm，穿透力比 X 射线强。

β 射线可由放射性同位素 ^{32}P 和 ^{35}S 产生，是一束电子流，穿透力低，通常配成溶液处理材料，渗入细胞核中起作用（内照射）。

中子是不带电的粒子，由核反应堆、加速器或中子发生器产生，依能量大小分为超快中子、快中子、中能中子、慢中子、热中子，应用最多的是热中子和快中子。中子诱变力强，在植物育种中应用日益增多。

激光由激光器产生，具有方向性好、单色性好（波长完全一致）等特点，除光效应外，还伴有热效应、压力效应、电磁场效应，是一种新的诱变因素。

（2）辐射剂量及其单位　辐射的剂量是对辐射能的度量，指在单位质量的被照射物质中所吸收的能量值。

①照射量和照射量率　照射量（X），只适用于 X 和 γ 射线。照射量是指 X 或 γ 射线在单位质量空气中的电离量。照射量的国际单位（SI）是库伦/千克（C/kg）。

照射量率是指单位时间内的照射量，其单位是库伦/（千克·秒）［C/（kg·s）］。

②吸收剂量和吸收剂量率　吸收剂量（D）是指受照射材料所吸收的辐射能量。

吸收剂量的国际单位（SI）是戈瑞（Gy），可用来度量各种射线的辐射。

1 戈瑞（Gy）＝使 1 kg 物质吸收 1 J 能量时的辐射剂量，1 Gy = 1 J/kg。

③中子通量（积分流量）　是度量中子辐射的剂量单位。以每平方厘米上通过的中子总数来确定，即 n/cm^2（中子数/平方厘米）。

（3）放射性强度单位　是用来表示放射性元素的放射性大小的，其单位是居里（Ci）。是指放射性元素每秒内进行 3.7×10^{10} 次核衰变的强度为 1 居里。由于这个单位太大，因此通常用毫居里（mCi）和微居里（μCi）来表示。放射性强度的国际单位（SI）是贝克雷尔（Bq），是指放射性元素每秒衰变一次为 1 Bq。

Bq 与 Ci 的换算关系是：$1 Bq = 2.7 \times 10^{-11} Ci$。

3)适宜剂量和剂量率的选择

在辐射中选用适宜剂量和剂量率是提高诱变效率的重要因子。选用原则可把握"活、变、优"三方面,"活"指处理后代有一定成活率,"变"指成活个体中有较大的变异效应,"优"指产生的变异中有较多的有利突变。

植物因不同种类、品种的遗传特性差异,以及组织器官、发育阶段和生理状态不同,对辐射的敏感性存在很大的差异。对同一品种来说,根比枝干敏感,枝条比种子敏感,性细胞比体细胞敏感,年幼器官比老器官敏感。所以,应在参考前人经验的基础上进行预备试验。部分花卉植物辐射处理的适宜剂量见表12.1。

表12.1　常见园林花卉的植物辐射诱变剂量

植　物	处理部位	γ或X射线剂量 /kR	植　物	处理部位	γ或X射线剂量 /kR
波斯菊属	发根的插条	2	绿梣	干种子	<15
大丽花属	新收获的块茎	2~3	黄忍冬	干种子	10
石竹属	发根的插条	4~6	沙棘	干种子	10
唐菖蒲属	休眠的球茎	5~20	瘤桦	干种子	10
风信子属	休眠的鳞茎	2~5	山楂	干种子	10
鸢尾属	新收获的球茎	1	银槭	干种子	10
郁金香属	休眠的鳞茎	2~5	毛桦	干种子	<10
美人蕉属	根壮茎	1~3	辽东桦	干种子	5
杜鹃属	发根的幼嫩枝条	1~3	欧洲桤木	干种子	1.5~5
蔷薇属	夏芽	2~4	灰赤杨	干种子	1~5
蔷薇属	幼嫩休眠植株	4~12	欧洲赤松	干种子	1.5~5
仙客来	球茎	10	西伯利亚冷杉	干种子	1.5
绣线菊	干种子	30	欧洲云杉	干种子	0.5~1
小檗	干种子	>60	香椿	干种子	12
大叶椴	干种子	30	啤酒花	干种子	0.5~1
龙舌兰	干种子	6~8	茶条槭	干种子	15
石榴	干种子	10	桃色忍冬	干种子	>15
樱桃	休眠接穗	3~5	树锦鸡儿	干种子	15

注:照射量R = 2.58 × 10^{-4} C/(kg·s)

4)辐射处理的方法

应用射线处理植物材料一般分为外照射和内照射两种方法。植物材料受到体外辐射源发出的射线照射称外照射。内照射是把某种放射性同位素引入被处理的植物体内,植物材料受到体内辐射源发出的射线照射称内照射。

(1)外照射　外照射有急性照射(几分钟、几小时)、慢性照射(长时期甚至整个生长期)、重

复照射(多次照射)。外照射按处理植物器官部位的不同,可分为以下几种:

①种子照射　用射线处理种子可以引起生长点细胞的突变,可采用干种子、湿种子或萌动种子进行处理。但一般多采用干种子,因其具有处理量大、便于运输,操作简便等优点。供辐射处理的种子应精心挑选,以保证种子纯净、饱满、成熟度一致,并测定出含水量和发芽率。以含水量在 12% ~13% 的种子比较适合。处理的种子应及时播种,否则会产生贮存效应。

②营养器官照射　用枝条、块茎、鳞茎、球茎等营养器官进行照射处理,是无性繁殖植物辐射育种常用的方法,枝条应组织充实、生长健壮、芽眼饱满、利于嫁接成活,照射后用作插穗的,照射时用铅板防护基部(生根部位),减少吸收射线,利于扦插生根。芽原基所含细胞数越少,照射后可得到较多的突变体。

③植株照射　小的生长植株可在 ^{60}Co γ 照射室进行整株或局部急性照射,如对生根试管苗可进行较大群体处理;大的生长植株一般在 ^{60}Co γ 圃场进行田间长期慢性照射,注意小植株照射时要用铅板防护根。

④花粉照射　辐射花粉最大的优点是很少产生嵌合体,一旦产生突变,与卵细胞结合产生的植株即是异质结合体。照射方法有两种:一是将花粉收集于容器中照射或采集带花序的枝条于开始开花时照射;二是直接照射植株上的花粉。

⑤子房照射　照射子房也具有不易产生嵌合体的优点。处理子房不仅有可能诱发卵细胞突变,而且可能影响受精作用,诱发孤雌生殖,对自交亲和植株进行子房照射时,应先进行人工去雄,照射后用正常花粉授粉。

⑥其他　对愈伤组织、单细胞、原生质体及单倍体材料辐射处理,可避免和减少嵌合体的形成。辐射单倍体的突变,经加倍后可获得二倍体纯系。

(2)内照射　目前常用于内照射的放射性元素有:放射 β 射线的 ^{32}P,^{35}S,^{45}Ca,放射 γ 射线的 ^{65}Zn,^{60}Co,^{59}Fe 等。内照射的处理方法有以下几种:

①浸泡法　将放射性同位素配成溶液,浸泡种子或枝条,使放射性物质渗入组织细胞内部进行照射。

②注射或涂抹法　将放射性同位素溶液注射入枝、干、芽、花序内,或涂抹于枝、芽、叶片表面及枝、干刻伤处。

③饲喂法(施肥法)　将放射性同位素施入土壤或培养基,通过根吸收,或用 ^{14}CO$_2$ 被叶子吸收,借助光合作用形成产物,进行内照射。

5)辐射后代的选育

(1)种子辐射后代的选育　由于种子的种胚是多细胞组织,照射后往往不是胚中所有的细胞都发生变异,变异只是在个别细胞中发生的。因此,由这样的种子发育成的 M_1 植株组织是异质嵌合体。M_1 突变一般呈隐性,只有经过 1 ~2 代自交后,突变遗传物质植株中呈同质结合的情况下,这时在辐射的后代中(大多从 M_2 代开始)便出现性状分离的现象,隐性突变才可能显现出来。在辐射第一代中往往会有一些畸形植株出现,如缺叶绿素的白化苗,有的叶缘缺刻呈深裂等;一些植株表现出生理损伤,如种子发芽缓慢,植发育延迟等,在高剂量情况下表现更为突出,但是 M_1 代这些形态和生理上的变异,大多数是不遗传的,所以一般不进行选择,如果有个别显性突变和品种不纯,M_1 代出现分离也可进行选择,视具体情况而定。由于 M_1 代有生理损伤,在苗期需加强管理,减少死苗,增加成活率。

M_2 代是株选工作的重点,在整个生育期中要进行仔细的观察比较,根据育种目标选择所需要的突变体,选择的株数在可能条件下要适当多一些,以便反复比较,进一步筛选。经鉴定后即可繁殖推广,或用于杂交的原始材料。对于"微突变"的变异类型,在 M_2 代还不容易鉴别,只能在 M_2 代和其以后各世代中进行选择。

(2)无性繁殖器官辐射处理后的选育　异质的园林植物辐射后往往在当代就表现出来,故选择可在 M_1 代进行。经过辐射处理的无性繁殖器官,在萌发过程中,发生变异的细胞往往分裂较慢,生活力弱,生长发育不如正常细胞,如不加以人工扶植,正常细胞往往占了主导地位,而慢慢恢复原来的性状。为了给发生变异的细胞创造良好的生长发育条件,促使它增殖,让突变表现出来,所以要采取一些人工措施,如多次摘心、修剪等,促使从植株基部萌发或促使从茎部长出更多的侧枝,然后分别扦插或嫁接,以增加选择的机会。

12. 2　倍性育种

12. 2. 1　单倍体育种

单倍体通常指由未经受精的配子发育成的含有配子染色体数的体细胞或个体。利用植物的配子体诱导单倍体植株,经染色体加倍成为纯系,然后进行选育的育种技术称单倍体育种。

1)单倍体育种的意义

单倍体植物本身没有利用价值,但其作为育种工作的一个中间环节具有十分重要的意义。

(1)克服杂种分离,缩短育种年限　在杂交育种中,由于杂种后代不断分离,要得到一个稳定的品系,一般需要 4~6 代。再加上品种评比试验等工作,对于一年生植物,要培育出一个稳定的新品种,就要 6~7 年甚至 8~9 年的时间。而对多年生植物,常规方法培育出新品种就需要更长的时间。如果采用单倍体育种法,采用杂种一代(F_1 代)或杂种二代(F_2 代)的花粉进行培养,再经染色体加倍就可获得纯合的二倍体,而这种二倍体具有稳定的遗传性,不会发生性状分离。因此从杂交到获得稳定品系,只需经历两个世代的时间,一般 3~4 年即可,从而大大缩短了育种的年限。

(2)与诱变育种相结合,可提高选择的正确性和效率　单倍体植株只有一套遗传物质,在性状表现上不存在显性对隐性的掩盖。以单倍体为诱变材料,经诱变处理后,不论是显性突变还是隐性突变,在处理当代就能表现出来。一旦选出优良的突变植株,经染色体加倍便可得到纯合的突变品系,从而提高诱变育种的效果。

(3)克服远缘杂交不育性与分离的困难　远缘杂交,由于亲本的亲缘关系较远,后代不易结实,而且杂种后代的性状分离复杂,时间长,稳定慢。通过花粉培养,则可以克服远缘杂种的不育性和杂种后代呈现的复杂分离现象。因为尽管远缘杂种存在不育性,但并不是绝对不育,仍有少数或极少数花粉具有生活力。这样就可通过对这些可育性花粉的人工培养,使其分化成单倍体植株,再经染色体加倍,就可形成性状遗传稳定,纯合的二倍体新品系。

(4)快速培育异花授粉植株的自交系　在异花授粉的园林植物杂种优势利用中,为了获得自交系,按常规的方法需投入很多人力、物力,进行连续多年的套袋去雄和人工杂交等烦琐工作。如果采用花粉培养单倍体植株,经染色体加倍,只需一年时间,就可获得性状遗传稳定的纯系。

2）单倍体植物的特点及其产生途径

（1）单倍体植物的特点 体细胞内含有配子染色体组的植物称为单倍体植物,在自然界中大多数植物都是二倍体,因此,一般认为单倍体植物的体细胞内只有一套完整的染色体。与二倍体比较其形态基本上与二倍体相似,只是发育程度较差,植株的生活力较弱,个头较矮,叶片较薄,花器较小,并且只能开花不能结实,因此单倍体植株具有高度不孕性。但是如果采用人工法将单倍体植物的染色体加倍,使其成为纯合二倍体,就能恢复正常的结实能力。而这种纯合二倍体植物是快速培育优良品种的极好材料。

（2）获得单倍体的途径 只要能诱发植物单性生殖,即可获得单倍体。获得单倍体植物的途径有3种:

①孤雌生殖 即由植物胚囊中的卵细胞或极核细胞不经受精单性发育而获得植株。

②无配子生殖 即胚囊中的反足细胞或助细胞不经受精单性发育成植株。

③孤雄生殖 即花药或花粉离体人工培养,使其单性发育成植株。

以上3种统称为无融合生殖。由于诱导孤雌生殖、无配子生殖不易进行,且诱导的单倍体频率极低,因此,在育种和生产实践中,目前主要采用花粉或花药离体培养的方法来获得单倍体植物。

（3）单倍体植株的染色体加倍 由于花粉（花药）培养出的小植株是单倍体,没有直接利用价值,但对其染色体加倍后,在育种上就会产生重要的利用价值。

花粉植株染色体加倍可在两个阶段进行,一是在试管内的培养阶段进行,二是在花粉植株定植后进行。

在试管内的培养阶段进行染色体加倍的方法有两种:

①在培养基中加入一定浓度的秋水仙碱,使愈伤组织或胚状体的染色体加倍。但采用这种方法往往会影响愈伤组织或胚状体的诱导率及小植株的分化率。

②通过愈伤组织或下胚轴切断繁殖,使之在培养过程中染色体自然加倍。如枸杞花粉培养过程中采用此法可得到一些染色体已经加倍的小苗。

在多数情况下,对花粉植株染色体加倍是在花粉植株定植后再进行,这时可用一定浓度的秋水仙素处理小植株的茎尖生长点使其染色体加倍。

（4）花粉植株染色体鉴定和后代的选择培育 经培养获得的单倍体幼苗在定植以后,随着植株的生长,染色体有自然加倍的趋势,如果辅之人工加倍的措施,有可能加速细胞二倍化的过程。鉴定的方法有以下几种:

①观察器官 单倍体植株一般短小。

②观察细胞 单倍体植株细胞及细胞核都较小。

③检查气孔保卫细胞叶绿体数目 一般单倍体叶片和气孔都较小,叶绿体较少。

④观察染色体数目 这是最可靠的鉴定方法,采用染色体压片法,在显微镜下检查根尖、茎尖分生组织的染色体数目。

从杂交的 F_1 或 F_2 代的花粉培养成的植株,由于基因型不同,存在广泛的性状分离现象。其染色体加倍后形成纯合的双二倍体,可为进一步选育提供良好的材料。由于栽培因素等影响,选育工作宜在加倍后的第二代先进行株选,在第三代再进行株系鉴定,区域试验。对表现优良的品系就可进行繁殖、推广。

12.2.2　多倍体育种

1）多倍体的来源及意义

（1）多倍体形成途径　同源多倍体和异源多倍体形成途径基本相似,如同源四倍体可由以下 3 种途径发生:

①受精以后任何时期的体细胞染色体加倍而成四倍体细胞。

②不正常减数分裂,使染色体不减半,形成 $2x$ 配子,和 x 配子结合形成三倍体,与 $2x$ 配子结合形成四倍体,通过自交方式得到 $4x$ 的机会比较多。

③减数分裂后的孢子有丝分裂过程中,染色体加倍,产生 $2x$ 的配子受精发育成四倍体。

异源多倍体的形成也有如下 3 种方式:

①二倍体种属间杂交的体细胞染色体加倍。

②杂种减数分裂不正常,同一细胞中两个物种的染色体没有联合而分配到同一子细胞中产生重组核（ $2x$ ）配子。

③2 个不同种、属的同源四倍体杂交也可以产生异源四倍体。

同源多倍体在减数分裂时,染色体不能正常配对,易出现多价体,致使多数配子含有不正常染色体数,因而表现出育性差,结实率低;异源多倍体在减数分裂时染色体能正常配对,因而自交亲和,结实率较高。

（2）多倍体育种的意义　杂合性是多倍体的基本特性,多倍体比二倍体具有更多杂合位点和更多的互作效应。多倍体比二倍体祖先更能经受起严酷的气候条件以及更能以新的方式开拓可利用的生境。主要特点是相对"巨大性"、某些营养成分含量高、可孕性低、抗性强,如 $4x$ 山杨比 $2x$ 高生长增加 11% ,直径生长增加 10% , $4x$ 百合比 $2x$ 花大 2/3 , $4x$ 的紫罗兰、桂竹香芳香性强,蜜腺多, $3x$ 的杜鹃花期特别长。

2）多倍体诱变

（1）诱导多倍体材料的选择　人工诱发多倍体能否成功与选用的诱导材料有密切关系,所以应特别注意选取具有良好遗传基础的类型作亲本。亲本选择一般考虑以下几点:

①杂合性材料优于纯种材料。

②选用染色体倍数少的植物。

③选用异交植物,尤其是将多倍化与远缘杂交结合起来更有效,不仅有助于克服杂种难育性,而且可合成新的类型或新种。

④能进行无性繁殖的植物。

（2）秋水仙素诱变多倍体　人工诱变多倍体方法较多,如用温度骤变、机械损伤、电离和非电离辐射、离心力等物理方法,用萘嵌戊烷、吲哚乙酸、富民农等化学方法,但应用最广而且效果好的是秋水仙素诱变。

秋水仙素是从百合科的秋水仙属植物的一些器官和种子中提取出来的一种剧毒植物碱,其分子式为 $C_{22}H_{25}NO_6$ 。通常以水或酒精作溶剂,其作用是使染色体在细胞分裂中不能向两极移动,从而使胞内染色体加倍。

秋水仙素诱变多倍体的方法如下：

①种子浸渍法　种子浸渍法是一种简便的方法。它是在培养器中放入一定浓度的秋水仙素溶液，其量为淹没种子的2/3为宜。然后，将干种子或开始萌动的种子浸入其中，盖上盖子，放于黑暗处。处理的时间为1~6 d不等，但通常为24 h，时间太长容易使幼根变肥大而根毛的发生受到阻碍，从而影响幼苗的生长，最好是在发根以前处理完毕。处理完毕后应用清水洗净再播种于土中。

②点滴法（滴定法）　用滴管将秋水仙素水溶液滴在子叶、幼苗的生长点上。一般6~8 h滴1次，若气候干燥，蒸发快，中间可加滴蒸馏水一次，如此反复处理一至数日，使溶液透过表皮渗入组织内起作用。若水滴很难在生长点处存留，可在其上置一小棉球，然后滴下。处理时应将幼苗置于暗处，并保持室内湿度。此法可使根系免于药害，药液也较节省。

③毛细管法　将植株的顶芽、腋芽用脱脂棉或纱布包裹后，将脱脂棉或纱布的另一端浸在盛有秋水仙素溶液的小瓶中，小瓶置于植株旁，利用毛细管吸水作用逐渐把芽浸透，此法一般用于大植株上芽的处理。

④羊毛脂法　用羊毛脂与一定浓度的秋水仙素溶液混合成膏状，将软膏涂于苗的生长点即可。另外，也可用琼脂代替羊毛脂，使用时稍加温后涂于植物的生长点处，作为琼脂被膜，其效果与羊毛脂相同。

⑤球根处理　球根类花卉，因生长点在球根的内部，故处理不便，虽可用注射法处理，但应用较少。百合类因用鳞片繁殖，可将鳞片浸于0.05%~0.1%的秋水仙素水溶液中，经1~3 h后进行扦插，可得到四倍体球芽。唐菖蒲的实生小球也可用浸渍法来促使染色体加倍。

⑥复合处理　据山川邦夫（1973年）报道，将好望角苣苔属（苦苣苔科）中的一些种用秋水仙素处理11 d，又照射0.04~0.05 Gy的X射线，可增加染色体加倍株的出现率。在单独用秋水仙素处理时为30%，而兼用X射线照射时则提高到60%，并且在取得的多倍体植株中发现有两株变成八倍体。

此外，注射法、喷雾法、培养基法等几种处理方法都有一定的处理效果。

秋水仙素诱导应注意的问题：

①对生长点的处理越早越好，通常是萌动或刚发芽的种子，正在膨大的芽、根尖、幼苗等。

②处理期间，在一定限度内，温度越高，成功的可能性越大。温度较高，处理时所用的浓度要低一些，处理时间短一些；相反，温度较低时，处理的浓度要大一些，处理时间也要长一些。

③一般常用0.2%水溶液。草本花卉植物较低（0.01%~0.2%），观赏树木较高（1%~1.5%）。

④植物组织经秋水仙素处理后，在生长上会受到一定影响，如果外界条件对它生长不适宜，也会使试验失败，所以要注意培育和管理。

⑤处理后须用清水冲洗，避免残留药迹。

（3）有性杂交培育多倍体

①不同倍性体间杂交　当某园林植物中存在有可育的不同倍性体时，利用不同倍性体杂交是获取新的多倍体最为简捷而有效的途径。如三倍体无籽西瓜，就是利用二倍体和四倍体西瓜间杂交而获得的。

②天然或人工未减数配子杂交　目前在园林绿化中大量使用的三倍体毛白杨，就是直接利用天然未减数的$2n$花粉与正常减数分裂的雌配子杂交获得的。人工通过秋水仙素或高温等诱

导方法来处理雌雄配子体,可获得未减数的雌雄配子,与正常异性配子杂交得到三倍体植株,或用处理后未减数的雌雄配子杂交,可获得四倍体类型。

(4)通过组织培养获得多倍体　各种植物在组织培养中,常发生染色体倍性的变化。如:D. A. Evans 报道石刁柏和胡萝卜的组织培养过程很容易产生四倍体。

另外,通过胚乳培养可获得三倍体植株,应用细胞融合技术也可创造异源多倍体。

3)多倍体鉴定与后代选育

(1)多倍体的鉴定

①形态比较　将处理的和未处理的对照进行外部形态的比较,如叶片肥厚、节间变短、花冠明显增大、花色较深等,对初步认为是多倍体的,可进一步检查。

②气孔鉴定　观察气孔和保卫细胞的大小是较为可靠的鉴定方法。由于气孔增大,单位面积内的气孔数目少也可作为鉴定多倍体的根据,但这一指标只能与植物处在同一发育时期和同一外界条件之下时比较才有实际意义。如中国农业科学院蔬菜研究所诱变的萝卜多倍体,其叶片气孔保卫细胞平均大小为 $32.2~\mu m \times 20.2~\mu m$,而正常二倍体为 $25.5~\mu m \times 18.7~\mu m$。

③花粉粒鉴定　与二倍体相比较,多倍体花粉体积大、生活力低。有些多倍体(如三倍体)甚至完全不孕。

④梢端组织发生层细胞鉴定　用切片染色法比较组织发生层的三层细胞和细胞核的大小,可以看到多倍体的细胞及核都比二倍体大。

⑤小孢子母细胞分裂的异常行为　无论是三倍体或同源四倍体,小孢子母细胞在减数分裂中都有异常行为,这可作为鉴定多倍体的标志。染色体的异常行为包括染色体配对不正常,有单价体和多价体,有落后染色体、染色体分离不规则、数目不均等,有多极分裂、微核小孢子数目和大小不一致等。

⑥染色体计数　对多倍体植物更精确的直接鉴定法,就是用植物的根尖细胞、茎尖细胞或花粉母细胞在分裂过程中制片染色,在显微镜下检查其染色体数目是否真正加倍,鉴定整倍性变异还是非整倍性的变异。

(2)多倍体后代的选育　大多数园林植物可用无性繁殖。人工诱导多倍体成功后,一旦出现我们所期望的多倍体植株,毋须进一步选育,即可用无性繁殖的方法进行繁殖和利用。但需用种子繁殖的一、二年生草本植物,诱导成功的多倍体后代中往往会出现分离,所以须用选择的方法,不断选优去劣。有的多倍体缺点还较多,需要通过常规的良种手段,逐步加以克服。因此,在诱导多倍体时,至少要诱变两个或两个以上的品种成为多倍体。另外还要注意诱导成功的四倍体与普通二倍体的隔离,以免天然杂交产生三倍体后代,但这一点在果树上可以利用。

一般多倍体类型往往需要较多的营养物质和较好的环境条件,所以须适当稀植,使其性状得到充分发育,并注意培育和管理。

复习思考题

1.什么叫辐射诱变育种?它在植物育种上有什么意义?

2.怎样选择辐射材料?对材料如何进行辐射处理?

3.对辐射后代如何进行选择和培育?

4. 什么叫化学诱变？最常用的化学诱变剂有哪几种？

5. 诱变剂处理时应注意什么问题？

6. 单倍体与多倍体各有哪些特点？举例说明在生产上有哪些应用。

7. 花药培养在育种上有什么意义？

8. 用哪些方法可获得观赏植物多倍体？目前最常用的方法是哪一种？怎样进行？

13 园林植物良种繁育

微课

[本章导读]

随着园林事业的迅速发展,园林植物种子、种苗需求的种类和数量日益增多,对种苗的规格、质量提出了更高的要求。良种繁育就是对通过审定的园林植物品种,按照一定的繁育规程扩大繁殖,使良种的种苗保持一定纯度和种性的生产技术。本章主要介绍园林植物良种繁育的任务、良种退化的原因及防止方法、良种的繁育技术。

13.1 园林植物良种繁育的任务

13.1.1 良种繁育的概念

良种繁育(Seed production)就是运用遗传育种的理论和技术,在保持并提高良种种性和生活力的前提下,迅速扩大良种数量、不断提高良种品质的一整套科学的种子、种苗生产技术。良种繁育不是单纯的种子、种苗繁殖,而是品种选育工作的继续和扩大,是种子工作中一个不可分割的重要组成部分,是实现种子质量标准化的根本保证。培育出优良品种后必须经过良种繁育,才能使之在园林事业中发挥应有的作用。

13.1.2 良种繁育的任务

1)在保证质量的前提下,迅速扩大良种数量

通过各种途径育成的优良品种,最初在数量上是有限的,远远不能满足园林绿化和美化的需求。因此,良种繁育的首要任务就是在较短时间内繁殖出大量的优良种子、种苗,从而使优良品种迅速得到推广。这种用新品种在生产上代替老品种的过程称为品种更新。

2)保持和提高良种种性,恢复已退化良种的种性

优良品种在投入生产以后,在一般的栽培管理条件下,常发生优良种性降低的现象,甚至完全丧失栽培价值,最后不得不从生产中淘汰。这在一、二年生草本花卉中表现尤为严重。例如三色堇、鸡冠花、百日草、雏菊、虞美人等,常在栽培过程中出现花朵变小、颜色暗淡、失去光泽、花型紊乱、高低参差不齐等退化现象。对于已经退化的良种,要采取一定的措施,恢复其良种种性,从而延长良种的使用年限。

3)保持并不断提高良种的生活力

在缺少良种繁育制度的栽培管理条件下,许多自花授粉和营养繁殖的良种常常发生生活力逐步降低的现象,表现为抗性和产量降低。生活力降低是导致良种退化的重要原因之一。

除此之外,在良种繁育的过程中,还要进行品种鉴定、种子检验等工作,以便正确判断品种品质。概括地说,良种繁育工作的主要任务就是有组织、有计划、系统地进行品种更换和品种更新,防止退化,保持种性和生活力,以满足生产上对于种植优良品种种子的需要。

13.2 良种退化的原因及防止方法

品种退化是指品种的优良性状变劣。退化的表现有形态畸变、植株高低不齐、花型杂乱、花径大小不一、重瓣性下降、花色混杂、花期不一致、感染病虫害、切花产量降低、花枝变短等,观赏价值和经济价值降低,失去了原来的优良特性。

13.2.1 良种退化的原因

1)机械混杂

机械混杂是指种子在采收、晾晒、贮藏、包装、调运、播种、育苗、移栽、定植等过程中,由于条件所限或人为的因素,使良种的种子或苗木混入了其他品种的种子或苗木,从而降低了良种的纯度。

2)生物学混杂

生物学混杂是良种在繁育过程中接受了其他品种的花粉,造成一定程度的天然杂交而引起的混杂退化现象。生物学混杂在异花授粉植物和常异花授粉植物中最易发生。例如矮金鱼草、矮万寿菊、百日草、鸡冠花、雏菊、矮一串红等,常出现生物学混杂现象,表现为花型紊乱、花色混杂、重瓣性降低、花径变小、花期不一、高度不齐等不良现象。

3)品种本身变异

尽管良种是一个纯系,但由于大多数品种是不同的亲本杂交育成的,其主要性状看起来很一致。但在各株之间的遗传性上都或多或少地存在差异,由于这些内在因素的作用,加之环境条件、栽培技术等外界因素的影响,在繁育过程中,繁殖材料本身不断发生变化,差异增多。

异花授粉的花木自交系是同品种植株间相互传粉,因此其内部的差异不断积累,促使纯系杂化。这种由量变的积累过渡到质变的发生,会使良种失去原有的优良性状。芽变在无性繁殖的园林植物中经常出现,如龙爪槐是国槐芽变的产物,而这种芽变往往是可逆的,这些有利芽变可以发生逆突变,最后产生劣变。而这些劣变往往以微突变的形式存在于个体中,开始人们并未觉察到,但繁育几年后就发现品种优良特性都退化了。

4) 不适宜的环境条件和栽培技术

良种都直接或间接地来自于野生类型,因而含有野生性状的遗传基础。在良好的栽培条件下,优良性状得到表现,野生不良性状处于隐性状态。但是在栽培技术不当或环境条件不适宜时,处于隐性状态的野生不良性状就会表现出来,代替其优良性状,从而引起良种退化。例如三色堇、雏菊在良好条件下,花大、色艳;在不良条件下,花小、晦暗。菊花、翠菊在不良栽培条件下,会发生重瓣性降低(露心)、花瓣变短、变窄等退化现象。

5) 缺乏经常的选择

良种的出现,在很大程度上取决于人们选择的方向。在缺乏选择的条件下,有些花卉品种中,美丽的花色将逐渐减少,而不良或原始花色的比例则逐渐增加。如蒲包花的原始花色是黄色,当黄色、红色、粉红、紫色等品种的蒲包花在一起栽培几年后,如果不加选择,黄色品种比例增加,其他花色的品种就会减少。

许多园林植物品种具有复色花、叶、茎,如不注意对其特有性状的选择,或缺乏对影响其特有性状因素的抑制,也会发生品种的退化。如红黄相间的五色鸡冠花、撒金碧桃、撒金黄杨、金边虎皮兰等。

6) 长期无性繁殖引起的生活力衰退和病毒积累

长期无性繁殖,得不到有性复壮的机会,其细胞的生理活性是逐代走向衰老的。因此,长期无性繁殖的良种都会发生生长势降低、抗性下降、生活力衰退等现象。例如扦插繁殖的杨树和柳树等苗木比实生繁殖的苗木衰老期提早,表现出早期枯梢、树干空心等现象。

许多花卉品种容易感染病毒从而引起退化,特别是无性繁殖的植物,例如郁金香、仙客来、香石竹、唐菖蒲、风信子、菊花等。

13.2.2　防止良种退化的方法

1) 建立完整的良种繁育制度

良种繁殖所用的种子、种苗,应由专门的机构生产。一般由育种者直接生产或在育种者负责的前提下,委托某个场圃生产,即由育种者提供繁殖材料,繁殖后进行田间试验和验收,最后挂育种单位的牌子出售,经济上实行分成;对国外、外地引进推广优良品种,由种子公司委托某个场圃负责生产,然后推广。这种做法可克服"种出多门",甚至偏离标准性状的弊病,减少混杂。

良种繁育防杂保纯工作,不仅应制订各项规章制度,而且应逐步通过立法来保护育种家的权利。1961 年在巴黎签订的《植物专利的国际条约》上规定,各结盟国需共同协力保护育种家的权利,受条约保护的不仅有农作物,也有花卉类。目前世界上许多国家,如美国、意大利、韩国、英国、荷兰、比利时、法国、德国、瑞典、澳大利亚等,制定了国内法令,明确地保护育种者的利益。有的国家,优秀品种的专利还可以继承。

2) 防止混杂

(1)防止机械混杂　严格遵守良种繁育制度,防止人为的机械混杂,保持良种的纯度和典型性。特别要注意以下几个环节。

种子采收：应由专人负责，按成熟期先后进行，收获要及时。落地种宁舍勿留，先收获最优良的品种，种子采收后立即标记品种名称、采收日期等，如发现无名称或无标签的种子应舍去。种子容器必须干净，晾种时各品种应分别用不同容器，同一类型的种子要间隔较大距离。在种子贮藏时，应注意分门别类、井然有序，并不使标签损坏或遗失。

播种育苗：播种前的选种、催芽等工作必须做到不同品种分别处理，器具干净。播种时选无风天气，以免轻粒种子吹到其他苗畦。相似的品种不要相邻种植。播种后必须插上标牌，标记品种名称和播种日期、数量等。并绘制播种布局图，做好记录工作。播种和定植应合理轮作，避免隔年种子萌发而造成混杂。

移植：移植前对所移植品种进行对照检查，核实无误后方可进行。移植时，最好定人定品种，专人移植，并按品种逐个进行。移植后，应绘出定植图，并认真记载。

去杂：在移苗时、定植时、开花初期、开花盛期、开花末期及品种主要性状明显表现出来的时期，分别进行去杂工作，及时拔除杂株。

（2）防止生物学混杂　防止生物学混杂的基本方法是隔离与选择，隔离的方式有空间隔离和时间隔离。

①空间隔离　采用一定的人工措施，从空间隔断风及昆虫等对花粉的传播，从而防止天然杂交的方法称为空间隔离。空间隔离的方法有两种，一是设置隔离区，要求在良种繁殖田的周围，在一定的距离内，不能种植能使良种天然杂交的植物。隔离距离的大小要综合考虑，一般花粉量大的风媒花比花粉量少的虫媒花大，花的重瓣程度小的比重瓣程度大的大，自然杂交率高的植物比自然杂交率低的植物大，播种面积大的比播种面积小的大，无天然隔离区的比有天然隔离区（大水面、林区、山岭）的大（表13.1）。二是设置保护区，在良种种植面积小、数量少的情况下，可以采用温室、塑料大棚、小拱棚种植、覆盖纱网、塑料膜等防止天然杂交。

②时间隔离　采用不同时期播种、分批种植的方法，使同一类植物的开花期不同，从而避免天然杂交的隔离方法称为时间隔离。时间隔离可分为同年度隔离和跨年度隔离。同年度隔离就是把不同的品种在一年内按不同的时期播种，跨年度隔离是把易发生生物学混杂的品种在不同年度播种。

表13.1　部分园林植物的隔离距离

植　物	最小距离/m	植　物	最小距离/m	植　物	最小距离/m
三色堇	30	飞燕草	30	百日草	200
矮牵牛	200	金鱼草	200	金盏菊	400
波斯菊	400	万寿菊	400	石竹属	350
金莲花	400	桂竹香	350	蜀葵	350

（3）加强选择，去杂去劣　去杂是指去掉非本品种的植株和杂草，去劣是指去掉本品种中感染病虫害、生长不良、观赏性状较差的植株。在良种繁育的幼苗期、开花初期、开花盛期等根据品种的特性，做好去杂去劣的选择工作。

（4）改善栽培条件，提高栽培技术　良好的土壤、肥水栽培条件，使良种有充足的营养面积，合理轮作可以减少病虫害发生，采用嫁接繁殖的良种，要选用幼龄砧木、接穗、插条等，成活率高,生长势强。

(5)提高良种的生活力,改变生活环境　用改变环境的办法有可能使种性复壮,保持良好的生活力。这种方法一般是通过改变播种期和异地栽培来实现。改变播种期,可以使植物的各个不同发育阶段与原来的生活条件不同,从而提高生活力。有些植物可改春播为秋播。异地栽培是将长期在一个地区栽培的良种定期到另一地区繁殖栽培,经1～2年再拿回原地栽培,也可提高良种的生活力。此外,采用低温锻炼幼苗和种子,或高温和盐水处理种子,以及对萌动的种子进行干燥处理,都能在一定程度上提高良种抗逆性和生活力。

天然杂交或人工辅助授粉:在保持品种性状一致性的前提下,利用有性杂交,可提高其生活力。对于自花授粉植物,可用同一品种内、不同植株进行杂交,其生活力优势一般可维持4～5代。对异花授粉植物,采用人工授粉方法也可提高后代的生活力。

在品种间,选择具有杂种优势的组合,进行品种间杂交。从而利用杂种间的优势,提早开花,增进品质和抗性。由于杂种一代性状一致,可提高观赏品质。在日本,金鱼草等花卉应用这种方法取得显著效果。

(6)无性繁殖和有性繁殖相结合　许多园林植物既可以无性繁殖也可以有性繁殖。无性繁殖和有性繁殖各有特点,有性繁殖能得到发育阶段低、生活力旺盛的后代,但后代的遗传性容易发生变异,优良性状容易消失;无性繁殖可以稳定保持良种性状,继承良种的遗传基础,但长期无性繁殖,阶段发育将逐渐老化,容易产生生长势、生活力、抗性等方面退化的现象。所以说,两者在良种繁育中交替使用,既可以保持优良种性,又可得到有性复壮,可有效防止良种退化。

(7)脱毒处理　许多园林植物容易感染病毒,特别是营养繁殖的花卉,如大丽花、菊花、香石竹、百合、唐菖蒲、郁金香等,从而引起退化。对这些植物进行脱毒处理,可恢复良种种性,提高生活力。

13.3　园林植物良种繁育

园林植物在园林绿化、盆花栽培、切花栽培中应用非常广泛,其种类繁多、变异丰富,优良品种层出不穷。只有将优良品种通过大量繁育,迅速投入生产及园林应用,才能发挥新优品种的经济效益和社会效益。良种繁育概括地说有两个方面:

①向生产、用苗单位提供品种纯正、种性性状显著、生活力强的优良品种。

②运用各种繁育技术,加速繁殖,提高繁殖系数,满足生产、应用上的数量要求。

13.3.1　良种繁育的程序及方法

1)品种审定

对园林植物新品系进行形态、观赏特性、生物学特性、抗性等评价,要经过品种比较试验,选出表现优异的品种,并通过区域试验,测定其在不同地区的土壤、气候和栽培条件下的适应性和稳定性。在此基础上,确定适应范围和推广地区后,进行生产试验。最后将供试材料的有关审定与试验结果及其对栽培管理技术的要求与反应等资料,呈报上级审查,经确认后再交付种苗部门繁殖推广或交生产者使用。

2）良种繁育的程序

（1）良种繁育圃的建立　对于园林树木优良品种的推广,主要是通过良种繁育圃的建立,通过有性和无性繁殖手段,在保证优良品种质量的前提下,加速繁殖。良种繁育圃包括良种母本园、砧木母本园和育苗圃。

①良种母本园　良种母本园的任务在于提供苗圃繁育良种过程中所需要的大量优良品种的接穗、插条、枝芽以及实生繁殖的种子。母本园的建立,一般根据需要和可能条件进行选址,或选择条件较好、栽培水平较高的苗圃,通过选择母树,改造作为母本园。在条件不允许的情况下,对其中个别优良单株可以采用特殊管理和保护措施,作为采种母树,进行单系繁殖。

②砧木母本园　在嫁接繁殖中,如果嫁接苗所选用的砧木差异很大,对于接穗品种习性会产生不同的影响,使优良品种种性表现出差异或引起退化。有时采用了不恰当的砧木,会因亲和性下降而造成严重损失。因此,在园林树木优良品种选育和良种繁育的同时,还应重视优良砧木品种的选育和建立良好的砧木母本园。如北京地区对榆叶梅优良品种选育时,以前长期采用播种繁殖,结果以后表现出许多退化现象,如花的重瓣性降低、开花少、花朵中等,通过砧木母本园繁殖,选用一、二年生榆叶梅实生苗作砧木,选用优良品种作接穗,进行芽接,效果很好,既缩短了优良品种培育年限,在观察、选择标准上,又易去劣存优。

③育苗圃　育苗圃的任务是繁育品种纯正和高质量的苗木。当今科学的发展,使良种繁育走向具有人工模拟自然条件、电脑控制、有排灌设施、能适应机械化操作、无严重病虫害和自然灾害的大型的、高质量的育苗圃。国内育苗单位也在不同程度地学习和引入国外先进的育苗经验和设备,逐步创造条件向生产育苗的专业化方向迈进。

（2）采用先进的育苗技术　越来越多的高新技术的运用,使产业化、商品化种苗生产的效率越来越高。例如,利用全光照自动喷雾技术来提高苗木扦插成活率,采用容器育苗可提高出苗率与壮苗的数量。计算机控制的大型自动化育苗已经得到应用,即用计算机控制育苗过程中的温度、湿度、光照、水分、营养等因素,从而使种苗繁殖效率迅速提高。

采用组织培养繁育种苗也是理想的生物技术之一,即在人工无菌条件下大量繁殖苗木,不仅繁殖速度快、繁殖系数高、繁殖数量大,还可对苗木进行脱毒处理,使种苗的质量大大提高。园林植物的优良品种,通过无性繁殖几年后,往往由于积累病毒而产生退化。采用茎尖培养脱除病毒技术可除去植物组织内部的病毒,使退化植株完全恢复该品种刚育成时的特征、特性、产量和质量。如农作物中的大蒜、马铃薯,果树中的苹果、柑橘,花卉中的兰花、百合、水仙、郁金香、香石竹等无病毒植株的育成,为这些品种重新赢得了信誉、赢得了市场。因此,无病毒苗木的繁育已受到国内外的广泛重视。

3）加速良种繁育的方法

（1）提高种子的繁殖系数

①适当增加株行距,扩大营养面积,增施肥水,可使植株生长健壮,以产生更多的种子。

②对植株摘心可增加分枝,增加花序的数量,从而增加种子产量。

③创造有利的环境条件,适当早播,延长营养生长期,提高单株产籽量。

④许多异花授粉植物和常异花授粉植物,进行人工授粉,可显著提高种子产量。

⑤对于落花、落果严重的植物,采取花期喷硼、喷赤霉素、人工授粉、花期控制肥水、控制生

长过旺等措施,提高坐果率。

⑥异地、异季繁殖,利用我国幅员辽阔、地势复杂、气候多样的有利条件,进行异地加代繁殖,一年可以繁育多代,从而加速种子繁殖。我国从南到北、从东到西不同的地理位置,不同的季节,有各种各样的气候条件,可以在不同时间、季节选择不同的地区进行加代繁殖。

(2)提高特化营养繁殖器官的繁殖系数　以球茎、鳞茎、块茎等特化器官进行繁殖的园林植物,提高繁殖系数就必须提高这些用于繁殖的变态器官的数量。唐菖蒲的球茎、采用切割的方法,可使每个含芽的切块都成为一个繁殖体,从而提高繁殖系数。风信子在6月掘出后,经干燥至7—8月,在鳞茎基部做放射状切割,晒后敷以硫磺粉,然后将切口向上(或切后埋于湿沙中2周,取出置于木架上),保持室温20～22 ℃,注意通风和遮光,9—10月切口附近可形成大量小球,11月间将母球连同子球植入圃地,至翌年初夏掘出,可得10～20个小球;仙客来开花后的球茎于5—6月切除上部1/3,再在横切面上每隔1 cm交互纵切,使切口发生不定芽,然后将长有不定芽的球茎切割分离移植,一个种球可获得50株左右幼苗;百合类可充分利用其珠芽扩大繁殖。

(3)提高一般营养繁殖器官的繁殖系数

①充分利用园林植物的再生力　许多植物的营养器官(根、茎、叶、芽等),都有较强的再生能力,能够用人工方法进行繁殖。某些植物的茎可作繁殖材料,如茶花、月季、海棠等,可采用单芽嫁接或单芽扦插的方法,节约繁殖材料,扩大繁殖系数。有的植物的茎、叶都可作繁殖材料,可用它的茎、叶同时进行繁殖,如秋海棠、大岩桐等。对再生力不强的园林植物,我们可用植物生长调节剂对其进行处理,从而提高繁殖系数。如用吲哚丁酸、吲哚乙酸、萘乙酸等处理插条,以提高扦插成活率。

②延长繁殖时间　在自然条件下,园林植物的无性繁殖时间为春末到秋初,如嫁接、扦插时间一般为3—10月。为提高繁殖系数,可创造良好的条件,延长繁殖时间。例如在温室内的营养繁殖可全年进行。建造其他的保护地设施也可延长繁殖时间。

③嫁接和分株相结合　对既可以分株繁殖又可以嫁接繁殖的植物,采用两者结合的方法,有利于加速良种繁育。山东菏泽的牡丹繁殖方法是:先进行嫁接,砧木可用芍药或劣种牡丹,当嫁接苗生长2年,有了白生根后,在距离地面10～15 cm处剪去地上部分,促使萌发更多新枝,到第三、四年再行分株繁殖,便可获得较多的牡丹新株了。

13.3.2　园林植物组织培养

1)植物组织培养的概念

植物组织培养(plant tissue culture)是指在无菌条件下,将植物的离体生活部分,如器官、组织、细胞或原生质体等,在适宜的人工培养基上进行培养,使其增殖,并逐渐分化出器官,形成完整的植株或生产出具有一定经济价值生物产品的一种技术。由于组织培养操作技术在《组织培养技术》一书中有详述,本章不再介绍。

2)植物组织培养在园林植物育种中的作用

植物组织培养是从本世纪初开始以植物生理学为基础发展起来的一门新技术。这项技术已在科研和生产上开辟了令人振奋的多个新领域,成为举世瞩目的生物技术之一。在发展和应用这一技术上,各国竞相投资,已在种苗、花卉、各种经济作物的快速繁殖、去除病毒、品种改良、加速育种进程、工厂化生产药物和其他有价值的天然产物以及种质资源保存等方面取得了巨大的社会效益、经济效益和生态效益,展示出这一技术广阔的应用前景。

经过40多年的蓬勃发展,植物组织培养已在园林植物遗传改良中发挥着重要作用,具体表现如下:

(1)园林植物的快速繁殖和工厂化育苗　植物组织培养应用于植物的离体快速繁殖,是目前应用最多、最广泛和最有成效的一种技术。园林植物尤其多年生花卉及观赏树木等,多采用无性方式繁殖,但传统的扦插、嫁接、分株、压条等方法不仅繁殖系数小,且易受季节、气候、地点等因素的限制,因而繁殖效率低、成本高,不能满足生产和市场的需求。利用组织培养可以从1块植物组织乃至1个植物细胞,在1年之内繁殖出成千上万的新植株,从而起到快速、高效、低成本地推广优良新品种,加快名优花卉 F_1 杂种和珍稀、濒危植物的繁殖等作用。如兰花品种采用传统的分株法,最多每年只能使株数增加2~3倍,而采用离体茎尖培养,在1年中可以由1个不到1 cm长的茎尖产生几百万个植株。

(2)利用微茎尖培养获得无病毒植株　前面说到病毒能造成园林植物品种退化,采用无性繁殖的植物,在繁殖的过程中病毒可以通过营养体进行传递,逐代积累,从而使病毒的危害更为严重。如病毒浸染是引起郁金香、唐菖蒲、百合、菊花、大丽花、仙客来、香石竹、月季、泡桐等园林植物品种退化的重要原因。根据病毒在植物体内分布不均匀的理论,利用微茎尖培养可以获得脱毒苗,并对其进行保存或快速繁殖用于生产。目前这一技术已被成功地应用于菊花、香石竹、郁金香、水仙、鸢尾、大丽花、非洲菊、兰花等多种观赏植物的无病毒苗生产,这些脱毒植株生长势旺、抗逆性强、花朵大、色泽鲜艳、产花数量多、品质好,能够很好地保持品种的优良特性。

(3)突变体的诱导和筛选　植物细胞或组织等经愈伤组织再生植株的过程中,往往伴随着广泛的变异,这种变异称为体细胞无性系变异。通过在培养基中施加某种选择压力(如高盐浓度、除草剂等),则有可能从中筛选到一些有益突变体,进而获得具有特定改良性状的植株。如Ma-laure等(1991年)在以菊花小花为外植体的离体培养中,获得天然的小花突变体。

(4)单倍体育种　将处于一定发育时期的花药与花粉或未授粉的胚珠和子房进行离体培养,可诱导雌、雄配子细胞发育成完整的单倍体植株。然后选择优良的单倍体材料进行染色体加倍,可以快速地获得纯合的二倍体品系,加速亲本材料的纯化,对于异花授粉植物杂种优势的利用具有十分重要的意义。

(5)三倍体育种　三倍体一般具有生长快、抗性强、产量高、营养价值高、高度不育等特点,对那些可以无性繁殖育苗的林木、果树、蔬菜和园林植物,如果是以获取最大营养生长或获得不育性状为生产目的,那么采用胚乳培养获得三倍体要比先诱导植物四倍体,然后用四倍体与二倍体杂交产生三倍体的传统方法,大大地缩短了育种时间。

(6)克服远缘杂交障碍　远缘杂交往往存在杂交不亲和或杂交不育等障碍。采用胚珠和子房培养进行离体授粉受精,可以克服由柱头或花柱等障碍造成的不亲和;利用胚培养技术将幼胚剥离进行人工培养,可以克服杂种胚的早期败育而获得远缘杂种植株,从而使远缘杂交获得成功。另外,通过原生质体的融合同样可以克服有性杂交和远缘杂交的不亲和性,获得体细胞杂种,利用不对称融合技术还可以获得胞质杂种。

(7)长期保存种质资源　大量研究表明,植物组织甚至细胞可以在4 ℃低温或-196 ℃的液氮中保存几个月或几年时间而不丧失其生活力。应用离体培养保存种质资源具有节约土地、人力和物力,操作简便、安全,易于长途运输,便于交流等优点。

(8)为生物技术育种提供中间材料 通过组织培养可以获得不同性质的愈伤组织,为原生质体的分离、融合或遗传转化提供优质材料。同时,利用组织培养技术建立起来的植株再生系统是植物基因工程育种的重要基础。

复习思考题

1. 良种繁育的任务是什么?
2. 品种退化的原因是什么?
3. 怎样防止良种的混杂退化?
4. 良种繁育的程序是什么?
5. 加速良种繁育的方法有哪些?
6. 组织培养在园林植物育种中的作用是什么?
7. 分析我国园林植物良种繁育中存在的问题及解决方法。

第3篇

主要园林植物育种技术

14 一、二年生花卉育种

微课

[本章导读]

一、二年生花卉是露地花坛主要使用的花卉,其栽培容易,绿化美化环境效果好,深受人们喜爱。本章主要介绍一串红、矮牵牛、三色堇等几种常见的一、二年生花卉的遗传特性,育种目标,种质资源,育种方法及良种繁育等。需要明确的是每种花卉的育种目标和育种方法都不是一成不变的,在学习中要结合使用方式的不同和人们审美标准的变化来辩证地认识不同花卉的培育方向。

14.1 一串红育种

一串红(*Solvia splendens*),又名万年红、墙下红、爆竹红、节节高等,是唇形花科(*Labiatae*)鼠尾草属(*Salvia*)植物。原产南美巴西南部。不耐寒,喜温暖湿润,忌干热气候,生长最适温度为20~25 ℃。喜阳光充足但也能耐半阴,适合疏松肥沃的土壤,很怕涝,大雨后要及时排水,否则易涝死。常见品种株型优美,叶色浓绿,花色鲜艳,总状花序开花不断,花后萼片宿存,观赏时间长,观赏价值高。在重要节日里,一串红是不可缺少的花卉,不仅可以布置花坛、花境,还可以大量盆栽摆设,为草本花卉中的佼佼者。

14.1.1 育种目标

根据一串红的用途,育种目标和任务可以有以下几个方面:

(1)选育适合盆栽的矮生类型 在节日庆典上,一串红作为花境花坛的主体材料之一,对株高、株型、叶色、花色要求十分严格,尤其株高非常重要。矮型育种的任务不但要为地栽盆栽培育冠面积大、花色鲜艳、花密度大、株高在20~30 cm的品种,而且要注意选育适合于案头、茶几、餐桌摆放的微型品种。

(2)选育耐高温和低温的品种 一串红的生长对温度要求比较严格,喜温暖湿润阳光充足的环境,不耐寒,怕霜冻,也不耐高温,最适生长温度为20~25 ℃,15 ℃以下停止生长,10 ℃以下叶片枯黄脱落。因此,要加强生态育种,选择抗逆性强,适合我国不同地区、不同季节栽培的品种类型。北京市园林科学研究所花卉研究发展中心,采用杂交育种和选择育种相结合的手段,培育出"奥运圣火"系列两株矮生、耐 35 ℃高温的一串红新品种。其极强的耐热特性,是不少国外一串红品种所无法比拟的。

（3）选育抗病虫品种　一串红易受红蜘蛛、蚜虫、地老虎、细菌、真菌、花叶病等危害,影响其生长和观赏性。通过抗病育种对解决大规模培养中的病虫害发生具有重要意义。

（4）花色品种选育　目前生产中应用的绝大多数为红色,蓝色、白色、紫色及复色品种较少,黄色品种极少。要加强花色的选育,进一步丰富花色品种。

14.1.2　种质资源

唇形花科鼠尾草属植物有 500 多种,形态特性因种而异,表现为一、二年生草本,宿根草本,亚灌木与灌木,各个种的起源地也有差异。目前用于观赏的有 17 种,常见的有以下 7 种:

（1）一串红(*Salvia splendens* Ker-Gawl)　原产于巴西,$2n = 32$。本种是园艺上最重要的种,也是本属植物的代表性种,本种有 9 个变种。

（2）朱唇(*S. coccinea* L. 或 *S. glaucescens* Poh)　原产于北美及墨西哥,$2n = 20$,为亚灌木,作一年生栽培。特别耐热,夏季花期长。

（3）一串蓝(*S. farinacea* Benth)　原产北美,$2n = 20$。耐寒性强,在暖地为宿根,现作一年生栽培,花期从春天到 10 月。

（4）蝶花鼠尾草(*S. horminum* L.)　原产于欧洲南部,$2n = 14$。一年生直立草本。植株最上部叶片膜质化密集着生成蝴蝶状,显出透亮美丽的色彩,宜作插花材料。

（5）黄花鼠尾草(*S. flava* Forrest)　目前园艺品种很少。该种为短日性,10 月上旬至霜降前开花,可做切花。

（6）药鼠尾草(*S. officinalis* L.)　原产欧洲南部、地中海沿岸,$2n = 18$。叶茎入药或作香辛料之用,现有 13 个变种。

（7）蓝花鼠尾草(*S. patens* Cav)　原产墨西哥,$2n = 18,20$,为半亚灌木。一般作宿根或一年生栽培,花冠天蓝色。

14.1.3　主要性状的遗传规律

目前,对一串红遗传规律的研究较少。根据北京市园林科研所的杂交试验,初步认为有如下的遗传规律仅供参考,还有待于进一步确认。

（1）花色　白色对紫色、紫色对红色、紫色对粉色、红色对粉色、红色对白色是显性。

（2）叶色　深绿色对浅绿色是显性或不完全显性。

（3）株高　株高为数量性状,子代株高介于父母本之间。但是一串红的高型是显性遗传,矮型是隐性遗传。

（4）花序　　长花序对短花序是显性，花序节数少对节数多是显性，花序上高密度小花对低密度小花是不完全显性。

（5）开花节数（植株生长到开花时的节数）　　开花节数少对开花节数多是显性。

14.1.4　育种途径

一串红品种易于杂交，矮生品种的培育多是利用杂交和自然突变体选育而来。花色育种可以利用黄花鼠尾草作亲本，通过杂交培育黄花品种或通过基因工程的方法，利用鼠尾草属内种间或变种间远缘杂交是培育超亲、抗逆性强和抗病虫品种的重要途径。在杂种优势的利用上，目前已发现了一串红具有雄性不育的现象，这为进一步发现不育系与保持系实现两系或三系配套和生产 F_1 代杂交种提供了可能。

14.1.5　良种繁育

一串红天然杂交率高，在隔离措施差和长期自留种情况下容易引起品种间的自然杂交及劣变个体的出现和蔓延，是种性退化的重要原因之一。选择适当的隔离区和一年中多次对劣变个体的淘汰以及通过优良个体单株选留种是保持种性防止退化的重要手段。

一串红多采用种子繁殖，用种量很大。由于一串红具有连续开花的结实习性，导致了种子成熟期不一，而且成熟种子极易脱落，给种子生产带来一定困难。中国农业大学从 1995 年起对一串红的种子发育规律、采种栽培技术、种子精选技术、种子萌发生理、种子超干贮藏技术进行了系统的研究，这为今后一串红的优质种子生产及商品化奠定了基础。

14.2　矮牵牛育种

矮牵牛（*Petunia hybrida*），又名番薯花、碧冬茄、灵芝牡丹、杂种撞羽朝颜，是茄科矮牵牛属多年生草本植物，通常作一、二年生草花栽培。茎梢直立或匍匐，全身被短毛，株高20～60 cm。上部叶对生，中下部叶互生，叶卵形，全缘，近无柄。花单生叶腋或枝端，花冠漏斗形，直径2～5 cm，尖端有波状浅裂。花色丰富，花型多变。颜色有白、粉、红、紫、斑纹等，有单瓣、重瓣、瓣缘皱褶等花型。蒴果卵形，先端尖，成熟后呈两瓣裂。种子细小黑褐色，千粒重 0.10 g，寿命 3～5 年。

14.2.1　育种目标

（1）花色育种　　矮牵牛花色丰富，常见的有 20 多种，主要的有红、大红、粉红、玫红、紫红、鲑鱼红、酒红、天蓝、青色、乳黄、各种星条以及带网纹的颜色。在众多的花色中缺少橘红、砖红

和纯黄等颜色,这是以后育种的一个目标。另外,除了在现有的色系基础上培育各种过渡色以外,还应该培育各种带星条以及网纹的花色。

(2)花茎和重瓣性育种　小花品种因与丰花性联系在一起,因此小花品种有着很强的观赏性,而大花的观赏性更强。目前,重瓣品种又很少,因此培育不同花径、花色的重瓣花是今后矮牵牛育种的一个目标。

(3)抗性育种　矮牵牛易受到光化学物质的危害,而且较不耐雨水。因此矮牵牛抗性育种的目标是抗雨水和耐热的品种。

14.2.2　种质资源

矮牵牛种质资源丰富,商业上常根据花的大小以及重瓣性将矮牵牛分为以下几类:

(1)大花单瓣类　单瓣,花径一般为 7.5～10 cm。

(2)丰花单瓣类　单瓣,花径一般为 6～7.5 cm。

(3)多花单瓣类　单瓣,花径一般为 4～6 cm。

(4)大花重瓣类　重瓣,花径一般为 7.5～10 cm。

(5)丰花重瓣类　重瓣,花径一般为 6～7.5 cm。

(6)多花重瓣类　重瓣,花径一般为 4～6 cm。

(7)其他类型　不同于以上类型的其他类型。

另外,根据植株形态可分为垂吊或匍匐型,具有长的匍匐茎,花朵小,适宜吊栽;矮生和紧凑型,适宜作镶边材料。

14.2.3　主要性状的遗传规律

(1)花色　由于矮牵牛是遗传学上的模式植物,对其性状的研究比较深入。试验结果表明:父母本花色相同时,杂交后代花色与双亲一致,没有分离情况;父母本颜色不同,杂交后代的花色表现各异。紫色相对玫红、鲑鱼红、大红、白色为显性;以白色为父本时,杂交后代除表现母本花色外,都不同程度地出现了白色条纹,白色和其他颜色相比并不呈现简单的显隐性关系;玫红色相对鲑鱼红、浅鲑红色和大红色为显性;鲑红相对浅鲑红为显性;浅鲑红相对大红色为显性。由此可见,矮牵牛花色一般是深色对浅色为显性。另外,大红色分别和玫红色、鲑鱼红色和浅鲑鱼红色杂交,后代表现为深玫红、深鲑鱼红和浅鲑鱼红色,说明矮牵牛花色遗传存在着一定的加性效应。矮牵牛的花色遗传受母性影响较大,配制大花的杂交一代组合时应以大花亲本作为母本。

(2)花径　矮牵牛的花径大小属于数量性状,受多对等位基因控制,并符合多基因假说。大花 F_1 代品种和自交一代(F_2)后代花径大小发生分离,而且变异是连续的,后代花径变化从小到大均有出现,但以中间类型最多,基本呈正态分布。从 F_2 代中选择大花单株继续进行自交,后代继续发生分离,其变异同样是连续的,但大花单株明显增多。F_3 和 F_4 代的情况基本类似。这说明经过多代连续选择,控制大花的基因逐渐纯合。

当纯合的大花植株与纯合的小花植株杂交后,其后代表现为一致的大花植株,说明大花性状对小花性状是显性。商业F_1大花型品种的种子,多是通过用大花型父本与多花型母本杂交后得到的。

(3)重瓣性　重瓣花是由雄蕊的瓣化引起的,雌蕊显著退化不能结实。重瓣性状对单瓣为显性,且与雌蕊退化连锁,只能产生少量可育雌蕊以延续后代。重瓣性状还受一些小的遗传因子的影响,如自交不亲和等,因此很难形成纯系,在同一品种中一般只能保证花型和花色一致。在商业上,重瓣矮牵牛品种是由单瓣的母本和纯合的重瓣父本杂交而得到的。重瓣型矮牵牛尤其是亲本,一般通过扦插保持其性状。

(4)株型　矮牵牛的株型分为直立型与垂吊(匍匐)型两种,垂吊对直立是隐性的。

(5)抗逆性　矮牵牛较抗病虫害,但对化学物质(臭氧、硝酸过氧化乙酰)敏感,因此矮牵牛也是一种指示植物,可用来检测空气污染。

14.2.4　育种技术

1)引种选育

矮牵牛原产南美洲,在美国栽培十分普遍,常用在窗台美化、城市景观布置,其生产的规模和数量列美国花坛和庭园植物的第二位。在意大利、法国、西班牙、荷兰和德国等国,矮牵牛广泛用于街旁美化和家庭装饰。为此,美国的戈德史密斯、泛美和鲍尔等种子公司,每年培育出新品种供应世界各地。其中意大利的法门公司盛产的双色迷你矮牵牛闻名世界。

我国矮牵牛于20世纪初开始引种栽培,当时仅在大城市有零星栽培。直到20世纪80年代初,开始从美国、荷兰、日本等国引进新品种,极大地改善了矮牵牛生产的落后面貌。同时,我国花卉育种家开始自己培育矮牵牛品种,并取得了较好的成就。近年来,中外合资的园艺公司又大量从美国、意大利等国引进新品种,并进行规模性生产,大大地推动了矮牵牛的发展。

2)杂交育种

现今栽培的矮牵牛园艺品种都是杂交种。种类繁多的杂交品种的父、母本是产自南美热带地区的两大类矮牵牛,总共包括37个原生种,它们是开白花的晚上有香气的腋花矮牵牛(*P. axillaris*)和紫色的撞羽矮牵牛(*P. integriflolia*)。早期,国外选育矮牵牛雄性不育系生产F_1代种子,后因矮牵牛花器较大,人工杂交操作较容易,每一蒴果较多而摒弃。20世纪70年代开始的矮牵牛杂交F_1代的培育,大大提高了矮牵牛的质量,通过杂交育种改良,将株型松散、软垂的矮牵牛培育成了枝条粗壮、株型紧凑的丛生灌木状,使植株能更好地直立,经受室外露天环境的风吹雨淋,而原生种花朵所含有的香气则逐渐消失了。尽管有一些较少被用于人工授粉育种的矮牵牛种类仍然保持香味,但它们的花的颜色一般都很平淡。与此同时,抵抗不良天气开花的特性得到了加强,花的颜色和杂色花不断增加,其结果是形成了两个园艺大类的矮牵牛,即大花类矮牵牛和多花类矮牵牛。而不断求新的育种又使这两大类的园艺品种更加混杂繁多,难以区分。我国由于没有自己的F_1代种子生产体系,每年都要从国外大量进口F_1代种子,因此培育矮牵牛杂种F_1代种子将是日后育种工作的一个主要目标。杂交培育F_1代种子的程序如下:

①确定育种目标。

②收集品种。

③根据育种目标选择 2~5 个品系,在每个系列中确定 3~5 个花色。

④在每个花色当中选择 10~15 个优秀单株自交 3~5 代。

⑤在同一品系同一花色间,不同品系同一花色间,同一品种系列内不同花色间选择优秀的自交系做杂交组合试验以确定理想组合。

⑥初步确定杂交优势强的杂交组合。

⑦进一步筛选杂交组合供商品种子生产用。

3)生物技术育种

20 世纪 70 年代以来,随着组织培养的发展,植物基因工程、体细胞工程及单倍体育种在种质资源创新和品种选育中的地位越来越重要。矮牵牛组织培养较易成功,在植物基因工程育种、体细胞育种及单倍体育种方面都取得了一定的进展,基因工程育种已创造出新品种并加以应用,而体细胞育种和单倍体育种直至现在尚无新品种产生。

14.3 三色堇育种

三色堇(*viola tricolor*) 别名蝴蝶花、猫儿脸、鬼脸花。为堇菜科堇菜属多年生草本。原产欧洲,开花早,花期长,花色艳丽多彩,柱头呈穴状,花的形态极为特殊。花似蝴蝶,故有"蝴蝶花"的美誉。花色艳丽,原种花瓣常呈白、黄、蓝 3 色,故称三色堇。除开花三种颜色外,还有纯白、纯黄、纯紫、纯黑等品种。花瓣中央有一个深色"眼"。常用作春天优良的花坛材料,也是近年来非常受欢迎的切花、盆栽及庭院花卉。我国三色堇的栽培历史不长,自 20 世纪 20 年代初从英国、美国引种以来,到 20 世纪 60 年代品种严重退化,花变小、花色杂、观赏价值差。直到 20 世纪 80 年代又从欧美引种新品种,我国三色堇的质量有了很快提高,但许多杂种 F_1 代品种因不结种子难以保存,仍需每年从国外进口。

14.3.1 种质资源

堇菜属约有 300 余种,种间生态和遗传特性变异很大,仅染色体的基数就有 $x = 6,10,11,13,17,27$ 等。三色堇的园艺品种极多,无论花型、大小及色彩,均与原种大不相同。目前根据一些著名品种的特征可分为以下几类:

(1)单色品种类 原来的野生种是一花有三色,现已有单纯一个色彩的品种,颜色有纯紫色、金黄色、蓝色、砖红色、橙色、纯白色等。这些品种花朵的直径在 5~8 cm。

(2)复色品种类 随着观赏者喜好的趋势,育出几种色彩混合在一花上的品种,收到色彩丰富而引人注目的效果。

(3)大花品种类 花径达 10 cm 以上的品种,色彩上以复色为多,尚有带各式斑点、条纹的种类。

另外,根据花径分为:小花型,花径 4 cm 以内,植株冠径 15~20 cm;中花型,花径 5~6 cm,植株冠径 15~20 cm;大花型,花径 6~9 cm,植株冠径 20~25 cm;特大花型,花径 9~10 cm,植株冠径20～25 cm。根据花瓣分为规则花瓣、条纹花瓣、双色花瓣、纯色花瓣等。

14.3.2　主要性状的遗传规律

（1）花径　据报道，三色堇的花径遗传是典型的数量性状遗传，不同种间的花径差异很大，野生种的花径仅1 cm左右，而园艺品种中有的花径超过10 cm。试验表明，通过自交系间的杂交，随着自交代数的增加，大花个体在总体中所占比例会不断增加。

（2）花色　控制三色堇花色的基因很多，花色固定困难。深紫、深红、蓝紫色遗传力较强，而白、黄、浅红色遗传力弱。由叶黄素引起的黄色花遗传不稳定。北京市园林科学研究所用黄底黑斑、纯黄色、纯白色、紫色黑斑、纯红色等10个亲本，配制5个杂交组合，对F_1代的性状如株高、冠径、花量、花梗长度、花径进行测量。结果表明：当父母本花色相同时，F_1代的花色不分离，花朵略变大，植株其他性状变化不大，花梗变短，植株长势健壮。总体上看，三色堇的F_1代与亲本一致，杂种优势不明显。

14.3.3　育种方法

1）杂交育种

（1）亲本选择　在花色、花径等性状遗传规律的指导下，选择具有预期性状的亲本。

（2）去雄与授粉　三色堇显蕾至开花约需9 d。授粉时，母本选择含苞欲放的花蕾，除去最下面的一片承受花粉的花瓣以去雄，3～5 d后使其自然生长开展；父本选开放的花，摘取最下面带有花粉的花瓣，用指甲或其他授粉器具刮下花粉，授到母本花瓣中央柱头的"洞"内。授粉技术一定要严格，去雄要彻底，不能让其母本有未去瓣而开放的花，以免形成假杂果，影响种子纯度。一旦进行杂交，立即给花朵挂标签，并套袋。

（3）收获种子　授粉后7～10 d果实开始膨大，小花品种20～30 d，大花品种30～40 d果实开始成熟。三色堇果实成熟前后不一，且种子易散失，故应及时采收。蒴果未成熟前呈下垂状，成熟后果实果柄上昂，待果皮由青绿变为黄白色，种子赤褐色时采收。果实采收后，按品种放进各自对应的纸盒中，盒面封盖纱布后熟1 d，放入晾晒棚中晾晒。晾干后进行筛选，去掉果皮、杂质、秕粒及有病有虫的种子，将精选的种子置于通风处。充分晾干后，装入各自布袋中，保证品种和品种袋的一致性，最后放入装有干石灰的缸中密封保存。

2）航天育种

航天育种，又叫太空育种，是利用航天技术，通过返回式航天器（卫星或飞船）将种子、苗木带到200～400 km的太空，利用太空中的宇宙射线、微重力、重粒子、高真空、超洁净等太空诱变因子对种子或其他材料作用，诱使其发生基因突变或染色体畸变，经地面种植，筛选出发生有益变异（如粗粒或果型增大，产量增多，品质提高和抗病性增强等）的植株或芽体，进一步选育出新种质或培育出新品种的一种农业高新技术。它是航天技术、生物技术和农业遗传育种技术相结合的产物。近年来，我国科学工作者探索利用空间环境条件来进行作物遗传改良，并取得了一些很有价值的研究资料和世界领先水平的研究成果。1996年搭载了20种花卉种子,其中一串红获得了花朵大、花期长、分枝多、矮化性状明显的变化;三色堇花色变为浅黄色,花期更长;万寿菊花期明显增长,从3月17日盛开到11月,花期达9个月;醉蝶变得植株高大,花期长达8个月;原本为纯红色的矮牵牛出现了花色相间、一株上长出不同颜色的花朵;八月菊、小丽菊、黑心菊也出现了花朵变大等可喜的变化。

14.3.4 育种进展

三色堇在欧美十分流行,育种历史悠久。1629年野生种被引进庭园栽培,19世纪开始进行品种改良,并选出了圆形、大花品种。20世纪初德国育种家选出了抗寒品种。20世纪中期瑞典人育出瑞士大花(*SwissGiant*)系列和美国人选出俄勒冈大花(*Oregon*)系列,花径达10 cm。20世纪70年代以后,美国、法国、德国、英国等国在三色堇的育种方面进展很快,有所谓"英国的花姿、法国的性状、德国的色彩、美国的花径"的评论。花径已达到12 cm,又出现花径3 cm的迷你三色堇,花色由纯色到双色,并已育出黑色品种。除耐寒品种以外,已有抗热、抗病的三色堇。如今三色堇的园艺品种多达二十几个系列,花色有16种之多,并且花色稳定。花型有大花、中花、多花等不同种类。其中大花型有"至尊"(斑点)和"宾哥"(纯色及斑点),中花型有"纯净天空"(纯色),多花型有"水晶碗"(纯色)。

我国三色堇的栽培历史不长,育种起步也较晚。自20世纪20年代初从英国、美国引种以来,到20世纪60年代品种出现严重退化、花变小、花色杂、观赏价值差。直到20世纪80年代又从欧美引进新品种,使我国三色堇的质量有了很快提高,但许多杂种F_1代品种因不结种子难以保存,仍需每年从国外进口。近几年来,上海市园林科学研究所、杭州花圃、北京市园林科学研究所等单位相继育出了一些杂交品种。

复习思考题

1. 请论述一串红、矮牵牛、三色堇的育种目标。
2. 如何利用杂种优势进行一串红的种子生产?
3. 什么是航天育种? 航天育种有什么特点?
4. 矮牵牛育种的主要方法是什么?
5. 矮牵牛的主要性状的遗传规律有哪些?
6. 三色堇杂交育种中,什么时间进行授粉?

15 宿根花卉育种

微课

[本章导读]

宿根花卉栽培容易,绿化美化环境见效快,深受人们喜爱。本章主要介绍的是宿根花卉中,菊花、香石竹、兰花、萱草属植物、玉簪属植物及鸢尾属植物的育种目标和主要的育种方法。通过学习,了解各种花卉的发展方向,掌握各种育种方法,不断培育出新品种,使生产中的品种不断得到更新,使我们的生活环境越来越美。

15.1 菊花育种

菊花(*Dendranthema morifolium*),别名鞠、寿客、帝女花等,原产我国,是我国的传统名花,有悠久的栽培历史,是菊科菊属多年生宿根亚灌木。不仅供观赏,布置园林,美化环境,而且用途广泛,可食、可酿、可饮、可药。菊花是切花中常用的花卉,既能盆栽,又能庭院栽培,由于它是典型的短日照植物,对日照十分敏感,可以通过延长或缩短日照使其周年开花,所以近年来菊花的销售量在切花总量中一直位居榜首,约占总量的30%。在继承前人经验的基础上,提高栽培技术,采用杂交育种、辐射诱变、组织培养等新技术,不仅提高了菊花的产品质量,并使品种数量剧增,据不完全统计,我国的菊花品种已经达7 000个以上。

15.1.1 育种目标

目前,菊花的育种目标主要有以下几个方面:

(1)花期育种 现在大部分具有较高观赏价值的菊花优良品种,花期多集中在秋季,即10—12月。其他季节品种少,所以育种目标之一就是选育各类四季菊品种,如在国庆节盛开的早菊品种。另外,如能培育花型美丽且常年开花的品种将更受人们喜爱。

(2)品质育种 对于盆菊,要求株型适中,枝健叶润而且花型丰满;而对于切花菊,则要求中花型至大花型,花瓣厚而且花朵圆,茎长而且坚韧,耐长途运输,水养后花能开足而且经久不凋,如莲座、反卷、球型等新品种。不论何类菊花,总是以花色鲜明、花型饱满为育种目标。

菊花的观赏品质主要表现在花型和花色两方面。在花型方面,要选育出有更多色彩的飞舞型品种。花色方面,应更加艳丽新奇,重点进行纯蓝色品种及墨绿色品种的选育,鲜红色品种的提高,对于一些稀有的单轮型品种要进一步丰富花色。

(3)经济、观赏兼用型品种的选育　目前菊花多数品种,千姿百态,观赏价值极高,但缺乏经济价值。而有些具有经济价值的品种,如杭白菊可饮用,豪菊可药用,梨香菊可提取香精,但其观赏价值不高。为了能综合利用资源,就要尽可能选育出既具观赏价值又具经济价值的新品种。

(4)抗性育种　选育耐寒、耐旱、耐涝、耐热而抗病虫害的新品种,不仅扩大了菊花的种植范围,还便于管理。选育抗病品种,以抗病毒病和线虫病为主要目标。

(5)香型育种　在育种中应注意与梨香菊结合起来,培育香菊花品种。

15.1.2　育种的原始材料

菊花育种的原始材料除选用栽培品种外,还可选择具有优异种质的毛华菊、小红菊、野黄菊、甘野菊、菊花脑等野菊及菊科异属植物等。常见的野菊类型如下:

(1)野菊(*Dendranthema indicum*)　株高 25 ~ 100 cm,有锯齿状托叶,头状花序,舌状花,黄色,花期 6—11 月。主要分布于我国东北、华北、华中、华南等地。

(2)菊花脑(*D. nankingense*)　有地下匍匐茎,茎直立,高 20 ~ 50 cm,头状花序,舌状花,黄色,花期 6—11 月。主要分布于江苏、浙江。还有经济菊、观赏菊的各栽培品种。

(3)毛华菊(*D. vastitum*)　株高 60 ~ 100 cm,叶质厚,头状花序,舌状花,白色,花期 8—11 月。主要分布于安徽、湖南、湖北、河南等地。

(4)紫花野菊(*D. zawaskii*)　株高 15 ~ 50 cm,茎单生或少量簇生,头状花序或伞房状花序,舌状花白色、粉红色或紫色,分布于我国华东、华北、西北及东北各地。

15.1.3　主要性状的遗传规律

菊花的黄花色、紫花色、大花心和长花序性状均具有较强传递力,花色等性状还有倾母遗传现象;花序径、舌状花数、茎粗、株高均为数量性状,株高遗传呈一定程度的优势,而其他性状的杂种平均值均比亲本值下降较明显,但仍可能出现少数或极少数超亲个体;秋菊杂交 F_1 代,花期遗传可出现一些提前开花的超亲个体,也可出现极少比双亲开花更晚的 F_1 代,这一特征为不同花期的切花菊品种选育提供了选择机会。

15.1.4　育种方法

1)引种

引种是一种方法简单,见效快的育种手段。只要引种区和原产地的生态条件相似,或能人工创造相似的环境条件,即可引种。

2) 选择育种

(1)芽变选种　菊花在自然栽培的过程中,芽变的可能性很大。一旦发现优良的芽变,应马上以无性繁殖的方式,将变异的性状固定下来,使之成为新的品系。如白色品种"巨星"产生过浅桃色的芽变,"玉凤还巢"是"风流潇洒"的芽变。

(2)单株选择　菊花在栽培过程中,群体内不同个体间常出现性状分离现象,可根据育种目标进行选择。

3) 杂交育种

人工有性杂交是传统、经典的选育方法,也是目前菊花新品种选育最主要、最有效和最简便易行的途径。

(1)亲本选配　在进行定向杂交育种时,必须根据育种目标及各性状的遗传规律,严格地选配亲本。要求双亲都具有较多的优点,无严重的缺点,其优缺点能够互补,而且母本要选择结实能力强的类型。注意多选具花心的品种作父本,同时作正反交。一次杂交只要求解决 1~2 个具体问题。

(2)花期调节　菊花的花期不一致,为了使杂交顺利进行,可通过控制繁殖的时间、定蕾的时间及调节光照时数来调节花期,使不同花期的父母本花期相遇。

(3)人工杂交　菊花是自花不孕植物,杂交前可不用去雄,但必须套袋。舌状花自外向内逐渐成熟,当三四成花开放时,可逐层剪短花瓣,有利于用毛笔蘸父本花粉授粉。柱头成熟期不一,应分批重复授粉。一般在晴朗无风的上午 10—12 点进行,授粉后重新套袋,1 周后摘掉。

(4)杂交后的管理　要加强对母株的养护,适当控水,给予充足的光照。花干枯时,连同花梗剪下阴干,然后晒种、清种、干藏。

(5)后代选择　第二年 2—3 月播种,由于菊花为异花授粉植物,所以自 F_1 代就可以进行选择,通过 2~3 年的比较鉴定,即可培育出性状稳定的新品种。

4) 诱变育种

方法是用适当剂量的 ^{60}Co 进行处理,以提高芽变的突变率,选育更多的新品种。在辐射材料的选择上,无论是种子、扦插生根苗、盆栽整株苗木还是枝条、组培苗、单细胞植株及愈伤组织均可进行诱导。

5) 组织培养

利用组织培养、细胞融合可以打破种属间的界限,克服远缘杂交不亲和性的障碍,在新品种培育及种性改良上具有巨大的潜力。在菊花育种上应用较为成功的是对嵌合体花色的分离。

6) 基因工程育种

采用转基因技术,培育菊花新品种。菊花转基因多致力于改变花色、花型、花期、株型和抗病虫等方面。

15.1.5　良种繁育

由于菊花是异花传粉植物,种子播后会分离出不同性状的个体。为了保持名贵菊花的优良性状,可采用扦插、嫁接、分株或组织培养的方式进行繁育,保证其优良性状的稳定。

15.2　兰花育种

兰花(*Cymbidium spp*),又名山兰、幽兰。在我国有悠久的栽培历史,因其叶姿优美,花香幽远,终年不凋谢而著称,并与梅、竹、菊并列合称为"四君子"。开花时幽香清远,馥郁芬芳,沁人心脾,素称"花祖"。花谢之后,体态优雅,气宇轩昂。既可盆栽,又适合点缀园林,还可做切花使用。近年来,随着人们生活水平的不断提高,精神生活的不断丰富,越来越多的人加入养兰和赏兰的行列中,所以兰花事业得到了空前规模的发展。

15.2.1　育种目标

(1)花型、花色育种　兰花花型多种多样,无确定类型。但总的来讲,要求花型要大,萼片以瓣质厚实糯润、瓣型短阔,一字肩,蚕蛾捧,唇瓣如大圆舌、刘海舌、大如意舌。在花的色彩方面,以素花、复色花、水晶花为目标。若能型色兼具,更能提高其经济价值和观赏价值。

(2)叶型、叶色、叶姿育种　要求叶片的长、宽和弯曲的程度与整株兰花的体态要相配称,叶片卷曲或行龙;叶姿为中垂叶型;叶色浓绿或翠绿,叶面上有光泽且能出现非绿色的色块、条斑、斑点等,使其独具特色。

(3)抗病、抗虫育种　未来社会,人们将更加关注环保问题,抗病、抗虫品种的选育和应用是必然的选择。在发达国家,已经相当重视这一问题,优质育种业已达到相当的水平,抗性育种成为主题。

(4)花香育种　外国人赏花以观色为主,而中国人赏花以品香为先,可贵的天然花香最能让人获得嗅觉上的享受,所以让花发出持久的浓香是今后育种的一个目标。

(5)株型育种　从整个植株形态上来讲,要考虑到多方面的需要。如能满足大会议室、大会宾室所需要的巨人株型,能满足家庭养兰所需的小巧玲珑株型等。

15.2.2　育种材料及分类

兰花属于兰科兰属植物,为多年生草本,附生、地生或腐生。

(1)长苞组　包括6个种的地生兰,即春兰、惠兰、建兰、寒兰、墨兰、套叶兰。它们的共同特征是:叶呈带形,没有明显的叶柄,苞片较长,至少在花序下面的第一枚,明显长于子房,花序直立,蕊柱长度1~1.8 cm。

(2)短苞组　包括4个种的地生兰,有硬叶兰、纹瓣兰、多生兰、冬凤兰。它们的共同特征是:叶呈带形,没有明显的叶柄,苞片很短,呈三角形,全部短于子房,花序俯垂,斜生或近似直立,蕊柱长度1~1.5 cm。

(3)长柱组　包括附生兰的7个种,有黄禅兰、虎头兰、独占春、短叶虎头兰、西藏虎头兰、美花兰、长叶兰。叶呈带形,苞片很短,明显短于子房,花序俯垂或斜生,蕊柱长度为 2 cm 以上。

(4)宽叶组　有兔儿兰和无齿兔儿兰两个种,系附生兰或半附生兰。叶椭圆形或椭圆状披针形,基部骤然收缩为细长的叶柄,花序直立或近似直立,蕊柱长度 1～1.5 cm。

(5)垂花组　只有莎草兰的一个种,系附生兰。叶呈带形,苞片短,全部明显短于子房,唇瓣狭长,前裂片小而圆,蕊柱长度 2 cm 以上。

(6)腐生组　只有大根兰一个种,系腐生兰。无绿叶,有较粗的根状茎,有分枝,茎近于直立,苞片短于子房,花稍小,蕊柱长度 1～1.5 cm。

以上最普遍种植的是第 1 组,其次为 2,3,4 组,第 5,6 组少见,一般无栽培。

15.2.3　主要性状的遗传表现

经长期观察发现,兰花的叶片与花朵表现出一定的相关性。成熟叶片与花朵相关的典型例子,如叶片水晶艺品开水晶花。以芽、叶鞘、花蕾、苞片与花朵的相关性较强,而成熟叶与花朵的相关性较弱,如在色花中,叶片爪艺,可能出爪艺复色花。另外,遗传特性相差较大的两个品种杂交后,其后代花型花色等变异性很大,甚至出现超亲变异现象。

15.2.4　育种方法

1)选择育种

选择育种是从栽培兰花开始到目前主要的一种选种手段,是对天然杂交品种的选择,即在兰花原产地采选优良品种。这是由于不同的品种可借助昆虫等媒介传粉,产生天然杂交种;或在生产过程中发生自然变异的原因。这种方法培育出了不少新品种,如春兰、莲瓣兰、豆瓣兰等天然杂交,产生很多有名的品种。但由于资源越来越少,该方法将被取代。

2)杂交育种

(1)优选杂交亲本　由于杂交后代,其品种特性多倾向母本,所以要选择生长健壮、结实性强而且遗传力高的作母本。一般野生种比栽培种强,本地种比引进种强,传统品种比新品种强。父本应选择生长健壮的远地野生种。

(2)采集花粉　当父本花蕾含苞待放时,为防治昆虫传粉,先用纱布将其罩住。在父本花朵开放后第三天,用经 75% 酒精消毒的镊子剔除其药帽,取黄色花粉块,置于洁净的白纸上,然后放入消过毒的干燥玻璃瓶内,密封,置于冰箱内备用。

(3)人工授粉　当母本花含苞待放时,为防止天然授粉,同样用纱布罩住。母本花开放 3 天后揭开纱布,用消过毒的牙签(75% 酒精消毒)蘸花粉块放入母本合蕊柱头的药腔内,再用纱布套罩上。

(4)挂牌标记　杂交的花朵要挂牌标记。牌上注明父母本的名称、花型、花色及授粉日期。

(5)杂交后的管理　为了有利于杂交果实的发育,授粉后,要摘除多余的花朵,当授粉的子房膨胀,说明授粉基本成功,可揭去纱布,并适当间果,每葶只留 1 果。母本植株应放在温暖无酷热,且无散射光的通风处进行管理。基质保持湿润,可适当多浇施 KH₂PO₄ 1 000 倍液,供幼果发育需要。在幼果没有结成之前,应防止水分洒至蕊柱上,以免蕊腔积水腐烂。蒴果的色泽由绿转黄后 20 d 左右,即可采收。

(6)杂交后代的选择　杂交种播种出苗后,要精心管理,对符合育种目标要求的,即可进行无性繁殖。由于兰花种子发芽困难,且培育时间较长,所以杂交育种法可与组织培养法结合使用。

3)诱变育种

(1)物理诱变方法　用射线、激光、微波、超声波等,应用较多的是以 ^{60}Co 为主的 γ 射线和中子流。采用半致死剂量处理种子、幼芽及苗木,获得突变体,然后进行选择。

(2)化学诱变方法　化学诱变剂有甲基磺酸乙酯(EMS)、硫酸二乙酯(DES)、吖啶类药物、亚硝酸、过氧化氢等。具体做法如下:

①用配制好的 0.1% ~1% 的诱变剂水溶液浸泡种子、老兰头、幼芽或壮苗植株,时间约为 1~24 h,处理温度为常温 20~30 ℃。

②可选用 3~5 cm 长的幼芽或 5~10 cm 高的壮苗,用 0.1% ~1% 溶液每半月喷淋 1 次,最好选择两种诱变剂交替使用,有条件的试验场,可配合紫外灯照射。发现有突变类型后,进行选择、鉴定、培育。

4)基因育种

转基因育种技术是在分子水平上改变植物的遗传性状,能够将人们想要的基因提取出来,直接移植到当家品种中去,不仅可以大大缩短花卉育种周期,而且可以极大地提高花卉的品质,如花色、花型种类的增加,香味的增加、株型的改变等。此外,转基因花卉在抗病毒、生长速度、保鲜等方面都具有优势。通过此项技术,已培育出具有特色香味的兰花,所以基因工程育种是未来兰花的育种方向。

15.2.5　兰花的良种繁育

兰花良种繁育的方法有分株繁殖和组织培养繁殖。分株繁殖时,早春开花的种类,分株时间宜在秋末停止生长时进行;夏、秋开花的种类,宜于春季新芽未抽出前分株。组织培养繁殖是利用芽、叶片、花药、叶柄等进行繁殖。

15.3　香石竹育种

香石竹(*Dianthus caryophyllus* L.),又名康乃馨,麝香石竹,是石竹科石竹属的多年生草本花卉,是世界著名的四大切花之一。原产于南欧、地中海北岸、法国到希腊一带,现世界各地广为栽培。香石竹茎叶清秀,花朵美丽,花色娇艳、丰富,绚丽馨香,单花花期长,产量高,用途广泛。

15.3.1　育种目标

（1）提高观赏价值　培育大花品种中花型大、花瓣多而丰满、花苞圆长、色艳新奇、植株高、茎秆硬直、耐瓶插的品种，这是香石竹育种的主要目标之一。用作盆栽或地栽的香石竹，株丛要矮壮整齐不倒伏。

（2）抗性育种　从生态育种来讲，以冬季弱光下能生长开花、夏季高温下生长品质不降低的耐热性品种为目标。从抗病育种来看，我国目前以链格胞属引起的叶斑病比较普遍且严重，另外还有枯萎病、枝腐病、锈病、白绢病等，影响香石竹生长和开花，甚至全株死亡。所以抗病育种已成为香石竹育种的重要目标。

还有抗寒性，香石竹是温室花卉，要满足其正常生长发育，需要一定的设施，生产成本较高，可把东北地区抗寒性极强的香石竹的抗寒基因转移到其他品种中，创造出抗寒并能露地越冬的新品种，一方面可降低成本，另一方面可扩大其种植范围。

（3）丰产性育种　香石竹多用于情人节、母亲节、教师节、圣诞节等重大节日的环境装饰，也常用于4—6月这一时间段内的各项庆典、生活空间的环境美化，是销量很大的切花作物，培育出丰产多花的品种，在有限的土地面积上获得最高的鲜切花产量，是香石竹育种的另一个重要目标。

（4）保鲜育种　香石竹的观赏寿命，是有关其商品价值的一个极其重要的品质特征。如何使其延缓衰老，延长保鲜期，增强其瓶插的效果，也是人们关注的重要问题。

（5）培育香味更浓的品种

15.3.2　育种材料及分类

香石竹的品种有不同分类标准，简单介绍如下：

（1）按用途分　可分为盆花（花坛）香石竹和切花香石竹两大类。盆花香石竹目前仅有少数品种，但出现有增长的势头；切花香石竹是目前的主要栽培和应用品种。

（2）按着花方式分　可分为常花香石竹（或独头香石竹）和聚花（多花、小花）香石竹。常花香石竹保留一枝一花，聚花香石竹一茎多分枝、多花。

（3）按花径大小分　可分为大花香石竹、中花香石竹、小花香石竹和微型花香石竹4类。大花香石竹花径为8~9 cm；中花香石竹花径为5~8 cm；小花香石竹花径为4~6 cm；微型花香石竹花径为2.5~3 cm。

（4）按花色分　可分为纯色香石竹、异色香石竹、双色香石竹和斑纹香石竹。纯色香石竹花瓣无杂色，主要有白、桃红、玫瑰红、大红、深红至紫、乳黄至黄、橙等色；异色香石竹在1种底色上有两种以上不同的色彩，自瓣基直接向边缘散布斑点或斑痕；双色香石竹在1种底色上只有1种异色自瓣基向边缘散布；斑纹香石竹花瓣边缘有一圈很狭的异色，其余为纯色。

（5）按起源分　主要有西姆系和地中海系两大类。

15.3.3 花色及花瓣的遗传

在对香石竹的花色遗传进行研究后表明,其花色是由 6 个基因所控制的,其中 3 个基因决定色彩的有无,3 个基因控制颜色及其浓淡。

花瓣的遗传表明,超重瓣对单瓣是一种不完全显性遗传。单瓣品种与超重瓣品种杂交,F_1 植株均为普通重瓣型,在 F_2 中则单瓣、普通重瓣和超重瓣植株的比例为 1∶2∶1。

15.3.4 育种方法

1)引种

我国的香石竹育种工作起步较晚,国内市场流行的品种大都为引进的国外品种。如上海市林业总站、上海交通大学和中国科学院上海植物生理生态研究所共同从国外引进香石竹切花和盆栽品种 64 个,收集和引进中国石竹、须苞石竹、常夏石竹、英国石竹等 10 多个品种。经过引种和筛选,选育出鲜花优良品种 22 个,盆花品种 5 个。

2)选择育种

(1)单株选择法 在栽培过程中,根据育种目标,通过仔细认真的观察,选出性状特别优良的单株,经比较鉴定后,通过无性繁殖的方法将其发展为优良株系。

(2)芽变选种 香石竹的植株很容易发生变异,只要注意观察,完全可能从以往的老品种当中发现芽变,经比较鉴定,培育出新品种。

3)杂交育种

(1)亲本选配 根据育种目标选择优良、生长健壮、结实能力强的品种作母本,选择具有色彩鲜艳、花型优美、花瓣重叠、花粉量大的作父本。杂交方式根据参加杂交的亲本数量及育种目标要求来定。

(2)去雄、套袋、授粉 通常母本要在花瓣露色时小心去掉花瓣和雄蕊,然后套上纸袋,避免外来花粉污染。在空气干燥,气温 18~25 ℃的 9—11 月和 3—4 月的上午 10 时至下午 2 时左右进行授粉。雌蕊授粉的最佳时期是在柱头分叉、发亮、有黏液时;为增强授粉效果,可重复授粉。每朵花授粉结束后,及时套袋并挂上写明父母本杂交组合名称、杂交日期等标牌。授粉工具必须用 75% 的酒精进行消毒。

(3)杂交后的管理 杂交后 10 d 左右将纸袋取下以利于子房发育。对母本植株要加强肥水管理,增施钾、硼肥,有利于种子成熟,同时加强对病虫害的防治。40~50 d 后,种子成熟,及时采收。采收时要连同纸牌一起采收,分别按组合干燥、保存。

(4)播种管理 将处理过的种子在温室播种,保持室温 20~25 ℃,苗高 8~10 cm 时,可定植。定植后的小苗要精心管理,不摘心,基部留 4~5 个侧芽。

(5)选择、比较、鉴定、繁殖、推广 由于香石竹遗传组成上的杂合性,可能会得到与双亲不同的子代个体,所以开花时可进行第一次选择,对花色、花型优良的中选个体进行扦插繁殖,然后再进行无性系选择,最后获得综合指标优良的新品种,组织生产推广。

4)诱变育种

(1)物理因素诱变　物理诱变利用 X 射线、γ 射线、β 射线、中子、无线电微波和激光等,诱导植株发生变异,材料可用插穗、发根种苗或试管苗,然后从变异的植株中进行选择,选出性状优良的植株,再通过无性繁殖或植物组织培养技术发展成株系。

(2)化学因素诱变　用化学诱变剂进行诱变。化学诱变剂有秋水仙素、富民隆、硫酸二乙酯(EMS)、乙烯亚胺(EL)等。如用秋水仙素处理培养的茎尖,就可以得到 4 倍体的植株,品质有所提高,但生产性下降,实用性不强。

5)基因工程及细胞融合育种

植物细胞融合技术以及基因工程技术已经进入实用化阶段,目前,将香石竹的乙烯合成酶基因 CARN363 反向导入香石竹中,获得了衰老延缓的香石竹;将 ACS 基因反向导入香石竹,转基因的香石竹比正常的香石竹的观赏寿命延长两倍。基因工程育种和细胞融合育种将成为最重要的育种途径之一。

15.3.5　良种繁育方法

主要用扦插繁殖。除夏季高温外,其他季节均可进行。还可进行播种繁殖,一般秋播,播后 10 d 左右发芽。目前,广泛采用组织培养繁殖,大大提高了繁殖系数。

15.4　萱草属植物育种

萱草属植物(*Hemerocallis*)为百合科宿根草本。本属植物约 14 种,分布于中欧至东亚,我国约 11 种,各省均有分布。萱草类花色鲜艳,容易栽培,春季萌发早,绿叶成丛,极为美观。多在花境、花坛边缘丛植,所以是园林绿化的好材料。同时萱草还可做切花使用。一些种类可在蕾期采集、蒸熟、干制,即为著名的"金针菜"。其含苞待放的花也可食用,鲜品与干菜均鲜美可口,被誉为"山珍"之一,其花、叶、茎、根均为中药材。

15.4.1　育种目标

(1)花期育种　萱草属植物单花花期只有 1 d,有早上开花晚上凋谢的昼开类型;有晚上开花次日早晨凋谢的夜开类型;还有晚上开花次日午后凋谢的夜昼开类型。单花开花期短,严重影响其切花产品的质量,所以延长单花开花期是提高其切花产品质量的一个很重要的方面。

(2)选育新花色品种　萱草的品种极多,花色也很丰富。杂交品种花色有淡黄、橙红、淡雪青、玫瑰红等色。目前栽培较多的大花萱草是培育出的多倍体新品种,花色有淡白绿、深金黄、淡米黄、绯红、淡粉、深玫瑰红、淡紫、深血青等。缺少白色和蓝色,为丰富花色,所以选育新花色

的品种,特别是白花育种是目前萱草育种的一个目标。

(3)选育大花品种　多数萱草品种的花色彩浓艳,花大,观赏价值很高。但萱草属中小花品系的花径约 2 cm,观赏价值较低,所以对小花品系进行改良,可以增强其观赏性,提高其经济价值。

(4)抗病、虫育种　锈病、叶斑病、叶枯病是萱草极易发生的病害,虫害主要有红蜘蛛、蚜虫等。病虫害发病后,严重影响其观赏品质及鲜切花的产量。另外,在可持续发展的今天,人们更加重视环境的质量,所以以抗病、抗虫育种一直是人类很重视的一个很重要的育种目标。

15.4.2　主要种类及品种

(1)黄花萱草(H. flava L.)　别名金针菜。叶片深绿,带状,拱形弯曲。花 6～9 朵,为顶生疏散圆锥花序,花淡柠檬黄色,浅漏斗形,花葶高约 125 cm,花径约 9 cm,花傍晚开,翌日午后凋谢,具芳香。花期 5—7 月,花蕾为著名的"黄花菜",可供食用。原产我国、日本。长江以北均有分布。

(2)黄花菜(H. citrina Baroni)　别名:黄花。叶片较宽长,深绿色,生长强健而紧密。花序上着花 30 朵左右,花序下苞片呈狭三角形。花淡柠檬黄色,背面有褐晕,花被长 16 cm,裂片狭长,花梗短,具芳香。花期 7—8 月。花在强光下不能完全开放,常在傍晚开花次日午后凋谢。花蕾供食用。原产我国,山东、河北、陕西、四川、甘肃等均有野生。

(3)萱草(H. fulva L.)　宿根草本。叶披针形,排成两列状。圆锥花序,着花 6～12 朵,橘红至橘黄色,阔漏斗形,长 7～12 cm,边缘稍为波状,盛开时裂片反曲,径约 11 cm,无芳香。花期 6—8 月。有重瓣变种、斑叶变形、长筒萱草、玫瑰红萱草、斑花萱草。原产我国南部,现各地广泛栽培,中南欧及日本也有分布。

(4)小黄花菜(H. minor Mill)　高 30～60 cm。叶绿色。花 2～6 朵,黄色,外有褐晕,长 5～10 cm,有香气,内轮花被较宽而钝,傍晚开花。花期 6—8 月。花蕾可供食用。原产我国,华北、东北均有野生。

(5)大花萱草(H. middendorffii Trautv. et Mey.)　叶长 30～45 cm,宽 2～2.5 cm,低于花葶。花 2～4 朵,黄色,具芳香,花长 8～10 cm,花梗极短,花朵紧密,具有大型三角形苞片,外被片宽 1.3～2 cm,内被片宽而钝,花期 7 月。原产日本及西伯利亚东部。

(6)童氏萱草(H. thunbergii Baker)　叶深绿而狭,长 74 cm。生长健壮而紧密。花葶高 120 cm,顶端分枝着花 12～24 朵,杏黄色,喉部较深,短漏斗形,具芳香。花期 7—8 月。原产日本。

15.4.3　育种方法

1)引种驯化

我国萱草资源丰富,分布广泛,种类繁多,为引种驯化提供了有利条件。对于国内资源,应加强收集和研究,对优良的类型,可直接驯化为栽培品种;对具有特殊优良性状,但综合性状较差的类型,可通过其他育种方法,将其优良性状的基因导入栽培品种中,改良后加以利用。而且,目前世界各国特别是日本、美国的萱草育种工作发展很快,已经育出了许多优良品种,也可作为我们的引种对象,如大花萱草新品种"金娃娃"就是从美国引进的,所以引种可以迅速而经济地丰富我们的萱草品种资源。

2)杂交育种

在杂交育种过程中,首先要确定一个明确的育种目标,然后根据育种目标和所搜集的育种材料,选配杂交亲本,通过人工杂交获得杂交种子。果实为蒴果,黑褐色,多棱形,有光泽,蒴果内有少量种子。9月份进入采种期,种子采收后,秋季沙藏,第二年春天播种,实生苗通常经两年才能开花。然后对杂交后代进行选择、培育,最后得到新品种。通过杂交的方法,已经培育出很多新品种,所以杂交育种是最常用的一种育种方法。

3)诱变育种

(1)物理诱变　物理诱变有温度激变(温度的异常变化)、机械创伤(人工嫁接、反复切伤植物组织、摘心等)、电离辐射(X 射线、γ 射线等)等方式,主要是辐射诱变。用 X 射线、γ 射线处理萱草的花芽、种子、分蘖及组培的愈伤组织,使其产生突变体,然后对突变体进行鉴定、比较、选择,从而培育成新品种。为了扩大突变谱,提高突变率,今后可利用空间搭载技术,进行多种诱变相结合。另外,为使诱变方向和人类的育种目标一致,把诱变、组织培养、分子标记结合在一起,诱变育种将开创新的局面。

(2)化学诱变　用秋水仙素处理种子、花芽或愈伤组织,就有可能得到多倍体,从中进行选择,就可能培育出新品种。多倍体萱草具有叶大、花瓣厚、花色鲜艳、粗壮等特征,可增加其观赏价值和商业价值。

4)基因工程育种

基因工程是在分子水平上,用人工方法提取或合成基因,在体外切割,通过与载体的重组,用 DNA 直接导入法或根癌农杆菌转化法等把基因转入受体细胞,使外源 DNA 在受体细胞中进行复制和表达,按人们的需要生产出稳定遗传的新品种。基因工程为育种提供了快捷的途径,越来越受到人们的重视。用该方法培育白花萱草将是最好的途径。

15.4.4　良种繁育

春秋以分株繁殖为主,每丛带 2～3 个芽,通常 3～5 年分株 1 次。种子繁殖时,常用秋播,种子采下后立即播种。近年来,运用花瓣、子房和花梗进行组培繁殖,大大提高了繁殖系数。

15.5　玉簪属植物育种

玉簪属植物(*Hosta Tratt*)多为美丽的观赏植物,它的叶形、大小、色彩、纹理质地多样化,使其极具观赏价值。每年落叶时,叶子变为淡黄色,并且持续较长时间,形成秋季园林一景。玉簪属植物的花也具有观花特性,花有白色、淡紫色、紫色、蓝紫色、紫红色,一些种类还具有芳香性。

种或品种不同,开花期也不同,从早夏到秋季,一直有花开放。玉簪类花大叶美,且喜阴,园林中可培育林下作地被应用,或栽于建筑物周围蔽阴处。欧美等国常用于岩石园中。现今的品种可作园林绿化、盆栽观赏或切花、切叶。嫩芽入菜,全草入药,鲜花可提制芳香浸膏,所以是非常有发展前途的多年生花卉。

15.5.1 育种目标

(1)选育生长快的品种 玉簪一般采用分株繁殖的方式进行繁殖,这种方法虽然保留了品种的特性,但分株以后如果不再动,6年后才算达到成年。在移栽的2~3年内,幼株的形态与成年的形态差别很大,无法进行早期鉴定,而国际登录组织要观察每一个突变品种,要3年不变才能被承认是一个新品种。所以要选择生长快的品种,使品种更新加快,来满足人们不断变化的欣赏需求。

(2)选育观赏价值高的品种 随着时间的推移,人们的欣赏水平不断提高,会对品种提出更高的要求。所以培育花型新颖,色彩鲜艳,而且具独特香味,叶形奇特或有彩色斑块的品种是对育种者提出的一个新要求。

(3)选育抗虫品种 目前危害玉簪属植物的虫害主要有蜗牛和蛞蝓,严重影响其正常的生长发育和观赏品质,所以选育抗虫品种是玉簪属植物育种的一个重要目标。

15.5.2 种质资源

簪花属植物为百合科多年生宿根草本,本属植物共43种,多分布于东亚,主要原产于日本、韩国及中国,我国有4种。目前世界上命名的玉簪属植物有4 000个以上,注册的种和品种已达2 000个以上。资源丰富。

(1)玉簪(*Hosta plantaginea*) 别名玉春棒、白鹤仙。叶基生成丛,具弧状脉,叶缘波状;花葶高40~80 cm。顶生总状花序高出叶面,着花9~15朵,花白色,管状漏斗形,花径约2.5~3.5 cm,夜间开放。花期7—9月,芳香袭人。蒴果三棱状圆柱形,成熟期10月。变种有重瓣玉簪。原产中国及日本,现全国各地均有栽培。

(2)紫萼(*H. ventricosa*) 别名紫花玉簪、紫萼玉簪。根状茎粗壮,簇生须根。叶基生,叶柄沟槽较玉簪浅。花葶高30~70 cm;总状花序顶生,着花10~30朵;花小,淡紫色,白天开放,无香味。种子黑色,有光泽,具双胚和三胚现象。花期6—7月,果期8—9月。原产中国、日本,西伯利亚也有分布。适应性极强,栽培较广。

(3)东北玉簪(*Hosta ensata*) 别名剑叶玉簪。根状茎粗短,有长而横走的地下茎,须根多数。叶基生,花葶高30~60 cm,总状花序顶生,花10朵以上,蓝紫色或紫红色,直立或开展,漏斗状,花柱细长,明显伸出花被外。蒴果,种子多数,黑色。花期7—8月,果期8—9月。其变种有:卵叶玉簪和安图玉簪。分布于我国东北,朝鲜、日本也有分布。

(4)白粉玉簪(*Hosta albofarinosa*) 多年生草本,全株有白粉。叶基生,簇生。花葶高40~44 cm。总状花序,着花10朵左右,不俯垂,排列紧密,无香味,花被白色,每裂片有5条紫色条纹,花被管内有18条紫色条纹。分布于安徽省。

(5)花叶玉簪(*H. undulata*) 　别名皱叶玉簪、波叶玉簪、间道玉簪、紫玉簪。株高达40 cm,叶片较小,卵形,叶缘微波状,叶面有乳黄色或银白色纵斑纹;花莛超于叶上,花淡紫色,较小,无香味。花期7月。原产日本,我国辽宁以南地区也有栽培。

(6)狭叶玉簪(*H. lancifolia*) 　别名日本紫萼、水紫萼、狭叶紫萼、日本玉簪。叶披针形至长椭圆形,叶柄长约46 cm,叶片绿色直到秋季变为黄绿色。花淡紫色,长5 cm。8月中旬至9月初开花。原产日本,Mark R. Zilis(2001年)认为狭叶玉簪起源于中国。

(7)圆叶玉簪(*H. sieboldiana*) 　别名粉叶玉簪、短丛玉簪。叶片大、深绿色,心脏形或卵圆形。花白色,略带粉晕,花期6月末—7月中旬。原产日本。

(8)高丛玉簪(*H. fortunei*) 　叶片较小。叶柄长10~12 cm,卵形或心脏状卵形。花莛明显高出叶丛,花浅紫色或近白色。花期7月中旬—8月(伊利诺伊州北部)。原产日本。

(9)波缘玉簪(*H. crispula*) 　叶长卵状披针形。叶片深绿色,10月初变为深金黄色。株高63 cm,冠径137 cm,属于白边大丛叶型。具宽白边和波状叶缘。着花30朵以上,花筒长约4.5 cm,花淡紫色。花期6—7月。

15.5.3　育种方法

(1)引种及驯化 　我国玉簪属植物资源丰富,但国内育种工作还没有完全展开,主要是靠引种。近年来,我国从国外引入了一些玉簪品种,作为园林绿化植物材料,丰富了园林绿化的植物种类。同时国外玉簪品种的引进给我国的玉簪育种工作带来了新的育种资料,为选育出新品种提供了机会。还可进行国内不同地区间引种,如北京市植物园近年引种了近200个品种。黑龙江省森林植物园从北京、沈阳等地引进玉簪属植物,并选择出耐寒、适应性较强的白玉簪和庐山玉簪,适合作为城市园林的绿化材料。

另外,还可以对我国原产的野生资源进行引种驯化。如玉簪和紫萼,很早就应用于园林中,主要作为地被、花境和盆栽材料。近几年来,随着野生资源的不断开发,东北玉簪也开始应用于园林,尤其适合布置花境,也是林下地被的优良植物材料。但对其他种(如白粉玉簪)和变种(如重瓣玉簪、卵叶玉簪、安图玉簪等)的应用与开发仍无人问津。这就是说,我们的引种驯化工作潜力还很大,注意挖掘,会培育出很多的新品种。

(2)单株选择 　单株选择是从原始群体中,根据育种目标,选出若干优良单株,将种子分收、分藏,然后比较、鉴定,选出新品种的方法。植物在栽培的过程中,会发生天然杂交或突变,使后代性状发生变化,所以对其进行选择可选出新品种,然后进行无性繁殖。玉簪属有43个种,多年的栽培结果使突变和天然杂交获得的品种已有多个,是玉簪育种的一个好方法。该方法简单易行,省时省力,工效高。

(3)杂交育种 　花卉市场一向追求标新立异,可是玉簪的遗传规律完全不符合孟德尔定律,人工杂交的结果难以预测,但是复杂的结果给选择提供了更多的机会,育种者可以从多种多样的后代群体中进行选择,选出符合人类需要的新类型,然后通过无性繁殖的方式进行繁殖,把优良性状固定下来,培育成新品种。如果想进行某一性状的定向选择,不能使用这种方法。

15.5.4 良种繁育

玉簪的繁殖以分株法最为适宜、方便。以秋季分株为好,春季分株宜早,对母株丛带根切割,每 3 个芽为一墩,3～4 年分株 1 次。近年来,用茎尖、花瓣、花序进行组培繁殖,生长速度较播种快,并可提前开花。

15.6 鸢尾属植物育种

鸢尾属(Iris L.)植物种类多,花大、色彩艳丽,叶丛美观,深受人们青睐。一些国家常设鸢尾专类园。根据地形的变化可将不同株高、花色、花期的鸢尾进行布置。水生鸢尾是水边绿化的优良材料。另外,在花坛、花境、地被等栽植中也常应用。一些种类又是促成栽培及切花的材料,水养可观赏 2～3 d。除了观赏之外,鸢尾属植物还可药用,某些种类的根茎可提取香精,是园林植物中重要的花卉之一。

15.6.1 育种目标

(1)花色育种　鸢尾花花大而美,颜色丰富而艳丽,但大多数种类的花色为蓝色、蓝紫色系列,少数种类为白色、黄色、粉红色或具有复色条纹、斑点等,缺少猩红色和砖红色。所以培育这两种花色的品种,是鸢尾属植物花色改良的一个任务。

(2)香味育种　由于人们的欣赏水平不断提高,所以对园林花卉提出了越来越高的要求。人们不仅要欣赏色彩美丽的鲜花、奇特的叶形、独特的花型,还要品味奇异的花香,鸢尾属大部分植物的花不具芳香,只有少量种类具芳香,所以培育具有特色香气的品种是人们对鸢尾属植物提出的一个新要求。

(3)抗性育种　包括抗病性、抗污染能力。鸢尾属植物受到病虫害侵染后,严重者表现为地下茎腐烂、花腐烂或叶片干枯等,严重影响其观赏价值。发现病株后,可用药剂防治,但这种方法一方面要提高产品的成本,更重要的是会造成环境污染,最好的解决问题的方法就是培育抗病虫的品种。抗病、抗虫育种一直是各种植物育种的目标。另外,目前全球范围内环境污染严重,所以培育抗污染能力强的品种也逐渐受到人们的重视。

15.6.2 种质资源

鸢尾属植物全世界约 300 种,分布于北温带,我国约 60 种。主要的种类及品种如下:

(1)鸢尾(I. tectorum Maxim)　别名蓝蝴蝶、扁竹叶。植株较矮。叶剑形,淡绿色。花茎稍高于叶丛,单一或二分枝,每枝着花 1～2 朵,花蓝紫色,垂瓣倒卵形,旗瓣较小,淡蓝色,拱形直立;花柱花瓣状,蒴果,种子球形,有假种皮。花期 5 月。原产我国。

(2)蝴蝶花(*I. japonica* Thunb.)　根茎较细,入土较浅。叶常绿性、深绿色,有光泽。花茎稍高于叶丛,2~3 分枝,花淡紫色,垂瓣具波状锯齿缘,旗瓣稍小,上缘有锯齿。花期 4—5 月。原产我国中部及日本。中国原产的为二倍体,可孕。日本原产的为三倍体,具不孕性。

(3)德国鸢尾(*I. germanica* L.)　根茎粗壮,株高 60~90 cm。叶剑形,绿色略带白粉。花葶长 60~95 cm,2~3 分枝,着花 3~8 朵,花径可达 10~17 cm,有香气,垂瓣倒卵形,旗瓣较垂瓣色浅,拱形直立。花期 5—6 月,花型及色系均较丰富,是属内富于变化的一个种。原产欧洲东部,世界各地广为栽培。

(4)银苞鸢尾(*I. pallida* Lam)　别名香根鸢尾。根茎粗大。叶宽剑形,被白粉,灰绿色。花茎高出叶片,2~3 分枝,各着花 1~2 朵,垂瓣淡红紫色至堇蓝色,有深色脉纹及黄色须毛,旗瓣发达色淡,稍内拱,花具芳香,花期 5 月。原产南欧及西亚,现各国广为栽培。

(5)黄菖蒲(*I. pseudacorus* L.)　别名黄花鸢尾。根茎短肥,植株高大而健壮。叶长剑形,中肋明显,并具横向网脉。花茎与叶近似等长。垂瓣上部长椭圆形,基部近等宽,具褐色斑纹或物,旗瓣淡黄色,花径约 8 cm,色调较多。花期 5—6 月。原产南欧、西亚及北非等地。适应性极强,趋于野生化。

(6)溪荪(*I. sanquinea* Hornem)　别名红赤鸢尾。叶长 30~60 cm,宽约 1.5 cm,中肋明显,叶基红赤色。花茎与叶近等高,苞片晕红赤色,花浓紫色,垂瓣中央有深褐色条纹,旗瓣色稍浅,爪部黄色具紫斑,长椭圆形,直立。花径约 7 cm,花期 5 月下旬至 6 月上旬。原产中国东北、西伯利亚、朝鲜及日本。

(7)西伯利亚鸢尾(*I. Sibirica* L.)　根状茎短,丛生性强。叶线形,长 30~60 cm,宽 0.6 cm。花茎中空,花顶生,蓝紫色,径约 6~7 cm,垂瓣圆形,无须毛,旗瓣直立,花期 6 月。原产欧洲东部。

(8)花菖蒲(*I. ensata* Thunb.)　别名玉禅花。根茎粗壮。叶长 50~70 cm,宽约1.5~2.0 cm,中肋显著。花茎稍高出叶片,着花两朵,花色丰富、重瓣性强,花径可达9~15 cm,垂瓣为广椭圆形,无须毛,旗瓣色稍浅。花期 6 月。原产中国东北、日本及朝鲜。常作专类园、花坛、水边等配置及切花栽培。

(9)燕子花(*I. laevigata* Fisch.)　高约 60 cm。叶长 18~20 cm,无中肋,较柔软。花浓紫色,基部稍带黄色,旗瓣披针形、直立,花色有红、白、翠绿等变种,花径约 12 cm,着花 3 朵左右。花期 4 月下旬至 5 月。原产中国东北、日本及朝鲜。

(10)马蔺(*I. lactea* Pall. yar. *chinensis* Koidz)　别名马莲、蠡实。叶丛生,狭线形,基部具纤维状老叶鞘。叶下部带紫色,质地较硬。花茎与叶近等高,每茎着花 2~3 朵,花董蓝色,垂瓣无须毛,径约 6 cm。花期 5 月,蒴果长形,种子棕色,有棱角。全株入药。原产中国、中亚、西亚及朝鲜。

15.6.3　育种方法

1)引种及驯化

鸢尾品种的选育开始于 17 世纪,经国外育种专家数百年的辛勤工作,已经培育出很多鸢尾优良品种,尤其是 20 世纪 50 年代,还选育出两季花鸢尾品种。到 20 世纪 70 年代,国际上已登记的两季花鸢尾品种 500 多个,为丰富我们的园林植物种类,最简单、最快捷、最经济的方法就是引种。目前,我国的鲜切花鸢尾品种及花境用的鸢尾品种基本上都来自国外。各地区间也可以通过引种的方式,丰富本地区的种类。如沈阳植物园的鸢尾园就引种了花菖蒲、德国鸢尾、紫花鸢尾等十几个品种。

另外,我国自然分布的鸢尾资源很多,可通过引种驯化的方式将野生资源驯化为栽培品种,我们应充分利用资源优势,培育出更多更好的新品种。现在国内一些部门正着手做鸢尾野生种的引种驯化和栽培管理研究,已发现了一些能延长花期具有开发价值的品种。

2)选择育种

选择育种是在原始群体中,对自然变异的个体进行选择、比较、鉴定,从而培育出新品种的一种育种方法。鸢尾属植物在播种繁殖时易发生变异,根据观赏效果,可从中选育出新品种。如 Matsudair Showo(1773—1865 年)从野生鸢尾中进行选育,通过对实生苗 3 ~ 4 代的筛选,育出大量的重瓣品种。种子采收后宜立即播种,不宜干藏。

3)杂交育种

(1)亲本的选配 根据育种目标选配亲本,选配亲本时,要选择生长健壮、无病虫害的植株。

(2)花期调节 如父母本花期不遇,要采取措施调节花期。具体方法还处在探索阶段。

(3)人工授粉 由于鸢尾属植物具有自交不亲和的特性,所以可不去雄,直接授粉。授粉时动作要轻,不要伤及柱头,要注意授粉工具的消毒。

(4)杂交后的管理 为了获得高质量的种子,杂交后,对母本植株要加强肥水管理。种子成熟后,立即采收并播种。对于远缘杂交类型,由于生理代谢等方面的原因,常使杂种胚败育,可采用组织培养中的胚培养的方式,得到远缘杂种。

(5)杂交后代的选择 在杂交后代中,选出符合育种目标的个体,进行无性繁殖,从而培育出新品种。目前,南京中山植物园观赏植物研究所采用人工授粉的方式,培育出鸢尾杂交品种多个,如紫云、彩带、红浪等。

4)基因工程育种

鸢尾花色丰富,但还缺少猩红色和砖红色,运用传统杂交育种的方法无法解决问题,可通过基因工程手段导入新基因,使其产生新奇花色。另外基因工程还可解决香味育种等问题,是未来花卉育种的主要方式。

15.6.4 良种繁育

鸢尾类通常用分株法繁殖,一般 2 ~ 3 年分株 1 次。分割根茎时,应使每块具 2 ~ 3 个芽为好,春季开花后或秋季均可。还可种子繁殖,种子成熟后当年播种,不宜干藏。

复习思考题

1. 菊花有哪些种质资源？各有何特点？
2. 兰花的育种方法有哪些？
3. 香石竹的育种目标是什么？有哪些育种方式？
4. 试设计萱草杂交育种的程序。
5. 如何进行玉簪的引种？
6. 试述生物工程技术在花卉育种中的应用。
7. 以菊花为例，详细论述其育种及品种演化历程。

16 球根花卉育种

微课

[本章导读]

　　本章主要介绍百合花、荷花、郁金香、仙客来、唐菖蒲等常见球根花卉的遗传资源、育种目标、开花习性、某些性状的遗传规律、常见的育种方法及良种繁育技术等。根据球根花卉的繁殖特点，重点阐述以上几种球根花卉在育种中经常遇到的难题及克服的方法。还需要明确的是每种花卉的育种目标和育种方法都不是一成不变的，在学习中要结合当前的市场需求和育种技术水平的不断提高，辩证地认识育种的发展趋势。

16.1　百合育种

16.1.1　育种资源

　　百合是百合科（Liliaceae）百合属（*Lilium*）植物的总称，为多年生鳞茎草本植物。百合花大，色彩丰富，花姿优美。既能做切花、盆花，又能在园林绿地中应用；既能观赏，又能食用和药用，深受人们的喜爱。

　　中国是世界百合属植物主要集中产地之一，有 47 个种，18 个变种。其中有 36 个种 15 个变种为中国特有种，10 个种 3 个变种为中国与日本、朝鲜、缅甸、印度、俄罗斯和蒙古国等邻近国的共有种。百合在中国 27 个省、区都有分布。国际百合学会 1982 年提出了目前普遍认可的分类系统，该系统将百合分成 9 类，包括亚洲百合杂种系（*Asiatic hybrids*）、星叶百合杂交系（*Marta-gon hybrids*）、白花百合杂交系（*Candidum hybrids*）、美洲百合杂交系（*American hybrids*）、麝香百合杂交系（*Longiflorum hybrids*）、喇叭形百合杂交系（*Trumpet hybrids*）、东方百合杂交系（*Oriental hybrids*）、其他类型和原种等，百合育种资源较为丰富。

16.1.2　育种目标

1)抗性育种

（1）抗病育种　　百合易受百合无病症病毒、黄瓜花叶病毒、百合病毒、郁金香断枝病毒4种主要病毒的危害，同时也容易受真菌的危害，因此开展百合抗病育种十分重要。抗病性强的湖北百合一直被用来作为抗病育种的重要亲本。

（2）抗寒育种　　冬季在设施里种植抗寒品种，可以节约能源，降低生产成本，因此培育抗寒的百合品种，对我国百合促成栽培具有重要意义。俄罗斯育种家利用西伯利亚生长的百合培育的抗寒品种可在积温 100～160 ℃时就开始生长。

（3）抗热育种　　我国大部分平原地区夏季炎热，对亚洲百合杂种系和东方百合杂种系的生长十分不利，越夏的百合经常出现生长缓慢、植株低矮、病虫害严重、花朵小、茎秆软等现象，严重影响切花质量和造成百合种球退化。通过抗热育种培育耐高温品种是解决夏季百合生产困难的主要途径。可用一些耐热性能强的百合作亲本，如淡黄花百合、台湾百合、王百合和通江百合等。

（4）耐低光照育种　　百合在温室的促成栽培中，经常出现花芽脱落、植株高度降低两个主要问题。其中原因之一是光照不足，但采用人工补光措施又会加大生产成本，因此培育耐低光照的品种显得尤为重要。

2)品质育种

（1）花色、花型和花香的改良育种　　百合尤其是亚洲百合的花色多样，是培育商业彩色百合的基因库。百合花型变化也很大，有喇叭形、漏斗形、钟形等。开花的方向有向下、向上、向外开等多种形式，这些都为培育新品种创造了条件。

（2）矮化育种　　控制植株高度，以便用于盆栽或切花生产。特别是亚洲型的一些矮化百合品种非常适用于盆栽。育种家们已培育出了第一朵花显色时茎高为 30～45 cm 的盆栽品种。切花品种要求植株高大，标准为第一朵花显色时茎高大于 60 cm。

（3）减少花粉的育种　　百合大量的花粉给杂交育种工作带来很大麻烦，而雄性不育植株能解决这一问题。

（4）切花育种　　百合是四大鲜切花之首。如何延长鲜切花百合单花瓶插寿命是育种的主要目标之一。目前普遍认为百合的瓶插寿命大于 7 d(20 ℃)是较为理想的，所以应培育花瓣质地硬且厚实、植株生长健壮、花茎结实、成熟度好的品种栽植。

另外，培育百合的早花、速生和需冷时间短的品种和适合机械化定植、采收和分级生产的品种也是近年来百合的育种目标。

16.1.3　主要性状的遗传特点

百合有些性状属于显性等位基因效应，如亚洲百合的斑点、金色、有花药等和东方百合的正常高度和斑点等;有些性状属于隐性等位基因效应,如亚洲百合的无斑点、金色条斑、无花药等和东方百合的低矮和无斑点等。显性基因控制的性状出现的几率要远远大于隐性基因控制的性状出现的几率。

16.1.4 育种技术

1) 杂交育种

(1)亲本选择 应选择亲缘关系较近的两个百合作为亲本。实践证明亲缘关系远的百合类型间杂交几乎是不可育的。

(2)去雄授粉 在花药散粉之前去掉花药,然后套袋来保护柱头,待柱头分泌黏性物质,将父本的花粉授到柱头上,然后再套袋以防风或昆虫带入外部的花粉。每个杂交组合授粉的花朵数至少要3朵,并均给花朵挂标签。待子房膨大后去袋,并保护蒴果生长数周,至蒴果成熟。

(3)收获种子 当种子成熟时,蒴果开始变干,顶部开裂,成熟种子散落。此时要及时收获蒴果,防止种子撒落。采收蒴果,放上标签,把它们放在干燥、空气流通的地方。百合的种子生长于具有3个小室的蒴果中,呈褐色,扁平,很薄,具膜。

(4)播种育苗 百合种子具有两种发芽方式:快速发芽子叶出土型和推迟发芽子叶不出土型。子叶出土型,即在地表上长出子叶,除了东方杂交种以外的大多数百合种和杂交种均属于这类型。早春将种子播到温室或露地苗床上,在几个星期内就可以发芽,生长1~2年才能开花。子叶不出土型,子叶不露出地面,一般发芽较慢,较困难,成熟的种子需要大约3个月以上才能发芽。

2) 多倍体育种

百合正常的染色体数为24,是二倍体,即$2n=24$,也有三倍体和四倍体。如三倍体与四倍体杂交,产生的种子可能有二倍体与四倍体,也可能产生三倍体和四倍体。多倍体百合的优点是植株生长强健,产生粗壮的茎秆和肥大叶片,具有花大、花瓣宽、质地厚、抗病、花期长等性状。缺点是花朵的姿态变差,花蕾变脆等。多倍体的可育性不同,一般三倍体是不育的,用秋水仙碱处理可产生四倍体,恢复可育性。值得指出的是,如果用不同染色体数目的百合杂交,应该用倍数高的百合作父本。

3) 辐射育种

辐射对百合染色体、DNA和RNA的影响极大。由于这些物质与遗传有着密切的关系,因此它们受辐射后产生的异构现象,都会导致有机体的性状变异。如采用剂量为2~3 Gy ^{60}Co进行外照射鳞茎盘,鳞茎盘便会产生变异。辐射的剂量依照辐射器官的不同应有所不同。

16.1.5 良种繁育

(1)良种繁殖基地的选择 由于百合在夏季生长时要求平均最高气温不超过22 ℃,为了保持优良种性和防止退化,必须选高海拔冷凉山区作繁殖基地,以保证百合生长期有适合的温度。除此之外,土壤条件应选择腐殖质含量高、肥沃、排水良好的沙质壤土,pH 值为 6～7,具有灌溉条件,交通方便等。

(2)生产体系的建立　每年不仅要有品种球产出,而且还要进行子球繁殖,故应建立切花生产和商品种球繁殖分开进行的生产体系,以保证每年有一定量的商品种球供应切花。

(3)利用组织培养　利用此法,生产脱毒种苗。如可以用茎尖进行组织培养,获得无病毒苗。

(4)提供良好的栽培管理技术措施　百合鳞茎种植时期,根据不同地区气候条件决定种植时期,可秋植,也可以春植,以保证植株发育和种球膨大能在最适合的季节进行。肥水管理要合理,氮肥的使用要控制,要增施磷、钾肥,及时防治病虫害等。

16.2　荷花育种

16.2.1　育种资源

荷花为睡莲科多年生水生草本花卉,其品种资源丰富,而现有品种的性状不尽如人意,有待改进。所幸的是荷花所具有的遗传多样性,为品种改良、提高观赏价值、适应园林应用,提供了方便。现在籽莲、藕莲、花莲等品种上均有所选育,尤其是 20 世纪 90 年代以后,中国荷花研究中心、杭州曲院风荷、中国科学院北京植物园、湖北省荆州技工学校、湖南省农业科学院蔬菜研究所等单位先后开展的荷花育种工作,效果显著。中国荷花研究中心的荷花品种资源圃成为20 世纪末世界上拥有荷花品种资源最多的资源圃。同时,日本、美国对荷花的选育一直比较重视,他们将从中国引进的荷花品种与本国的特有品种进行杂交,获得不少优良新品种,现有 301个荷花品种,为育种工作奠定了良好的基础。

16.2.2　育种目标

(1)株型育种　一是选育耐深水、开花繁茂的大株型荷花新品种,以满足莲园建设池塘种植的需要,即选育耐水深 1.5 m 以上、开花多、花柄大大高于叶柄的新品种;二是选育花色亮丽、花型新颖的中株型荷花新品种;三是选育小巧玲珑适于盆栽的碗莲新品种。

(2)花期育种　选育开花繁密的品种,可延长群体花期。培育单朵花期长的品种,更能提高观赏价值。

(3)花型育种　应培育除红台莲和千瓣莲外的各色重台型、千瓣型品种,并培养并蒂莲品种。

(4)花色育种　红、白莲之间的颜色变化太单调,可通过种间远缘杂交,培养黄色系品种、复色系品种、洒锦色系品种,乃至蓝色系品种,这是以后的发展方向。

(5)低光照和低温育种　培育生长期对光照和低温要求较低的荷花品种,这将对延长花期和年生育期,减短枯叶期,以提高观赏价值,扩大栽培生长地域有很大的帮助。

16.2.3　主要性状的遗传特点

荷花性状繁多,表现型明显,这就使得荷花在品种选育中以人工选择为主。而人工选择结果的多样性又有效地推动了荷花性状的遗传多样性的发展。虽有些规律已明确,如播种后当年着花率的高低与母本开花多的遗传性状有关,但对于诸多性状的遗传规律国内外报道均较少。所以仍需在荷花性状遗传特点的研究上继续努力。

16.2.4　育种技术

1)芽变选种

一般荷花品种均为二倍体,即 $2n=16$。大湖荷花中存在着天然三倍体,这需要平时留意观察才能发现。

2)杂交育种

(1)杂交方式　品种间杂交可培养出亲本性状互补的优良品种。种间远缘杂交莲属仅两种,一是中国莲,二为美国莲。它们只存在地理隔离,不存在生殖隔离。将两者进行远缘杂交,不加任何处理,其亲和力和品种间杂交相同,可获得优于亲本性状的杂种荷花新品种。

(2)正确选择亲本　自然杂交育种母本的选择:培育观赏莲,首先要开花多、易开花,培育碗莲尤其如此,因此要选择当年播种着花率高的品种作母本。人工杂交亲本的选择:母本必须是雌蕊发育正常、开花多、结实率高的品种。所选亲本以综合性状较好、优缺点互补者为佳。

(3)人工杂交方法　荷花雌蕊早熟的习性决定了荷花为异花授粉植物,主要靠昆虫传粉,自花授粉亦可孕,但几率极低。荷花单朵开花全过程分为松蕾、露孔、开放和花谢4个阶段。松蕾期,当发现柱头上附有黏液时,表明可进行人工授粉。露孔期是去雄、授粉的最佳时机。开放期应抓紧收集花粉备用,若进行授粉则为时已晚。杂交后1个月,莲子成熟,于晴天中午剪取莲蓬,将每个花托中的莲子分别收拾,连同标牌一并装入纸袋,袋上注明编号、父母本、采收日期,然后将袋封存于干燥通风处备用。

3)倍性育种

荷花为二倍体植物,改变染色体倍性,无论是单倍体或多倍体,都可获得新的品种。中国科学院武汉植物园取建莲莲子破头浸种,待第二叶片长出后,用0.05%秋水仙素溶液浸泡48~72 h,获得了四倍体的建莲。四倍体的建莲株型高大,叶片肥厚、花瓣宽而直硬挺立,雌蕊发育正常,能结实。三倍体育种中,可以有计划、有目的地用二倍体品种与四倍体品种杂交,人工培育出三倍体荷花。

4)诱变育种

有辐射育种和太空育种,用1 000(R)γ射线处理或太空搭载莲子,均可出现目标类型。虽然诱变育种的后期选种工作量大,但仍会作为最新育种技术继续使用。

16.2.5　良种选育

一般采用单株选择法,从自然杂交的实生苗中选择优良单株,从人工杂交的后代中选择亲本性状互补的优良单株。将每个单株进行无性繁殖,再按育种目标和新品种评选标准对各无性系分3年进行初选、复选和选定。实生播种和无性扩繁均按常规育苗技术在盆缸中进行。

荷花良种在筛选时,分预选、初选、复选和选定四步。预选指播种后开花的单株,编号挂牌,只记载开花朵数、花型、花色等主要性状。第二年将预选的单株分栽在较大的盆中,如果此单株长的种藕有两支以上,便在亲本号排列后再加序号。栽植排列时,将同花型、同花色的株盆放置一起,以便观察彼此形态区别。分栽后绘制圃地图,管理中不得搬动盆位,出现死苗,亦保留空缺盆位,这样可减免错乱。花期观察形态特征和开花习性,拍摄照片,花后整理原始记录,将那些有别于原有品种性状且达良好以上者都筛选出来,是为初选。复选是将初选出来的各单株,次年除分别栽于原盆外,还分别栽在小号盆和荷缸中,以便观察同一无性系在不同容器中株型的稳定性,第4年才进入选定。即将复选的各无性系单株记录整理后,填入统计表内,按量化的各性状数据,逐一逐项评分,按得分高低评定等级。将中选的各无性系初步给以名称供鉴定用。

在预选、初选、复选、选定过程中,凡不合格者除保留其中极少数似有希望者继续观察外,其余一律淘汰,以减轻工作量。

16.3　郁金香育种

16.3.1　育种资源

郁金香是百合科、郁金香属(*Tulipa* L.)的多年生鳞茎植物,原产地中海沿岸至我国新疆,约100种,我国栽培的60多种,常见栽培的可能有20多种。主要分布在欧亚大陆,包括我国新疆,特别是中亚。号称"郁金香王国"的荷兰也并无原产郁金香,所有原种都是早期引进的。19世纪末,我国上海已有郁金香栽培;绝大多数引自荷兰,少数引自日本,现在我国至少有郁金香(*T. gesneriana*)、老鸦瓣(*T. edulis*)、二叶郁金香(*T. erythronioides*)、迟花郁金香(*T. kolpakowvskiana*)、伊犁郁金香(*T. iliensis*)等14种野生郁金香。另外,国际上郁金香品种共有2 300个,具备培育中国郁金香的种质资源基础。

16.3.2　育种目标

(1)有利球根生产,并适应机械化　培育目标为主球肥大,子球发生多,裂皮少,萌芽早,收获期能避开梅雨季节。为了球根作业的机械化,还要选育外皮厚,球型一致,残皮、枯茎、枯根容易脱离的品种。

(2)改良观赏特征　对观赏植物新颖形态的追求永远是育种的目标。丰富花色——郁金香花色丰富,具有除蓝色之外的所有色彩,但花色与重瓣的组合、花色的变化(复色、彩斑)等仍是花色育种的目标。花型改良——郁金香花瓣的开闭受温度影响较大,选育开张不太大的圆筒型、卵型、球型较好。另外,虽有单瓣、重瓣等瓣型,但百合花型、牡丹花型等特殊花型还应增加。叶色与茎色改良——郁金香已有不少花叶、彩叶、彩茎品种,应进一步扩大。株型改良——花坛、盆栽、切花等不同用途,对株型的要求也不同。如切花要求花梗较长、坚挺,花坛要求花梗高矮一致,盆栽则要求株型紧凑。芳香育种——虽有香味郁金香品种,但无真正的芳香品种,应加强选育。

(3)改良花期与持久性 选育极早花(如 4 月 5 日以前)或极晚花(5 月 6 日以后)的品种,通过不同花期品种的合理搭配,延长郁金香的观赏期。还应增加花梗强度,防止折断或倒伏,这在花坛栽培展览时尤为重要。郁金香品种间,花的寿命差异很大,应选育长寿命的品种,尤其是瓶插寿命的改良。

(4)增强抗病虫害性 应抗球根腐烂病、病毒病(TBV 等)、褐斑病、黑腐病、褐腐病等病害,也抗鳞茎螨、蚜虫等。

(5)选育适应促成或抑制栽培的品种 培育适合 11—12 月开花的早期促成品种,1 月开花的促成品种,2—3 月开花的半促成品种,以及 6—10 月开花的抑制栽培品种,要求到花日数短,开花率高。

16.3.3 性状遗传情况

郁金香遗传组成极为复杂,这与以鳞茎进行无性繁殖有关,其性状遗传规律研究较为困难,至今阐明的规律不多,所以还有待深入探讨。

16.3.4 育种技术

1)引种驯化

遗传资源的收集与保存是实现育种目标多样化的物质基础。引进品种的第一个问题是要弄清、弄准品种名称,而现在不同经销商提供的品种名称就有同物异名现象,这主要是品种名称的翻译问题;第二个问题是要精准栽培,使其性状充分表达,培育出与国外一样好看的花;第三个问题是要设法自繁自用,不能每年重复引进。品种国产化的问题已经提到了重要位置,没有自己的品种,就没有自己的花卉业。

2)杂交育种

杂交育种是培育郁金香新品种的主要方法。根据亲本的亲缘关系大致可分为品种间杂交、品种群(型、系)间杂交和种间杂交等三类。

(1)品种间杂交 品种间杂交主要是对构成观赏价值的各种性状,如花色、花型、花期、株型、抗病性、适应性等,通过遗传重组使其重新组合而育成新品种。品种间杂交的亲和性一般较强,杂交结实率较高,育成新品种较易,但不能获得新的性状。另外,经过 400 多年的杂交,育成了 2 000 多个品种,所有优良的性状组合可能均已包含其中,再出现新品种的潜力不会很大。

（2）品种群间杂交　郁金香栽培品种大部分是从郁金香突变、杂交选育而来的,构成了早、中、晚不同花期的 11 个型的品种群。从考夫曼郁金香、韦斯特郁金香、格里格郁金香等原种演化出了各型郁金香。品种群间杂交就是指郁金香的 11 型与各系郁金香的杂交。这种杂交不仅可重组性状,还可通过异源基因的互作产生新的性状,如达尔文杂种型就是达尔文型与福斯特系杂交而来的。

（3）种间杂交　种间杂交是指栽培的各型、各系郁金香与其他郁金香野生原种的杂交。以前盛行的种间杂交,至今仍是郁金香育种研究的主要内容。种间杂交的关键是杂交不亲和性及其克服,根据现有的研究报道,郁金香种间杂交不亲和性主要表现为柱头不亲和。对此可采用花粉蒙导、激素或其他化学物质机理,但不同杂交组合对各种处理的反应肯定不同,需要因种制宜。

（4）加速育种进程的方法　从人工杂交、播种育苗、开花选择、增殖、鉴定到品种登录,育成一个郁金香品种需要 20 年左右,如日本育成的红辉郁金香从 1965 年杂交到 1988 年登录,共经历 23 年。因此,加速育种进程,提高育种效率就成为郁金香杂交育种的主要问题。一般可从以下 3 个方面着手:

①缩短营养生长阶段。郁金香杂交种子从播种到初花大约需要 6 年,期间养球要花费大量的人力、财力和土地。除了精心管理,促进发育之外,还可考虑一年两作。郁金香的生长期(出苗—倒苗)只有 70～80 d,在温室或选择适宜地区,每年种、收两次,杂种苗可提前开花。

②早期选择。并非所有育种目标都要到开花才能选择。种球与叶片的性状、促成适应性、抗病性等均可在苗期进行初步筛选。同时可通过大量选种实践,或借助分子标记进行相关选择。

③快速繁殖。可用分球增殖以缩短育种年限。

3）诱变育种与多倍体育种

郁金香的芽变比较普遍,既有自发的芽变,也有人工诱发的突变。但以自发的芽变为主,人为辐射诱变的效果均不甚理想。在大量栽培的郁金香群体中,花色、花型、彩斑、株型等观赏性状都会发生芽变,应留意观察,精心培育。

郁金香的品种大多数是二倍体$(2n = 2x = 24)$,少量是多倍体。利用四倍体与二倍体杂交,有望产生三倍体,但四倍体品种较少。利用秋水仙素处理离体腋芽,或用未减数花粉授粉,均有可能产生四倍体。

4）生物技术的应用

主要在快速繁殖、胚培养、试管受精、细胞融合和基因工程等方面。现以鳞片、花茎切片为外植体,均得到了组培植株。

16.3.5　育种研究的发展趋势

（1）远缘杂交结合胚培养是培育郁金香新品种的主要途径　远缘杂交早就是培育郁金香新品种的方法,远缘杂交的主要障碍是杂交不亲和性。郁金香的杂交不亲和性与亲缘关系(即系统分类)有关。

（2）生物技术的应用　在郁金香良种繁育中生物技术已经广泛应用。不定芽发生、微繁、愈伤组织诱导与植株再生、胚状体发生、胚培养、花粉培养等细胞工程技术均应用于郁金香的快速繁殖、远缘杂交或倍性育种。

（3）抗病性与采后品质已成为郁金香育种的新目标　传统的育种目标是以观赏特征（主要是形态特征）为主，目前抗病性与采后品质已成为郁金香育种的新目标。

16.4　仙客来育种

16.4.1　育种资源

仙客来属报春花科仙客来属（*Cyclamen*），多年生草本植物。我国 20 世纪 80 年代初开始广泛地从国外引进品种，仙客来的原始种主要有仙客来（*C. perszcum* Mill）、欧洲仙客来（*C. pur-purascens* Mill）、小花仙客来（*C. coum* Mill）、非洲仙客来（*C. africanum* Beiss *et* Reuter）等 16 种，现在栽培品种的原种多为仙客来（*C. perszcum* Mill），染色体数 $2n = 48, 96$。该原种有两个变种，即大花仙客来（var. *giganteum* Hort）：花大型，花色为紫色、红色、粉色、白色；暗红仙客来（var. *splendens* Hort）：花大型，深红色。目前欧洲每年都有几十个新品种推向国际花卉市场，仙客来品种已培育出数千个。因我国栽培仙客来的历史仅有 60 年，育种工作才开展 10 多年，还没有真正的制种亲本，与国外的差距较大。所以要提高仙客来的产业化水平，必须广泛搜集国外丰富的育种资源，以培育出更多的新品种。

16.4.2　育种目标

培育适应性强、栽培容易、开花整齐、可集约化、规模化生产的品种；培育花色淡雅、明快，具有跳跃感，或黄、绿、黑、蓝等珍稀花色品种；培育性状稳定的二倍体品种；培育香花、多季开花、抗病、耐热品种。

16.4.3　主要性状的遗传规律

在杂交育种中，研究人员发现了仙客来的主要性状的遗传规律，即同倍体、同花色杂交后代基本保持原色，深花色与浅花色杂交后代趋向浅色，花边褶皱呈显性，花香隔代显性。这些规律为我们在杂交育种和诱变育种中选育优良品种提供了强有力的理论依据。

16.4.4　育种方法

1) 引种驯化

仙客来原产地中海沿岸。根据气候、地理等条件分析,我国新疆可能有野生仙客来,但至今未发现野生种。因此,仙客来的引种驯化主要是国外品种的收集、保存及其利用,亦即种质资源库的建立。如天津市园林绿化研究所已建立了我国唯一的仙客来种质资源库,保存了180多个品种。

2) 杂交育种

(1)亲本选配　除了选择符合育种目标,双亲性状差异不大的品种之外,仙客来的杂交亲和性主要与染色体倍性有关。倍性相同的亲本杂交,亲和性好,结实率高。

(2)杂交技术　从授粉到结实是一个复杂的生命过程,除受遗传基因控制之外,还受外界条件的影响。授粉母本每株选留10~15朵花,其余切除。授粉时间以8:00—10:00,14:00—16:00为宜,授粉后第二、三天连续授粉两次。

(3)种子处理　仙客来种子较大,干粒重10 g左右,一般的发芽率为80%~95%,但发芽迟缓不整齐,播前种子需进行处理。首先将种子浸泡在0.1%升汞液中10 min或在0.1%广谱性杀菌剂液中浸泡20 min,取出后再浸泡在38 ℃的温水内自然冷却24 h,取出阴干播种。或取出后用纱布包好置于温度20~25 ℃,湿度70%~80%的黑暗条件下催芽,待种子稍显萌动,即可播种。

(4)播种育苗　播种用土要求疏松、洁净、通透性良好,具有一定营养成分的介质,如选用1/2草炭+1/2蛭石(或珍珠岩),pH值为6~6.5。播种容器选塑料育苗盘为宜,底铺1~2 cm的粗沙或炉渣,随后铺4~5 cm的育苗基质,刮平,浸透,点播,创造种子最适萌芽条件,温度为17 ℃±2 ℃,相对湿度保持在70%左右,保持暗环境和通风条件,然后进行细致常规管理即可。

(5)后代选择　从幼苗到花期,都应进行选择。生长期可选择抗病、耐热品种;开花期主要选择花色、花型及花香等观赏性状。

3) 诱变育种

^{60}Co、快中子等辐射育种试验表明,后代性状的变异率为0.6%。辐射诱变的趋势是,花色由浅变深或出现异色条纹和斑块,花径由小变大,花型由单瓣变重瓣,花瓣由窄变宽、由短变长、由平滑变折皱,还可诱发雄性不育系。化学诱变的变异率为0.15%,诱变后代的花色、花型基本不变,仅花瓣边缘出现异色花边。

16.4.5　良种繁育

(1)球茎切割　将健壮的球茎用消毒液浸泡晾干,纵切成块,使每块上保存完整饱满的芽组织,再消毒晾干,埋在无土培养基上,使芽露出,保湿培养,待长出新根、新叶后,起出上盆,转入正常管理。

（2）组织培养　将植株的外植体组织（根、茎、叶、花药）消毒后，取小段置于 MS + 2% 蔗糖 + 0.1 ~ 0.2 mg/L（单位下同）BA + 0.1 ~ 0.2NAA 培养基上置于 25 ~ 28 ℃培育。每天补光 14 h,光强度 1 500 lx 条件下,可诱导出愈伤组织,其中以叶段组织的诱导率为高,达 50% 以上。在 MS + 0.1 ~ 0.2BA 的培养基上,叶片愈伤组织可分化出芽和丛生苗,切取苗置于 1/2MS + 0.2IBA培养基上,可培养出生根植株。

（3）杂交制种　可采用品种间杂交制种和杂种一代制种法两种方式:仙客来品种间的远缘杂交具有显著的杂种优势,表现在株型硕大、丰满,叶片肥大,花量丰富,但群体内差异较大,第二、三代变异增加,退化明显。杂合型制种适用于批量较小的盆花生产之用。

自交纯化的二倍体品种内杂交,杂种一代性状稳定、表现一致,群体优势明显、株型适中、整齐,花量丰富,花期集中。但该制种方法操作复杂,尤其是制种亲本纯化需要 20 ~ 25 年。目前国内只有天津市园林绿化研究所进行了试验,种子品质已接近国际水平。

16.5　唐菖蒲育种

16.5.1　育种资源

唐菖蒲是鸢尾科（Iridaceae）唐菖蒲属（Gladiolus）的多年生球茎类植物,原种约300多种,也有说 184 种,其中大部分起源于非洲的南部、东部以及西部地区,只有 12 种起源于地中海地区、西亚和欧洲。

目前世界各地广为栽培的唐菖蒲并非纯粹的原种,而是由种间、变种间或种与变种间以及品种间反复多次杂交培育而成,其中真正参与杂交的重要原种和杂交种有忧郁唐菖蒲（G. tristis L.）、绯红唐菖蒲（G. cardinalis Curt）、报春花唐菖蒲（G. primulinus Baker）、紫斑唐菖蒲（G. pur-pureo-auratus Hook f.）等 11 种,唐菖蒲原种经过漫长、复杂的人工引种、杂交育种和选种,形成了如今品种万千的现代唐菖蒲。现代唐菖蒲品种已超过 1 万个,这些为新品种的选育提供了丰富的物质保障。

16.5.2　育种目标

（1）耐低温、低光强育种　现代唐菖蒲品种大多是夏花型的,在进行周年生产时,容易造成切花质量下降,因此必须培育出低温、低光照或日长不敏感型品种。如已育出的 5 种微型唐菖蒲均可在冬季低光强下良好生长,且比其亲本提早开花,并对黄瓜花叶病毒和豆类黄花叶病毒有较强的抗性。

（2）抗病性育种　危害唐菖蒲的病害包括唐菖蒲茎腐病、根腐病、干腐病、球腐病、锈病及病毒病等。近年,育种家们对其中的一些病害找出了一定抗性的种及栽培品种。

（3）观赏性状改良育种　许多具有香味的野生种作为育种基因资源时,将香味引入现代唐菖蒲杂种中,培育出带有香味的新品种。另外,还应培育耐贮运品种,有利于上市花期调控、专业化生产与长距离运输等问题的协调解决。

16.5.3　主要性状的遗传特性

现代唐菖蒲栽培品种是通过复杂的种间杂交而得来的,大部分是杂合四倍体,并且其许多数量性状(如早花性、株高、花穗长度、每穗上的小花数等)和一些质量性状(如花序的观赏性等)遗传力均不高,所以亲本的表现性能在后代性状中表现出来的几率不大。这一现象对研究性状在后代中的遗传规律极为不利,因此对性状的遗传特性的了解很少,育种工作者任重而道远。

16.5.4　育种技术

1)引种选育

引种时,应了解原有栽培地区的环境条件以及品种原有的特性,在本地进行试种,调查其对本地风土气候的适应性,考核其生育习性与生产指标。挑选出表现优良的种株,进行单选和单系培育。

2)杂交育种

(1)亲本选择　唐菖蒲的染色体基数为 $x = 15$,种间的染色体数差异很大,在 $30 \sim 180$ 之间变动。现代栽培品种多为四倍体,自身进行种间杂交不亲和。且遗传基因复杂,显性与隐性的表现无一定的规律,因此,亲本的选择性状应以在 F_1、F_2 代都呈显性者为佳。母本要选择抗性强、结实率高的品种,而父本则要求观赏价值高,花色纯正、鲜艳,花穗长,质地优良的品种。

(2)杂交时间　唐菖蒲从 3 月中旬—7 月底均可分期播种,在 6—11 月陆续开放。在不同的地区,最适的授粉期不同。总的原则是开花授粉时温度不宜过高或过低,长江下游地区以 6 月和 9 月最好,尤以 6 月为佳。

(3)授粉操作　授粉前根据设计组合,当杂交母本第一朵小花露色时,将第一朵小花与上部的花蕾剪去,留 $1/3 \sim 2/3$ 的小花 $2 \sim 5$ 朵,加以套袋隔离或将花瓣用线束起,防止污染。当第二朵小花初开,柱头呈羽状、发亮有黏液时,便具有接受花粉的能力,用剪刀剪去部分花瓣,用镊子去雄。将事先采集好的新鲜的父本花粉授到雌蕊柱头上,授粉完后,仍需套袋或将花瓣束起来以避免污染。剪去花穗上多余的小花,设立支柱并挂牌。

(4)种子采收、播种、筛选　授粉后一个半月左右,种荚成熟呈褐色后便可采收。阴干后装袋、贮藏,然后于 4 月(露地)或 9 月上旬至 10 月上旬(温室)播种,精心管理,并在开花后根据选种原则进行新品种的筛选,以最终达到选育新品种的目的。

3)诱变育种

唐菖蒲基本上是使用 ^{60}Co-γ 射线在适宜的剂量下辐射处理。再按常规方法播种和管理,筛选出有价值的突变体。

16.5.5　良种繁育

1）子球繁殖

（1）种植前预处理　子球是由唐菖蒲老球和新球之间长出的匍匐茎顶端膨大而成,子球在种植前必须先解除休眠。一般情况下子球经过冬季的低温(0～10 ℃)贮存可解除休眠。然后再进行种植前的预处理即热水处理和杀菌剂处理。先将子球在30 ℃左右的温水中浸泡2 d,使子球厚硬的外皮软化,并剔除漂浮在水面上的劣质子球。然后用53～55 ℃苯菌灵、克菌丹等杀菌剂热溶液浸泡30 min,药液处理过的子球用清水冲洗10 min后可立即种植。如不马上种植,则需将子球在浅盘上晾干,贮存在2～4 ℃条件下待用。

（2）土壤处理　子球的种植要选择阳光充足、排水良好、土层深厚的沙质壤土。病虫害要少且不能重茬种植,最好用化学试剂消毒和蒸汽灭菌两种方法对土壤进行消毒。

（3）子球栽植　子球一般春天种植,秋天收获。子球的定植一般采用沟栽。栽后覆土,然后稍微镇压。出苗后注意肥水管理。

（4）收获　秋末当唐菖蒲叶片开始枯黄时,可收获小球茎。晾干,贮藏。收获后的球茎再经过1年的栽培即可成为切花生产用球。

2）球茎切割繁殖

球茎切割繁殖是把球茎切成数块分别栽种的无性繁殖方法。选择生长发育良好、个大无病虫害的唐菖蒲球茎,用干净的刀片将球茎切成几块,每块都应至少带有1个充实的茎芽和根原基的茎盘。根原基呈圆圈状排列。切好的茎块可用0.5%的高锰酸钾浸泡20 min,或在切面涂以木炭粉或草木灰以防腐烂。切好的茎块应立即种植,栽植时茎芽向上,栽植深度5～10 cm,大茎块可比小茎块种得深些。用这种方法繁殖的唐菖蒲当年可开花,但花期较晚,且很容易感染病虫害,还会出现品质退化现象。因此,在大量商品切花生产中一般不采用这种方法繁殖。

3）组织培养繁殖

唐菖蒲的球茎、茎芽、侧芽、花梗、嫩梢、花蕾、花托、花瓣、球茎切块等部位都可作为外植体诱导再生植株。其中以取包在叶鞘内的幼嫩花茎作外植体较好,因接种后污染率较低。对于外植体的处理,可先去除外面的叶片,再用70%的酒精、10%的次氯酸钙溶液灭菌,用无菌水冲洗干净,然后接种在MS培养基或N_6培养基中。保持培养温度20～25 ℃,每天光照10～16 h,光照强度800～2 000 lx。用组培法可使唐菖蒲的繁殖率大大增加,为规模化生产创造了条件。

复习思考题

1. 百合育种的主要目标是什么? 如何实现这些目标?
2. 百合种球退化的主要原因是什么? 如何防止退化?
3. 如何进行荷花的杂交育种?
4. 如何选择荷花新品种?

5. 郁金香主要分布在什么地方？我国与荷兰各有几种？

6. 杂交育种对郁金香品种改良作出了哪些贡献？生物技术在郁金香育种的哪些方面会有进一步发展？如何发展我国的郁金香产业？

7. 如何进行仙客来的杂交育种？

8. 如何进行仙客来的良种繁育？

9. 唐菖蒲育种的主要目标是什么？

10. 唐菖蒲种球良种繁育应注意什么问题？

17 花木育种

微课

[本章导读]

　　本章主要介绍了牡丹、芍药、梅花、月季、杜鹃、茶花、桂花等几种常见花卉的遗传与育种知识。重点涉及遗传资源、育种目标及遗传特点、育种方法及良种繁育与展望。目的是使学生了解并掌握几种花木育种的常用方法及注意事项,并在今后的生产实习中参考应用。

17.1　牡丹芍药育种

17.1.1　育种资源

　　牡丹、芍药均属芍药属植物,一直以来深受人们喜爱。芍药属植物约有33个种,染色体数为 $2n=10$,分为3个组:牡丹组、芍药组和北美芍药组。除中国原产的种类外(其中部分种在国外其他地区亦有分布),在世界各地还分布有17个种及若干亚种、变种。其中牡丹组中有牡丹 (*Paeonia suffruticosa*)、卵叶牡丹(*P. qiui*)、杨山牡丹(*P. ostii*)、紫斑牡丹(*P. rockii*)、四川牡丹(*P. decomposita*)、黄牡丹(*P. lutea*)等几个种;芍药组中有草芍药(*P. obovata*)、山芍药(*P. japonica*)、芍药(*P. lactiflora*)、多花芍药(*P. emodi*)、欧洲芍药(*P. peregrina*)等多个种。多个种经长期栽培,在各地形成了许多品种。据不完全统计,全世界牡丹品种约有1 600多个,芍药品种在3 000个以上。中国牡丹品种在800个以上,芍药品种400余个,可见其育种资源极为丰富。

17.1.2　育种目标

1)品质育种

　　(1)丰富花色　中国现有牡丹、芍药品种中,均缺乏真正的黄、绿、蓝及鲜红色彩。丰富花色仍然是主要任务。

　　(2)延长花期　二者花期较短,也较集中,因此选育单株花期较长的品种,增加早期、晚期品种数量,是育种目标之一。

(3)色香兼备　培育花色艳丽、花型丰富、香味浓郁、开花容易的新品种,当是牡丹、芍药的育种目标之一。

(4)特色品种选育　包括牡丹、芍药切花品种和微型牡丹的选育,多次开花品种的选育等。

2)抗性育种

主要是增强耐寒性、耐湿热性和抗病虫害能力品种的选育工作。

3)提高繁殖能力、缩短实生苗开花年限

牡丹实生苗生长缓慢,需4~5年以上才能正常开花,使育种周期延长。需要选育繁殖容易、实生苗开花早的品种。

17.1.3　主要性状遗传规律

牡丹花色遗传相当复杂,在决定花色的多个因素中,最主要的是花色素。花色素主要由色素种类、色素含量和色素分布三大因素所决定,也即由控制色素种类、含量及其分布,控制细胞液酸碱度以及使生成助色素等的基因或基因群所决定。任一部分有所变化,花色即呈现不同。如要使花色鲜艳,必须有一定的色素积累。另据陈德忠等人对紫斑牡丹的主要性状遗传特性的研究表明:在具不同表现型的亲本杂交后代中,具母本性状的个体数量显著高于具父本性状的个体数量,说明紫斑牡丹受母性影响较大,并且相对于其他花色和重瓣性而言,白色和单瓣性两个性状的遗传力均较强。

17.1.4　育种方法

1)引种驯化

种质资源的搜集和研究,世界各国都很重视。对我国丰富的芍药属种类,应在摸清家底,加强就地保护的同时,选择合适地点,建立种质资源圃,实行迁地保护;同时搜集世界各地的芍药属植物(包括种与品种),开展系统研究与育种工作。不论北引还是南移,均应从以下几个方面注意:

(1)栽培环境　注意原产地与引种地气候、土壤条件的差异,引种与逐步驯化相结合,循序渐进。

(2)苗木引进与播种相结合　引种驯化与杂交育种、实生选育相结合。对于有一定抗性的种类直接引进苗木栽植,可大大缩短引种工作进程,但不应忽视近区采种,逐步驯化改良的原则,对东北地区的抗寒育种与南方的抗湿热育种尤为重要。

2)选择育种

(1)芽变选择　芽变选择是获得新品种的重要途径。当牡丹栽培个体受到环境条件、栽培技术以及体内代谢的影响,都有可能发生体细胞突变,进而形成芽变。要经常注意观察,一旦发现优良性状变异,应立即标记,并通过嫁接等方法将其固定。将性状优良的单株单独繁殖选育,

可望获得新的优良品系。

（2）实生选种　即在实生苗群体中,通过反复评选,即经单株选择而育成新品种。选种时可根据以下要点决定去留:

①初开花时,雄蕊多达 100 枚以上时,多是单瓣花,初开花时雄蕊少,花瓣也少的,多为重瓣。

②初开花时,雌雄蕊已有少量瓣化或变态的,以后逐渐变为重瓣。

③花色从初开起,以后极少变化。

④有些重瓣品种不易结实,或结实后种子较弱,其实生苗也较弱,但往往有较高观赏价值。

⑤花瓣的大小、多少及香味浓淡与水肥条件、栽培管理条件密切相关。

3）杂交育种

（1）正确确定育种目标　育种工作要从实际出发确定主要目标,可能条件下兼顾其他次要目标。如在中原一带,牡丹、芍药育种的重点应是提高观赏品质与抗病性,兼及其他;但在江南一带,则耐湿热育种应是主攻方向;而在东北地区,抗寒育种是首要任务。

（2）注意选择亲本,配制杂交组合　亲本应该具备育种目标所需要的突出的优良性状,尤其是母本性状,双亲之间的优缺点要能相互弥补。此外,野生种应用潜力很大,丰富花色、延长花期、增强抗性等育种问题,均可利用野生种质资源加以解决。

（3）提高杂交结实率和杂种成苗率　可采用多次重复授粉、化学药剂或激素处理柱头、杂种胚培养、花期调控、加强培育、细致观察等方法提高结实率和成苗率。

4）倍性育种

倍性育种包括多倍体诱导、单倍体诱导等。芍药属植物染色体大,数目少,是从事倍性育种的好材料。通过用秋水仙素、咖啡碱等药剂,对牡丹、芍药进行诱变处理可产生多倍体,同时芍药组中本身就存在天然四倍体及二倍体与四倍体混倍种(如草芍药等),可通过人工加倍的四倍体与四倍体种类进行远缘杂交。

17.1.5　良种繁育及展望

牡丹、芍药育种虽然已经取得重要成就,特别是为牡丹逐渐成为世界名花奠定了基础,但传统育种技术仍占主导地位。如组织培养等新技术在牡丹繁殖中仍处于试验阶段,一些主要问题还未得到根本解决,因此良种繁育仍需采用常规嫁接技术。其加快繁殖的关键是尽快建立采穗圃,使能提供更多优良接穗。

17.2　梅花育种

17.2.1　育种资源

梅花属于蔷薇科李属(*Prunus*),我国现有梅花品种 323 个,果梅品种 100 多个,分属 3 种系、5 类、18 型。其中 249 个品种(77%)是通过种质资源调查从国内各地搜集的,另外 75 个品种(占 23%)是人工选育的。主要来自自然梅树群落中的纯野梅,如原变种(*Prunus mume* var. *mume*)、厚叶梅(var. *pallescens*)、蜡叶梅(var. *pallidus*)等。半野生梅主要有毛梅(var. *goethartiana*)、长梗梅(var. *cernua*)、小梅(var. *microcarpa*)、杏梅(var. *bungo*)、常绿梅(f. *sempervirens*)等。这些野生和半野生类型分布在我国南方的 15 个省(区)。同时梅栽培品种的变异谱在同属植物中也名列前茅,并且梅与整个核果类,即大李属均有一定的亲缘关系,这些均决定了梅花的育种资源丰富,为培育新品种奠定了基础。

17.2.2　育种目标

(1)花色　选育颜色较深的黄香型、朱砂型中的深红重瓣和绿萼型的白色重瓣品种。

(2)花期　应选育超早花或超晚花的品种,以延长群体花期。

(3)抗寒性　抗寒品种的选育将是梅花育种的长期目标,尤其要选育能在低温下开花的品种。

(4)姿态　选育树型矮化或丛生的品种是"改革梅花走新路"的目标之一。另外,从枝姿来看,龙游型和垂枝型的也较少。

17.2.3　育种方法及良种繁育

(1)实生选种　实生选种是得到现有 323 个品种的主要途径(占 58%)。如果对一些重瓣性较强、结实率不高的优良品种进行人工辅助授粉,则会得到更好的品种。

(2)杂交育种　杂交育种是观赏植物品种改良的主要途径,对改良梅花的观赏品质更是潜力巨大。因在现有的 323 个梅花品种中,只有 8 个来自杂交育种(含远缘杂交,不含实生选种),仅占 2.5%。梅花杂交育种的最佳地点应选在品种资源丰富的中国梅花品种资源圃(武汉)或南京中山陵梅花山进行。

(3)远缘杂交　远缘杂交是获得抗寒、矮化或丛生等目标的最有效的方法。对于培育能在北方露地栽培的抗寒梅花,或适宜切花栽培的灌丛型"二度梅",远缘杂交是主要途径。事实上,我国在梅花远缘杂交抗寒育种上取得了重要成果,目前已有 14 个抗寒梅花品种能在北京露地生长,其中 12 个是远缘杂交育成的品种。

(4)诱变育种　广义的诱变育种包括辐射诱变和多倍体育种。梅花的辐射诱变仅见一例报道。多倍体育种在我国还没结果,但日本在 20 世纪 30 年代报道过出现梅的三倍体($2n = 3x = 24$)。

(5)基因工程与分子育种　由于梅花所需要的一些目的基因已被分离,同时近缘种目的基因的分离与梅花遗传转化体系的建立,也将为梅花抗寒基因工程、矮化基因工程等奠定基础。所以利用现代基因工程进行梅花的抗寒育种和株型育种前景广阔。

17.3　月季育种

17.3.1　育种来源

月季是蔷薇科蔷薇属(*Rosa* L.)植物,染色体数:$2n = 2x,3x,4x,5x,6x,8x = 14,21,28,35,$ 42,56。野生资源丰富多彩,有许多种及其变种,并有多种分类方法。全世界 164 个种,分成 4 个亚属、10 个组;中国产和引进的 82 个种,分成 2 个亚属、7 个系、8 个组。其中包括的部分种 及其变种有月季花(*R. chinensis*)、巨花蔷薇(*R. gigantea*)、野蔷薇(*R. mutiflora*)、百叶蔷薇(*R. centifolia*)、麝香蔷薇(*R. moschata*)、玫瑰(*R. rugosa*)、黄刺玫(*R. xanthina*)等。全世界有记载的 月季品种也已多达 2 万个,其中绝大多数都是现代月季品种,如灌丛月季(Shrubs)、杂种香水月 季(Hybrid Teas)、壮花月季(Grandifloras)、微型月季(Miniature)等。这些都是月季育种的种质 材料,是遗传资源最为丰富的园林植物之一。

17.3.2　育种目标

(1)花色　花色是月季的重要观赏性状之一。因此改善提高月季的花色一直是育种的重 要目标,包括培育白色、黄色、橙色、粉红色、朱红色、红色、蓝紫色、表里双色(花瓣正背面颜色 不同)、混色(含变色、镶边色、斑纹嵌合色)等新品种,特别是白色纯正、黄色不褪色、红色不黑 边的新品种,也包括培育真正蓝色、黑色、绿色等珍奇品种,使品种不断更新,花色更加丰富 多彩。

(2)花香育种　培育浓香月季品种,对提高月季的观赏品质和芳香油含量都是十分重要的 育种目标。

(3)花型　培育高心杯状型品种是育种者追求的目标之一。培育高心翘角杯状花型,一般 选用长阔花瓣、中脉明显而粗、主次脉分枝次数多、瓣缘肉薄的品种作亲本;培育高心卷边杯状 花型,一般选用圆阔花瓣、主脉分枝次数多、瓣缘和瓣中厚度差异小的品种作亲本。

(4)花期　四季开花性,即连续不断开花是现代月季绝大多数品种的基本特征,也是月季 的重要优点之一。因此四季开花性状一直是育种的首要目标。

(5)株型　月季株型有灌丛、矮丛、藤本、矮生等类型,不同的用途需要培育不同株型的品 种。因此株型也是育种必要的目标。

(6)抗性　为延长月季的观赏期和提高品质,减少病虫害防治等管理,应把抗寒、抗旱、抗 高温高湿、抗病虫害等性状作为育种目标,以培育出花期长、抗性强的露地和保护地栽培应用的 品种。

17.3.3　主要性状的遗传规律

（1）花色　花色遗传为数量性状遗传，也表现出明显的显隐性遗传趋势，红色对白色、黄色为显性。

（2）花香　花香为数量性状遗传，且遗传力较强，如浓香与不香的品种杂交，后代全部表现为有不同程度的香味，没有不香的植株。

（3）花型、花期及株型　三者均是可遗传性状，花型遗传中，具高心杯状型性状的品种间杂交就能获得高心杯状型后代。花期遗传中，四季开花的品种间杂交后代全部表现为四季开花性状。已经证实，一季开花对四季开花为显性。株型遗传中藤本对矮丛株型为显性。另外，月季抗黑斑病趋向于显性遗传，抗白粉病趋向于隐性遗传。

17.3.4　育种技术

1）引种

月季引种一直是丰富某一地区种、变种，特别是品种的重要方法。在月季栽培和演化发展史上，引种起到了重要作用。引种使月季野生类型成为栽培类型，中国月季和欧洲的蔷薇有机会杂交演化产生了现代月季，野生资源和栽培品种得到了充分利用，使月季栽培分布区扩大到南半球地区。月季引种一般采取确定引种类型及其品种、引种试验、栽培应用鉴定这一引种流程进行。

2）杂交育种

（1）去雄　首先按照选择亲本的原则选定父母本，然后将母本植株上发育正常当天或次日要开的花苞，在初开期去掉雄蕊。以每天上午10:00以前为好，一般采用镊子或手去掉花瓣萼片，再去掉雄蕊的方法；少量杂交也可剥开花瓣只去掉雄蕊。去雄后套袋（硫酸纸袋等）隔离，以防自然授粉混杂。

（2）授粉　一般在去雄后次日上午10:00以前进行，此时母本雌蕊柱头已分泌黏液，将事先采好的花粉用干毛笔等授粉工具涂于柱头上；第二天重复授粉并套袋，挂牌，7~10 d进行检查后去掉纸袋，进行正常管理直到成熟。

（3）播种与选择　10—11月果实成熟收果采种，然后进行1~5 ℃低温沙藏处理50~60 d，沙藏后的种子播种，5 ℃以上就发芽出苗。逐级选优去劣，直到符合育种目标的性状稳定，最后选出优良的植株进而成为新品种。

3）芽变选种

月季花色、株型的芽变频率较高，特别是现代月季品种常易产生芽变，这就给培育新品种提供了机会。经常细致地去观察，及时使芽变分离、纯合、稳定繁殖，是芽变选种的关键。

4）诱变育种

月季的诱变育种包括物理诱变和化学诱变。国内的月季诱变育种主要采用物理诱变中的射线诱变即辐射育种。射线包括 X，β，γ 射线和中子等。

5）生物技术

生物技术作为月季育种新方法还刚刚起步，但难度很大，至今还没有培育出一个新品种。因此生物技术在月季育种上的应用还需进一步研究探讨。

17.3.5 良种繁育

首先，要扩大繁殖材料的来源，可采用增施肥水，合理修剪和摘心，摘花蕾控制开花，高接扩繁等，促进营养生长产生大量的枝芽。其次，是经济利用繁殖材料，以单芽嫁接和扦插，提高成活率。在栽培中要加强管理，早嫁接、早成苗、早出圃，改进繁育技术，延长繁殖时间，采用保护地育苗和露地育苗相结合、周年嫁接和扦插、茎尖组织培养等技术。

17.4 杜鹃花育种

17.4.1 育种资源

杜鹃花属于杜鹃花科（Ericaceae）、杜鹃花属（Rhododendron），其野生资源极为丰富。全世界共有杜鹃花 1 140 种。分布于亚洲的杜鹃花计 1 105 种（含亚种和变种）。中国的杜鹃花种类就有 566 种（包括亚种和变种），其中特产于我国的种类就有 399 种。杜鹃花的分布及资源蕴藏量主要集中于中国，我国西南地区是世界杜鹃花的分布中心和多样化中心。杜鹃花的品种上万个，众多的杜鹃花野生资源和品种资源，为杜鹃花的杂交育种提供了基本的研究材料。

17.4.2 育种目标

1）花色

野生杜鹃花的花色除红、粉、白、橙、黄、蓝、紫诸色之外，又有浓淡的变化，变化使得杜鹃花色彩斑斓纷呈。人们在过多地追求变化之后，现又趋向于培育纯色花，如纯白、纯黄、纯红等。特别是明亮的黄色、恬静的蓝色等更是珍贵。

2）花期

杜鹃花开花大多集中于 4—6 月。要杜鹃花提前开花必须选择有早花习性的亲本，如马银花亚属的红马银花。晚花种类如绵毛房杜鹃和黑红血红杜鹃，花期均在 6—7 月，用作亲本可以延迟后代的花期。

3）培育重瓣大花

无鳞类杜鹃中极少种是重瓣的，因此育种者们又把目标集中在了常绿无鳞杜鹃花的重瓣大花的选育上。

4）香花

目前,世界上已知野生杜鹃中具有香气的杜鹃花约40种,可选用其中的作为亲本。具有香气且色彩鲜艳的杜鹃花在很长一段时间内仍是育种者的目标之一。

5）培育矮生型杜鹃

因杜鹃花大多为小乔木或大灌木,追求培育矮生杜鹃就成了育种者的另一目标。

6）抗性育种

（1）抗热　可从两个方面考察其耐热性:一是8月盆栽杜鹃的盆底如有白嫩的新根生出,即表示有耐热的能力,如新根呈现褐色,则表示该品种不耐热;二是观察其叶片的反卷程度,杜鹃在干热情况下,为减少蒸腾常将叶片反卷,如叶片反卷程度大,则表示该品种耐炎热及干旱。

（2）耐寒　选育抗寒性的杜鹃花是南种北引的关键,也是育种家追求的目标。国外已育出了一些较耐寒的品种,如美国东北部的酒红杜鹃能耐 $-32\ ℃$ 的低温,是抗寒育种的重要种质资源,以它为亲本育出了许多耐寒且红花艳丽的品种。

17.4.3　主要性状的遗传规律

有资料报道,在杜鹃花众多花色中,红色花为一个显性强单因子控制,白花为一个弱基因控制,黄色花除受基因控制外,还与细胞内色素形成的化学变化有关。淡色的花朵具香味,并且香气基因在 F_1 代为隐性, F_2 代才出现。

17.4.4　育种技术

1）引种驯化

野生种的引种驯化国外始于20世纪30年代,国内则起步较晚,20世纪60年代初开始野生杜鹃的引种工作,20世纪80年代初又进行杜鹃花的引种驯化。现中科院昆明植物园已引种驯化成功了141种（包括亚种、变种）野生常绿杜鹃花,并在此基础上进行了杜鹃花的选育种研究。

2）杂交育种

（1）去雄　杂交前按照亲本选择的原则做好亲本选配工作,然后选择母本即将开放的花朵,于早上10:00以前将花瓣剥开然后将雄蕊去掉,当柱头分泌出黏液,表面有光泽时便可授粉,然后套袋。

（2）授粉　杜鹃花的花药是生在花丝顶端的一对壶状物,开口在上部,内部藏有花粉,花粉互相黏成花粉块。授粉前可先做花粉的萌发实验,最便捷的方法是用染色法测定花粉生活力。如花粉呈蓝色即说明该花粉成熟度高,有萌发率,授粉时一般选晴天无风之日,于上午10:00左右用镊子将花药取下,花粉囊口向下在花柱上轻轻抖动,使花粉块轻轻落在柱头上,或轻抹在柱头上。从花粉萌发到花粉管伸入约需 2 h。为确保授粉成功,可在柱头成熟后的 2~3 d 内再重复授粉 1~2 次。杂交后一定挂牌,并进行登记以免混杂。

（3）采收播种　果实的采收一般在 10 月进行。收后放在室内晾干等果瓣开裂,种子自然落出进行收集,并写明亲本,然后可在当年将种子播下,这样可以缩短杂交育种的周期。

3）诱变育种

可用辐射处理和秋水仙素处理以诱变出新品种。到目前为止,我国用放射线处理杜鹃花种子使其发生变异,尚无先例。也有用不过滤的 X 光处理杜鹃花种子的报道。用秋水仙素处理杜鹃花的种子,先将种子放在培养皿的湿纸上,将 1 g 秋水仙素溶于 100 mL 水中,倾入培养皿,每 8 h 取出种子的 1/6,清水洗后播种。处理后可使杜鹃花染色体由二倍变为三倍。如用 1% 秋水仙素处理幼枝生长点,或用棉花球浸足溶液包在枝顶,都有同样的效果。

17.4.5　良种繁育

（1）扦插繁殖　高山常绿无鳞类杂交种扦插繁殖时需进行激素处理,用 IBA 处理,以刺激生根。一般选在 7—9 月采条扦插较适宜。

（2）嫁接繁殖　嫁接方法有枝接、芽接、靠接、嫩枝顶接及侧接几类。嫁接时砧木可选择长序杜鹃、大白花杜鹃、锦绣杜鹃,这些砧木具有广泛的亲和力。

（3）组织培养　利用杂交种的顶尖分生组织进行组织培养也是良种繁育的一种有效途径,但国内这方面尚未开展该项工作,需进一步研究、探讨。

17.5　茶花育种

17.5.1　育种资源

茶花是山茶、云南山茶、金花茶、茶梅、西南红山茶、怒江红山茶、冬红山茶等的统称。大多数山茶、金花茶为二倍体,$2n=2x=30(x=15)$。茶花主要集中分布于我国南部和西南部,是世界茶属植物分布的中心,仅有 20 余种扩散至毗邻的中南半岛北部。并且经过长期的杂交育种,目前已选育出园艺品种 3 万多个,现国际茶花协会登录的品种达 2.2 万个。但我国山茶栽培品种仅 300 多个,云南山茶 140 多个,所以育种工作者应利用我国种质资源,培育有特色的山茶新品种,把种质资源优势变成产品优势,振兴我国茶花业。

17.5.2　育种目标

（1）花色　培育蓝紫、深黄、橙黄茶花,应选择带有目标颜色的品种作亲本,但要注意克服杂交障碍。

（2）花期　培育早花或晚花茶花,茶花的开花期多半是秋季,如油茶、茶梅、茶等;春季开花的有山茶花、云南茶花、黑牡丹等。有长期开花的,开花期3—11月。综合利用这些亲本性状,就能创造早花、晚花甚至四季开花的茶花。

(3)姿态   培育矮生型、多花型、垂枝型、曲枝型茶花,可选用树型紧密的怒江山茶、小花多花的连蕊茶组和毛蕊茶组。枝条纤细的茶梅、枝条悬垂的云南连蕊茶、玫瑰连蕊茶等都可选作亲本。

(4)培育芳香型山茶花   山茶花花大而美,但大多无香味。可选用秃梗连蕊茶、蒙自连蕊茶、毛花连蕊茶、茶梅等作亲本。

(5)培育抗寒、抗病茶花   可选择抗寒性强的红山茶、日本的雪山茶、云南高山的五柱滇山茶、大理大叶茶、怒江红山茶、西南红山茶、蒙自连蕊茶等进行杂交,以选育抗寒品种。

17.5.3   主要性状遗传规律

山茶花花色的深浅是受微效多基因控制的,红色有累加效应,白色花受一对白化隐性基因控制,杂色多是由病毒引起,固定条斑或斑块多可遗传,受一对隐性基因控制。山茶的花形、花径和花期均受微效多基因控制,且有累加效应。在有性杂交情况下,香味可遗传,但其遗传机理尚需研究。

17.5.4   育种技术

1)引种

山茶属主产我国,现已引种到世界上20多个国家。国内除少数省市外,大多数省市已种植。由于现代交通快捷,目前通行的是引种种条,因此用最适应当地的实生油茶作砧木,用枝接或芽接,成活率高,适应性强,开花早。引种珍贵稀有野生种苗时要慎重,移植时尽可能带土团或采用高空压条,待生根后再移入新区,并创造相似的生态环境,避免种质资源的破坏。

2)选种

优株指在整体性状或某些主要性状上远远超过立地条件周围的同种同龄单株。山茶属异花授粉植物,在自然繁殖或人工繁殖的情况下,通过评选、繁殖、对比试验,产生新的品系。如"金杯""金吊钟""黄铃铛"等优株。实生选种在品种选育中仍占主导地位。

3)杂交育种

(1)去雄套袋   当花蕾已着色,花瓣稍松开时,用剪子剪去下部花冠及花药,如花药掉在子房基部,必须小心剔除,然后套上牛皮纸袋,如花瓣已全部张开,表明雌雄蕊已成熟,去雄已晚,不宜做杂交。

(2)授粉   授粉时间一般选择在去雄后2~3 d,柱头分泌黏液时进行。如刮风、下雨、天气寒冷时,往往影响花粉粒的萌发和生长。试验表明,温度在15 ℃以下时,花粉粒即失去活动能力,−4 ℃以下时造成严重损害。为保障授粉成功,最好用盆栽母株在低温温室或选择背风向阳、小气候条件较好的环境进行杂交。如用冰箱贮藏过的花粉,最好在授粉前做发芽试验。如发芽率显著降低,授粉时要适当加大授粉量或重复授粉。4 d后卵细胞受精,1周后柱头萎蔫,表明授粉成功。

(3)采收播种　山茶种子成熟时,胚就停止生长,进入休眠期,种子采收后可沙藏或低温储藏(0~4 ℃)。翌年春天播种,气温25 ℃时,发芽极为迅速。

4)单倍体育种

金花茶适宜接种期为早春花蕾时的小孢子单核期,启动培养基为 MS + 6BA 1 mg/L + KT 0.2 mg/L + NAA 0.5 mg/L。胚状体形成后要及时解除激素和生长素,并降低培养基中无机盐的浓度(大量元素减半),以利于胚状体的发育成苗。

5)多倍体育种

茎尖试管诱导的最适秋水仙素浓度为 0.04% ~ 0.1%,处理时间为 12 ~ 24 h。最高诱导频率可达30%。在离体诱导中处理前的暗培养40 d和处理后经3周的冷藏(8 ℃)可以提高诱导效果及植株存活率。

17.6　桂花育种

17.6.1　种质资源

桂花属木樨科。染色体数 $2n = 2x = 46$,原产于我国西南及华中地区,印度、尼泊尔及柬埔寨等国也有分布。中国为该属植物的分布中心,资源丰富,该属植物全世界有30种,我国有25种,占世界总种数的83.3%。种内形态变异大,品种丰富,如采用传统的四大类群为基础所分成的四季桂品种群(型)、金桂品种群(型)、银桂品种群(型)、丹桂品种群(型)四类品种群。总之该属植物种类多,利用潜力很大,本属植物的花均具芳香,为著名的芳香植物,很多种类可直接应用于园林,有的种类为很好的育种原始材料。

17.6.2　育种目标

桂花虽为一优良的园林树种,但花期比较短促,一般仅两周时间,所以培育花期长的品种显得尤为重要。桂花因其花小,花型单一,所以培育大花、花型多样品种是育种目标之一。桂花花色较单调,一般以黄色为主,培育花色丰富的品种也是育种方向之一。桂花适应性不太强,对不良环境条件反应比较敏感。培育抗逆性强的品种,尤其耐寒、耐水湿的品种已是当务之急。

17.6.3　育种方法

1)引种

木樨属野生资源,除了桂花在园林中广为栽培外,其他很多种类仍自生自灭于山野之中,近年来这一工作已引起园林工作者的重视。石山桂花、宁波木樨、红柄木樨、短丝木樨、香花木樨、山桂花等均为颇有发展前途的园林绿化植物,可直接引种栽培。但在引种时必须注意适地适树,因地制宜,因种制宜。此外还应大力开展种内不同种源与区域的植物引种,特别是一些生境特殊地区的种源,往往存在某些抗逆性的种质,应加以引种与研究。

2)实生选种

桂花易发生天然杂交,在实生繁殖的条件下,个体变异比较复杂。所以有计划地从野生群体中采种育苗,从实生苗中选择优良变异类型,从而育成新品种。实生采种时应注意从那些遗传多样性高的地区采种,还应注意收集不同地域的种子,但这种选育方法花费时间较长。故在幼苗期进行选择时除了淘汰劣株、病株外,不要轻易淘汰幼苗,一般应经多年观测;若选择花的变异类型,则选择应持续到花期。

3)杂交育种

杂交是获得桂花新品种的一个重要途径,桂花近缘种变异丰富,分布地区也甚宽广,应大力开展远缘杂交以获取新优类型。桂花杂交育种有两种情况:首先,种内存在天然杂交,目前多利用天然杂交的种子选育优良类型;其次,是进行人工杂交,但有组织地进行人工杂交尚属不多。有的桂花品种不结实,这是育种者选择母本时须注意的;此外,木樨属内植物花小,操作时应注意及时去雄与套袋。对于花期不一的父、母本,可收集花粉后短时低温贮藏或利用光温调控使植株花期一致。杂交所获种子应及时采集,一般需沙藏数月以利后熟,然后播种。对杂种苗的选择,那些幼年期可表现出来的性状可进行早期选择,否则必须逐年观察选择,但这样花费人力、物力较大,因此如何在苗期就预测出成年树的优劣,是一个亟待解决的问题。对中选的优良单株繁殖成无性系,然后与对照品种一起栽植,进行观察、比较、选择、鉴定等一系列过程。

4)生物技术育种

桂花为木本植物,用常规方法获得自交系相当困难,利用生物技术选育新品种已成趋势。

(1)利用单倍体育种　应用花药、花粉离体培养获得单倍体植株,再将单倍体植株人工加倍使之成为纯合的二倍体,就能获得稳定的自交系。

(2)利用分子标记辅助育种手法　近年来一系列分子标记的发展与完善,利用等位酶、RFLP等方法可对某些性状进行标记与定位。从而检测某些性状在子代中是否存在或表达,从而大大节省子代检测所需年限,有望加速育种进程。

(3)基因工程　转基因技术为获得桂花的崭新品种提供了一种新的思路,为大花型、新花色、抗逆性强或具其他优良性状的新的桂花类型与品种的产生创造了良好的条件,为今后桂花育种工作提供了良好广阔的前景。

复习思考题

1. 试述中国芍药属花卉种质资源的特点。

2. 牡丹育种的主要目标是什么? 如何实现?

3. 如何利用梅花的种质资源来实现梅花育种的目标?

4. 试论常规育种对梅花育种的贡献。

5. 从月季育种进展分析月季育种的目标有哪些？

6. 如何将常规育种与生物技术相结合培育月季新品种？

7. 杜鹃花的育种目标是什么？

8. 试述杜鹃花杂交育种的技术要点。

9. 杜鹃花的良种繁育应注意什么问题？

10. 当前我国茶花育种的主攻目标是什么？

11. 在茶花杂交中如何提高杂交成功率？

12. 桂花的育种方法有哪些？

13. 当前桂花的育种目标是什么？

14. 以月季为例，详细论述其育种及品种演化历程。

18 实训指导

实训1 植物花粉母细胞减数分裂的制片与观察

1）实验目的

了解植物花粉形成中的减数分裂过程,观察此过程中染色体的动态变化和各个时期的特征,学习并掌握制备减数分裂玻片标本的方法和技术。

2）实验说明

高等植物性细胞的形成过程,都是先由有性组织(胚珠和花药)中的某些体细胞分化为孢母细胞($2n$),这些孢母细胞连续进行两次分裂,即减数第一次分裂和第二次分裂,产生4个小孢子(n),再发育成雌、雄配子体。

3）实验材料、用具及药品

(1)实验材料　松类小孢子叶球或其他植物适当大小的花蕾,如玉兰、百合等。

(2)实验用具及药品　显微镜、镊子、解剖针、载玻片、盖玻片、培养皿、酒精灯、量筒、吸水纸、滴管、卡诺氏固定液、醋酸洋红、石蜡黏胶。

4）方法步骤

(1)取材　选取发育到适当时期的花蕾是观察花粉母细胞减数分裂的关键性步骤。减数分裂的植株形态和花蕾大小,依植物种类和品种而不同,须经过实践记录,以备参考,通常应从最小的花蕾起试行观察,例如水仙减数分裂一般在球茎未萌动前。

(2)固定　将采集的实验材料置于卡诺氏固定液3 h,换入70%的酒精中,若保存时间较久,可放在70%的酒精:甘油为1:1的溶液中。

(3)染色　取固定好的花蕾置于载片上,吸去多余的保存液,用解剖针将花药横切,滴上一滴醋酸洋红溶液染色。为了加强染色效果,也可在酒精灯上微微加热,即手拿载玻片在酒精灯上方来回晃动4~6次,切勿使载玻片达到烫手的程度。

(4)压片　用针头轻压花药,挤出花粉母细胞,去除空壳,加上盖片,在盖片上覆一层吸水纸,并把周围的染色液吸干。用拇指轻压盖片,使成堆的花粉母细胞散开,勿使盖片错动。立刻置于低倍镜下观察,注意观察减数分裂不同时期典型的花粉母细胞及其动态变化。

(5)封片　如有清楚的分裂图像,分裂时期典型,可用石蜡黏胶(2/3 石蜡溶入 1/3 松香)将盖玻片的四周封起来,写上分裂时期,即可临时保存。

5)作业

画出所观察到的典型图像,并标出各为减数分裂的哪个时期、有什么特点。

实训2　分离规律的验证

1)实验目的

通过对玉米杂交后代与粒色显性和隐性性状的观察、统计,验证分离规律,并加深对分离规律的理解。

2)实验说明

限于目前园林植物中用于进行分离规律的分析的典型材料较少,故用遗传分析较为成熟的玉米为材料进行分析。用玉米进行研究分离规律主要有以下优点:

(1)由于"花粉直感"现象,很多性状可在种子上看到。

(2)同一果穗上有数百粒种子,便于计数分析。

(3)雌雄蕊长在不同花序上,去雄容易,杂交也方便。

(4)便于贮藏保管。

(5)玉米是一种经济作物,有些实验结果可直接用于实践,且由于经过多年深入研究,人们对其遗传规律已有较清楚的了解,因此目前玉米已被普遍用于遗传学实验研究。

3)实验材料

玉米白粒自交系与黄粒自交系杂交的杂种一代(F_1)的若干果穗标本、杂种二代(F_2)的若干果穗标本、杂种一代(F_1)与白粒亲本测交的若干果穗标本。

4)方法步骤

先观察 F_1,F_2果穗、测交果穗的标本在粒色上有什么不同。再仔细统计每一个 F_2果穗、测交果穗上黄色和白色籽粒的数目,将统计结果填入相应的表内。最好是将多个果穗的统计结果填入一个表中,这样统计的结果更接近理论值。

F_2代玉米果穗粒色统计表

果穗号	显性粒数	隐性粒数	显隐性比例
1			
2			
⋮			
合　计			

测交玉米果穗粒色统计表

果穗号	显性粒数	隐性粒数	显隐性比例
1			
2			
⋮			
合　计			

5）作业

（1）F_1，F_2果穗、测交果穗的粒色各有几种？为什么？

（2）计算统计表中的比例，实际比例和理论比例为什么有偏差？

实训3　园林植物遗传力的估计

1）实验目的

学习观察整理田间数据，掌握对园艺植物遗传力估计的基本方法。

2）实验材料

百日草的重瓣类型（P_1）、单瓣类型（P_2）及它们杂种二代（F_2）的群体。

3）方法步骤

（1）统计（至少10朵）全重瓣类型（P_1）每朵花的花瓣数量。

（2）统计（至少10朵）全单瓣类型（P_2）每朵花的花瓣数量。

（3）统计（至少100朵）F_2群体每朵花的花瓣数，其中重瓣类型取花瓣数量最多者10朵；单瓣类型取花瓣数量最少者10朵。

（4）统计出花瓣数频率分布图，并计算遗传力。

（5）观察是否有其他性状与重瓣性相关。

$$H_B^2 = \frac{V_{F_2} - \frac{1}{2}(V_{P_1} + V_{P_2})}{V_{F_2}} \times 100\%$$

4）作业

每人数10朵花，然后填入下表，全班汇总，计算遗传力。

花瓣数分组	划　　记			平均数（$\overline{X}$）			方差（V）		
	P_1	P_2	F_2	P_1	P_2	F_2	P_1	P_2	F_2
0～10	…			…			…		
10～20									
20～30									
30～40									
⋮									

实训 4　园林植物种质资源的调查

1）实验目的

了解园林植物种质资源调查的意义,掌握园林植物种质资源调查方法。

2）实验材料、用具

（1）实验材料　选择本地区主要栽培的园林植物,包括草本、花灌木、乔木等。

（2）实验用具　简单测量用具、标本夹、种子袋、照相机、有关工具书等。

3）方法步骤

（1）选择本地区主要栽培的园林植物 1~3 种,分别进行其野生种和栽培种在当地的分布、分类、生长、应用、研究等状况的调查。

（2）调查本地区种质资源的发展趋势。

4）作业

每组完成 1 份被调查植物的种质资源情况报告。

实训 5　园林植物引种因素分析

1）实验目的

观察影响园林植物引种成败的因素,学会分析寻找限制性因子及可能的解决途径。

2）实验材料、用具

（1）实验材料　引种植物的有关资料、标本、图片、引种地的环境资料。

（2）实验用具　计算器、计算机及相关的软件、照相机、有关工具书、表格纸等。

3）方法步骤

（1）收集引种植物的生物学、生态学等资料,收集引种地的环境资料,分析限制因子。

（2）调查同类植物的引种状况,比较分析该植物的引种前景和发展趋势,制订引种方案。

4）作业

每人完成一种园林植物的引种分析报告。

实训 6　单株选择

1）实验目的

通过单株选择的实际操作,使学生掌握单株选择法的技能。

2）实验材料、用具

（1）实验材料　自花授粉园林植物的种子。如凤仙花、一串红、香豌豆、金鱼草、鸡冠花等。试验地,包括原始材料圃、株行试验圃、品系鉴定圃、品种比较鉴定圃。

（2）实验用具　挂牌、种子袋、铅笔、放大镜、游标卡尺、记录本、卷尺等。

3）方法步骤

（1）播种　在原始材料圃整地作畦,采用条播或撒播的方式播种,然后进行田间管理。

（2）选择优良单株　根据育种目标,选择综合性状优良、具有个别突出优点的单株或单个花序。选择一般不在田边选,要在田中间选。选择要贯穿于整个生长季节,如苗期、开花初期、开花盛期、开花末期及生长后期等都要进行多次选择,而且还要抓住性状表现最关键的时期。发现符合标准的,就要及时在植株上做好标记,一般是挂牌标记,牌子上注明其主要特点。每次可选十几株,种子成熟后,入选单株(单个花序)分别采收,分别保存并编号。

（3）株行试验　将入选单株的种子分别种成株行(即每个单株的种子种成 1 行或多行,一般行长 5～10 m),采用顺序排列,原品种作为对照。在各个生育期进行观察鉴定,严格选优。入选株行各成一个品系,参加品系鉴定试验。

（4）品系鉴定试验　将入选各品系种成小区,小区面积 5～10 m²,并设置两次重复(品系多的可不设重复)和对照,生育期间认真观察,凡比对照表现好、性状整齐一致、基本符合育种目标要求的品系,均可入选,种子成熟时,分别采收。

（5）品种鉴定试验　将品系鉴定试验中入选的品系,采取随机区组设计,小区面积 10～20 m²,3 次重复,每重复内设一对照,用统一的标准及时准确地对各品系和对照进行比较、鉴定,从中选出最优良的品种。

4）作业

学生以组为单位,进行单株选择试验,并总结选育的全过程,写出实验报告。

实训 7　混合选择法

1）实验目的

通过混合选择的实际操作,使学生掌握混合选择法的技能。

2）实验材料、用具

（1）实验材料　凤仙花、金鱼草、三色堇、鸡冠花、虞美人等植物的种子,试验地,包括原始材料圃、品种比较鉴定圃。

（2）实验用具　挂牌、种子袋、铅笔、放大镜、游标卡尺、记录本、卷尺等。

3）方法步骤

（1）播种　在原始材料圃整地作畦,采用条播或撒播的方式播种,然后进行田间管理。

（2）选择优良单株　在品种的群体中,根据育种目标,在各个生育期内进行选择,选择株型、花期、观赏特性等主要性状相似的优良单株或单花序。符合标准的挂牌标记,可选优良单株数十株,种子成熟后,混合采收种子。选择时应注意入选的单株必须具有本品种的典型性,做到纯中选优,否则品种纯度和性状的整齐性便会显著下降。

(3)混合播种,比较鉴定　将混合收获的优良单株的种子播种在混选区内,同时在相邻小区内种植标准品种(当地同类优良品种)及原始群体,进行比较鉴定,选出比原品种及标准品种表现优异的新品种。如一次选择未达到育种目标的要求,可重复(2)、(3)过程,直到选出符合要求的品种为止,即多次混合选择。

4)作业

学生以组为单位,进行混合选择试验,并总结选育的全过程,写出实验报告,并总结混合选择法与单株选择法有何不同。

实训 8　花粉的贮藏及花粉生活力的测定

1)实验目的

了解花粉的一般贮藏技术,掌握花粉生命力测定的方法。

2)实验说明

花粉在低温 0 ~ 2 ℃、干燥、黑暗等条件下代谢强度降低,花粉贮藏的原理就是创造代谢强度低的环境,以延长花粉的寿命。

鉴定花粉生命力的方法很多。一种是培养基法,在人工培养基上根据花粉萌发力来判断花粉生活力的高低;一种是染色法,其原理是活的花粉内有过氧化氢酶存在,它可以促进过氧化物(如 H_2O_2)放氧分解,这些刚被放出的活性氧很容易使还原剂氧化。在本实验中所用的无色联苯胺、α-萘乙酚都是还原剂,它们被氧化后就表现红色或玫瑰红色。如果花粉是活的,那么这个反应很快,则花粉被染成红色或玫瑰红色;如果花粉是死的,则这一反应迟迟不能进行,花粉也就保持原色。

3)实验材料、用具及药品

(1)实验材料　几种园林植物的花粉。如百合、牡丹、菊花、月季、凤仙花、紫茉莉等。

(2)实验用具及药品　干燥器、小指形管、脱脂棉或纱布、显微镜、冰箱、恒温箱、天平、培养皿、酒精灯、烧杯、量筒、凹型载玻片、脱脂棉、刀片、小镊子,葡萄糖、蔗糖、琼脂、联苯胺、碳酸钠、过氧化氢、α-萘乙酚等。

4)方法步骤

(1)贮藏花粉

①将采来的花粉进行干燥(晾干或放入盛有氯化钙的干燥器中初步干燥),一般以花粉不相互黏结为度。

②将干燥的花粉装在指形管中(不要太多,一般以 1/5 或更少为宜)。瓶口塞以纱布,瓶外贴以标签,注明种类、日期。

③指形管放入无水氯化钙控制的一定湿度的干燥器中,干燥器放于温度为 0 ~ 2 ℃的冰箱内。

（2）花粉生活力测定（培养发芽法）

①配置培养基　取 100 mL 蒸馏水,倒入烧杯中,并作液面标记,加热至沸,加 1 g 琼脂,使之溶化,然后再加入 5 g 蔗糖或葡萄糖和 0.01 g 硼酸。用玻棒不断搅拌,使之均匀。在加热溶解过程中,随时补充蒸发的水分。充分溶解后,将烧杯放在水浴锅内,以保持温度。此即为 5% 蔗糖（葡萄糖）培养基。用同样的方法可配制 10%,15%,20% 浓度的培养基。

②制片　用玻棒蘸少许培养基,趁热滴入凹型载玻片,稍凉凝固后,撒上少许花粉粒。注意要均匀,不可过多,否则,在显微镜下,不易分清数目。

③发芽　将制好的玻片放于培养皿,下面垫有脱脂棉,加入少量水分,以保持湿度。将培养皿盖好,置于恒温箱中,保持 20 ~ 26 ℃。

④观察　不同的植物种类,其花粉发芽所需的时间不同,发芽快的花粉,如牡丹的花粉一个小时后即可观察,而有些则经过几个、十几个或数十个小时才能观察到发芽的花粉。观察时,用普通的光学显微镜放大数百倍即可,然后统计发芽情况,不发芽者为无生活力的花粉。

培养基浓度/%	取 5 个视野统计花粉粒的发芽数总数（发芽数,总数）					统　计		发芽率/%
	1	2	3	4	5	发芽数	总数	
5								
10								
15								
20								

（3）花粉生活力测定（染色法）

①配制药液

a. 将 0.20 g 联苯胺溶于 100 mL 50% 乙醇中,盛入棕色瓶中,放暗处备用。

b. 将 0.15 g α-萘乙酚溶于 100 mL 乙醇中,盛入棕色瓶中,放暗处备用。

c. 将 0.25 g 碳酸钠溶于 100 mL 蒸馏水中,盛入白色瓶中备用。

d. 将以上 3 种溶液等量混合为“甲液”,盛入棕色瓶中,放暗处备用。

e. 将过氧化氢用蒸馏水稀释成 0.3% 溶液为“乙液”,随配随用。

②观察　取花粉少许洒入凹型载玻片,滴入“甲液”,片刻后,再滴入“乙液”,3 ~ 5 min 后在显微镜下观察。红色或玫瑰红色者为有生活力的花粉,不着色者为无生活力的花粉。

5）作业

（1）填写花粉生命力测定结果记载表,并计算花粉生活力。

（2）分析花粉发芽率高或低的原因。

实训 9　有性杂交技术

1）实验目的

通过对常见植物的采粉和授粉的练习,要求掌握几种常见园林植物的有性杂交技术,为以后进行育种工作提供实验手段。

2）实验材料、用具及药品

（1）实验材料 快开花的两性花园林植物。如百合、牡丹、菊花、紫茉莉、月季、凤仙花等。

（2）实验用具及药品 毛笔或海绵、细铁丝、标牌、镊子、放大镜、隔离袋、70%酒精、小瓶或培养皿、枝剪、喷粉器等。

3）方法步骤

请参考第10章有性杂交育种。

（1）选择亲本 根据育种目标和要求选定正确的杂交组合，然后选定生长健壮、无病虫害、品种纯正、雌雄蕊正常的植株做父本和母本。

（2）去雄 两性花植物在母本雄蕊成熟前要去雄，一般是在花蕾即将开放时进行。先去掉花冠，用小镊子或小剪刀将母本雄蕊去掉，注意不碰破花药，不损伤雌蕊。

（3）隔离 去雄后要用隔离袋进行隔离。为了防止留下空隙及保护表皮和纸袋，可在扎口处垫些旧棉花或旧布，纸袋的上口用线绳捆扎好。

（4）采集花粉 在父本的花蕾即将开放时采集花粉。先除去花冠，露出雄蕊，然后用小镊子取下花药，在室内铺上白纸，将花药自然晾干直至不相互粘结即可。如需花粉量较多，可将父本的花蕾摘下，到室内采集花粉。晾干后，放入小瓶或试管，贴上标签，注明父本名称，再置于1~5 ℃条件下贮藏备用。如果父母本同时开花，可直接取父本花药授粉。

（5）授粉 当雌蕊柱头发亮（如为裸子植物，则为雌球花鳞片张开，胚珠发亮）时，即进行授粉，对于授粉量或花粉量少的，可用毛笔或海绵球蘸取父本花粉，轻轻涂于柱头上；对于授粉量大的，授粉时用授粉器前端的针头刺入塑料布直到柱头，拔出针头后贴一小块白胶布，表示授粉一次。授粉后立即套袋。可在第二天、第三天再连续授粉1~2次，以保证授粉成功。授粉后挂牌，注明杂交组合、授粉日期、操作人姓名等。

（6）授粉后的管理 授粉后5~7 d要观察授粉情况。如果母本子房膨大，说明杂交成功，可将套袋去掉，以免影响种子的发育，并适时采种。

4）作业

完成两性花植物杂交操作全过程及注意事项的实验报告。

实训 10　园林植物多倍体的诱发

1）实验目的

了解人工诱导多倍体的原理，初步掌握用秋水仙碱诱导多倍体的一般方法。

2）实验说明

秋水仙碱的作用在于阻止分裂细胞中纺锤丝的形成，使已分裂的染色体不能分配到两个子细胞中去，从而形成一个染色体数加倍的细胞核，而对染色体的结构和复制无显著影响。若浓度合适，药剂在细胞中扩散后，不致发生严重的毒害，细胞经一定时期后仍可恢复常态，继续分裂，只是染色体数目加倍成多倍性细胞，并在此基础上进一步发育成多倍体植株。

3）实验材料、用具及药品

(1)实验材料　园林植物的种子、幼苗等。

(2)实验用具及药品　显微镜、烧杯、量筒、酒精灯、广口瓶、滤纸、培养皿、镊子、剪子、刀片、脱脂棉、载玻片、盖玻片、滴管等,秋水仙碱、蒸馏水等。

4）实验步骤

(1)秋水仙碱水溶液的配制　取秋水仙碱0.2 g,然后溶入100 mL 蒸馏水中,配成0.2%秋水仙碱溶液。同样方法配制0.3%、0.4%的秋水仙碱溶液,分别放于棕色瓶内保存。

(2)处理种子　将种子用清水浸泡一天或直接将干燥种子散放在铺有滤纸的培养皿中,一个培养皿作对照,用清水培养。将另外3个培养皿徐徐注入0.2%、0.3%、0.4%秋水仙碱溶液,然后置于培养箱中保持25 ℃左右催芽。种子萌发后,应继续处理24 h。在处理过程中,仍注意随时向药物处理的培养皿中添加清水,以保持药液原处理时的浓度。处理后,用清水冲洗种子上的残液,再播种。处理适度的种子比对照发芽稍慢,种芽胀大,从形态上可初步分出加倍是否成功。

(3)处理幼苗　将蘸有0.2% ~0.4%秋水仙碱溶液的棉球,置于生长点处,并且经常滴加清水保持药液浓度。处理24 ~48 h,处理后,将残存药液充分清洗,待幼苗进一步生长后,进行观察和鉴定。

(4)观察与鉴定　植株与二倍体相比,在体形上一般表现巨大性。多倍体植株不一定都很大,多半是茎粗、枝少、叶少、叶色深、叶片宽厚、表面粗糙,花、果等器官较大,花瓣较多,花色浓艳,种子较大,但种子数少。

常采用的鉴定方法是比较两者气孔的大小。将叶面表皮撕下一小块,在显微镜下观察,经加倍的多倍体,叶面气孔比二倍体大很多,从外部形态上观察,加倍后的植株比二倍体高大,叶片肥厚。在形态观察的基础上,可进一步进行染色体数目的检查,以确认是否加倍。

5）作业

(1)在处理和鉴定的整个阶段要认真观察,详细记载。

(2)实验报告要求写出全部实验过程的实验结果。

实训 11　良种繁育 1——种子繁殖植物(选做)

1）实验目的

掌握种子繁殖的园林植物良种繁育的方法及注意事项。

2）实验材料、用具

(1)实验材料　一、二年生草本园林植物的优良品种的种子,如凤仙花、金鱼草、三色堇、鸡冠花、虞美人、一串红、矮牵牛、石竹等植物的种子。

(2)实验用具　试验地、挂牌、种子袋、放大镜、游标卡尺、记录本、卷尺、相关农具等。

3）实训内容

参考第 13 章。

（1）播种、间苗或移栽、锄草、施肥、摘心、修剪、病虫害防治等栽培管理措施与一般栽培技术一样,确保植物健壮生长。

（2）防止机械混杂和生物学混杂,做好隔离,及时去杂去劣。

（3）种子采收要及时,做好种子贮藏。

4）作业

以组为单位进行,每人写出良种繁育的过程和注意事项。

实训 12   良种繁育 2——采穗圃的经营管理(选做)

1）实验目的

了解采穗圃的类别,掌握采穗圃管理的一般技术,调查比较不同类别采穗圃的特点。

2）实验材料、用具

（1）实验材料   根据当地的实际情况,选择不同类别采穗圃 2～3 处,树种可选杨、柳、月季、杜鹃等。

（2）实验用具   修枝剪、接刀、记录计算用具,测量工具,相关农具等。

3）实训内容

（1）定条、除蘖、采条。

（2）肥诊断与施肥,病虫害调查与防治。

（3）密度、树形、土壤状况等因素与产量的关系分析。

（4）效益分析与市场前景预测。

4）作业

每人完成 1～2 个内容的专题报告。

综合复习思考题

一、名词解释

1.单倍体　2.品种　3.回交　4.性状　5.基因工程　6.组合育种　7.不完全连锁　8.引种　9.测交　10.良种繁育　11.联会　12.转录　13.单体　14.无性系　15.芽变选种　16.杂种优势　17.基因突变　18.驯化　19.基因频率　20.三联体密码

二、选择

1.杂交育种中,亲本选配原则包括(　　　)。

　　A.双亲优点多,主要性状要突出,缺点少,优缺点互补

　　B.地理上相距较远或不同生态类型

　　C.一般配合力好

　　D.以上三项都是

2.易位与交换的不同在于(　　　)。

　　A.易位发生在同源染色体之间

　　B.易位发生在非同源染色体之间

　　C.易位的染色体片段转移可以是相互的

　　D.易位的染色体片段转移是单方面的

3.精核与极核结合,形成(　　　)。

　　A.二倍体的合子　　　B.三倍体的胚乳　　　C.将来的胚　　　D.双受精

4.无籽西瓜属于(　　　)。

　　A.单倍体　　　　　　B.二倍体　　　　　　C.三倍体　　　　　　D.同源四倍体

5.多数高等生物是(　　　)。

　　A.同源多倍体　　　　B.异源多倍体　　　　C.二倍体　　　　　　D.单倍体

6.同源染色体配对,出现联会现象是在(　　　)。

　　A.细线期　　　　　　B.偶线期　　　　　　C.粗线期　　　　　　D.双线期

7.细胞核中看不到染色体的结构,看到的只是染色质,这细胞处在(　　　)。

　　A.分裂前期　　　　　B.中期　　　　　　　C.后期　　　　　　　D.间期

8.非姐妹染色单体间出现交换一般是在(　　　)。

　　A.细线期　　　　　　B.偶线期　　　　　　C.粗线期　　　　　　D.双线期

9. 经减数分裂形成花粉粒的是(　　)。

  A. 孢原细胞   B. 小孢子母细胞   C. 大孢子母细胞   D. 极核

10. 关于减数分裂,错误的一句是(　　)。

  A. 是一种特殊的有丝分裂   B. 发生在性细胞形成过程中

  C. 分为两次连续的分裂   D. 保证了性细胞染色体数目与亲本一样

11. 发现连锁遗传现象的重要意义在于(　　)。

  A. 奠定和促进了分子遗传学的发展

  B. 推翻了混合遗传的观念

  C. 将遗传学研究与细胞学紧密结合了起来

  D. 发展了微生物遗传学和生化遗传学

12. 缺失可造成(　　)。

  A. 基因的剂量效应   B. 回复突变   C. 半不育现象   D. 假显性现象

13. 关于重复,错误的一句是(　　)。

  A. 指染色体多了自己的某一区段

  B. 可能在一条染色体上发生重复的同时,另一条染色体发生缺失

  C. 重复会造成假显性

  D. 重复往往具有位置效应和剂量效应

14. 遗传学上把具有显隐性差异的一对性状称为(　　)。

  A. 单位性状   B. 相对性状   C. 共显性   D. 完全显性

15. 基因间发生一次互换,产生的 4 个配子,互换的占(　　)。

  A. 100%   B. 75%   C. 50%   D. 25%

16. 人类的性别决定是(　　)。

  A. XY 型   B. XO 型   C. ZW 型   D. 染色体倍数性决定型

17. 假定红花亲本与白花亲本的 F_1 代全是红花,F_1 自交,产生的 F_2 为 3/4 红花,1/4 白花,则红花亲本为(　　)。

  A. 纯合隐性   B. 纯合显性   C. 杂合体   D. 不能确定

18. 假定 100 个孢母细胞中有 40 个发生了交换,则重组型配子占配子总数的(　　)。

  A. 40%   B. 50%   C. 20%   D. 80%

19. 在 F_2 群体中,既出现显性性状的个体,又出现隐性性状的个体,称为(　　)。

  A. 共显性   B. 相对性状   C. 性状杂合   D. 性状分离

20. 杂种一代与隐性亲本杂交,称为(　　)。

  A. 回交   B. 正交   C. 测交   D. 反交

三、填空

1. 月季的体细胞有 14 条染色体,写出下列各组织细胞中染色体的数目:叶_____、根_____、茎_____、花瓣_____、胚乳_____、卵细胞_____、精核_____。

2. 孟德尔对分离现象的解释是,在精细胞和卵细胞的形成中,成对的遗传因子_____,使得所产生的性细胞只有成对遗传因子中的_____。

3. 在判断某一植株是显性纯合体或杂合体时,可将其花粉与_____交配,其后代_____显性个体,则有把握判断该植株为显性纯合体。其后代_____显性个体,则有把握

判断该植株为显性杂合体。

4. (栽培菊×野菊)×栽培菊,这种杂交方式叫作_____。

5. _____是生物染色体的基本结构单位。

6. DNA分子的基本结构单位为核苷酸,核苷酸由五碳糖、_____、_____三部分组成。

7. RNA分子包含_____、_____、_____、_____四种碱基。

8. 秋水仙碱能抑制细胞分裂时_____的形成,使已正常分离的染色体不能拉向两极。

9. 不同品种间的杂交称为_____杂交。

10. 超低温保存种质资源是将植物材料放_____温度。

11. 防止生物学混杂可采取_____隔离和_____隔离。

12. 辐射后成活率为40%的剂量叫_____剂量。

13. 辐射育种的三个技术环节包括_____,_____,_____。

14. 花粉在_____、_____、_____的环境下有利于长期储藏。

15. 基因型方差与表型方差之比,叫_____遗传力;加性遗传效应方差与表现型方差之比叫_____遗传力。

16. 真核生物的细胞分裂主要包括_____分裂和_____分裂。

17. 在一个群体中,改变其遗传平衡的因素有基因突变、选择、_____、_____。

18. 考虑到细胞质遗传时,F_1代一般只表现_____本的性状。

19. _____科植物对辐射最敏感、_____科植物次之、_____科植物对辐射最迟钝。

20. 某DNA分子上有这样一段信息,5′—ACCGTA—3′,以此为模板转录的mRNA为_____。

21. 某DNA分子上有这样一段信息,5′—GCATCGA—3′,以此为模板转录的mRNA为_____,复制的另一个DNA分子链为_____。

22. 某百合品种根细胞中染色体数目为12条,则该百合叶肉细胞染色体数_____,种子中胚细胞的染色体数_____,胚乳细胞中染色体数_____。

23. 某性状在遗传中,子代性状总与母本相似,这种遗传现象叫_____遗传。

24. 某异源四倍体菊花品种,_____用种子繁殖。

25. 种子萌发过程中细胞分裂的主要类型是_____。

26. 植物雄性不育主要有核不育型和_____不育型。

27. 品种具有是_____性和_____性。

28. 品种是_____学和栽培学上的概念,在_____植物中不存在品种。

29. 染色体复制发生在细胞分裂的_____期。

30. 染色体结构变异有染色体倒位、_____、_____、_____4种类型。

31. 人工诱导培育多倍体植物品种,常采用的化学药剂为_____。

32. 在减数分裂过程中,同源染色体会发生_____现象。

33. 同源多倍体_____可以正常繁殖后代。

34. 由显性基因突变为隐性基因叫_____突变。

35. 细胞质中_____、_____、_____这些细胞器含有遗传物质。

36. 紫外线250～290纳米波段最具有诱变效果,因为该波段是_____的吸收波长。

37. 一般染色体的外部形态包括_____、_____、_____、_____、_____

和_____。

38. 一串红×兰花鼠尾草杂交,其中_____是父本。

39. 以_____组织进行培养可获得单倍体植株。

40. 一个卵母细胞经过减数分裂可形成_____个卵细胞,一个花粉母细胞经过减数分裂可形成_____个花粉粒。

四、判断

1. 引种植物的繁殖材料只能是种子。　　　　　　　　　　　　　　　　　(　　)
2. 数量性状的遗传是连续的。　　　　　　　　　　　　　　　　　　　(　　)
3. 杂种优势育种是"先杂后纯"。　　　　　　　　　　　　　　　　　　(　　)
4. 杂交育种的去雄是摘除父本的雄蕊。　　　　　　　　　　　　　　　(　　)
5. 用一定浓度的 GA(赤霉素)涂抹牡丹花蕾可促进开花。　　　　　　　(　　)
6. 短日照处理对日照敏感的秋菊可延后其开花。　　　　　　　　　　　(　　)
7. 芽变是发生在性细胞上的基因突变。　　　　　　　　　　　　　　　(　　)
8. 防止园林植物生物学混杂只能采用空间隔离。　　　　　　　　　　　(　　)
9. 一般来说植物自然分布区域越广适应性越强。　　　　　　　　　　　(　　)
10. 杂交育种是以基因型相同的品种结合形成杂种。　　　　　　　　　(　　)
11. 形态结构遗传内容一样的一对染色体是同源染色体。　　　　　　　(　　)
12. 交换发生在非姐妹染色体单体之间。　　　　　　　　　　　　　　(　　)
13. 核仁总是出现在染色体次缢痕的地方。　　　　　　　　　　　　　(　　)
14. 基因位于染色体上,所以连锁基因的交换与否完全由染色体的特征和基因之间的距离决定,其他内外因素对交换没有什么影响。　　　　　　　　　　　　　(　　)
15. 一种生物的连锁群数目总是同它的细胞染色体对数是一致的。　　　(　　)
16. 在双链 DNA 分子中如果 A 与 T 含量高则解链温度高。　　　　　　(　　)
17. 中心法则认为遗传信息不仅可以从 DNA 流向 RNA,而且也可以由 RNA 流向 DNA。
　　　　　　　　　　　　　　　　　　　　　　　　　　　　　　(　　)
18. 遗传使物种稳定,变异使物种进化,所以,遗传是绝对的,变异是相对的。(　　)
19. 一个 DNA 分子经过转录形成的 mRNA 分子的长度一般短于模板 DNA 分子的长度。
　　　　　　　　　　　　　　　　　　　　　　　　　　　　　　(　　)
20. 基因型为 DdEe 的个体在减数分裂中,有8%的性母细胞在 DE 之间发生交换,则产生的重组型配子 De 和 dE 的比例各占4%。　　　　　　　　　　　　　　(　　)

五、计算与分析

1. 对一串红进行杂交试验,求得子代花序长度的表现型方差为20,加性效应方差为15,试问该一串红花序的狭义遗传力是多少?

2. 花生种皮紫色(R)对红色(r)为显性,厚壳(T)对薄壳(t)为显性,R—r 和 T—t 是独立遗传的。指出杂交组合 TtRr × ttrr 的(1)亲本表现型,配子种类。(2)F₁ 的基因型种类和比例,表现型种类和比例。

3. 豌豆种皮圆粒(R)对皱粒(r)为显性,红花(T)对白花(t)为显性。R—r 和 T—t 是独立遗传的。指出杂交组合 TtRr × ttrr 的(1)亲本表现型,配子种类;(2)F₁ 的基因型种类和比例,表现型种类和比例。

4.豌豆种子圆粒基因 R,皱粒基因为 r,圆粒×皱粒的 F_1 全为圆粒,F_1 代自交,F_2 共有 800 株,其中圆粒 600 株,皱粒 200 株,试用基因型说明这一试验结果,并说明 R 基因与 r 基因的关系。

5.香豌豆红花基因 R,白花基因为 r,红花×白花的 F_1 全为粉花,F_1 带自交,F_2 共有 1 200 株,其中红花 300 株,粉花 600 株,白花 300 株,试用基因型说明这一试验结果,并说明 R 基因与 r 基因的关系。

6.小麦无芒基因 A 为显性,有芒基因 a 为隐性。写出下列各杂交组合中 F_1 的基因型和表现型;每一组合的 F_1 群体中,出现无芒或有芒个体的机会各为多少?

7.已知花生种皮的厚壳(B)对薄壳(b)为显性,基因型 BB,Bb 表现为厚壳,基因型 bb 表现为薄壳。随机抽取 10 000 个花生进行调查,发现表现为厚壳的有 8 400 株,表现为薄壳的为 1 600 株,试求 B、b 的基因频率及 BB、Bb、bb 三种基因型频率。

8.已知豌豆的红花(A)对白花(a)为显性,基因型 AA、Aa 表现为红花,基因型 aa 表现为白花。随机抽取 10 000 株豌豆苗进行调查,发现表现为红花的有 9 100 株,表现为白花的为 900 株,试求 A、a 的基因频率及 AA、Aa、aa 三种基因型频率。

9.已知豌豆的圆粒(R)对皱粒(r)为显性,基因型 RR、Rr 表现为圆粒,基因型 rr 表现为皱粒。随机抽取 10 000 株豌豆苗进行调查,发现表现为圆粒的有 8 400 株,表现为皱粒的为 1 600 株,试求 R、r 的基因频率及 RR、Rr、rr 三种基因型频率。

六、简答

1.数量性状和质量性状的主要区别有哪些?

2.怎样选择亲本?

3.怎样防止良种混杂退化?

4.选择育种方法有哪几种? 各有何优缺点?

5.芽变选种应注意些什么问题?

6.影响选择效果的因素有哪些?

7.种质资源保存的方法有哪些? 各在何种场合应用?

8.遗传力在花卉育种实践中有什么指导作用?

9.如何区分色素分布基因、易变基因、病毒造成的复色花?

10.彩斑植物有何利用价值?

七、综述

1.假如你是一名园林植物工作者,当你在开展一次野外考察时,发现了一种特异的园林木本植物,请从育种的角度谈谈你该怎么做。

2.在繁育粉红的香石竹品种过程中,发现植株生长得不整齐,且出现了白花的植株,运用育种知识说说该怎么办。

3.当你在开展两种亲缘关系较近的园林植物品种的繁育时,希望进一步挖掘其现有的潜力,创造出新的种质,请详细阐述怎样做比较合适。

复习思考题参考答案

综合复习思考题参考答案

参考文献

［1］王亚馥,戴灼华．遗传学［M］.北京:高等教育出版社,2001.

［2］王名全,等．北美树种在我国引种驯化的回顾与展望［J］.植物引种驯化集刊,1993,8:7-16.

［3］安田齐.花色的生理生物化学［M］.傅玉兰,译．北京:中国林业出版社,1989.

［4］蔡旭．植物遗传育种学［M］.北京:科学出版社,1988.

［5］陈俊愉,程绪珂．中国花经［M］.天津:天津科学技术出版社,1990.

［6］程金水．园林植物遗传育种学［M］.北京:中国林业出版社,2000.

［7］代色平,包满珠．矮牵牛育种研究进展［J］.生物学通报,2004,21(4):385-391.

［8］戴朝曦．遗传学［M］.北京:高等教育出版社,1998.

［9］戴思兰．园林植物遗传学［M］.北京:北京林业出版社,1993.

［10］丁巨波．染色体结构的变异［M］.北京:农业出版社,1991.

［11］方宗熙．普通遗传学［M］.5版.北京:科学出版社,1984.

［12］郭文明．生物遗传与变异［M］.北京:人民教育出版社,1981.

［13］黄欲泉,樊正忠,陈彩安．遗传学［M］.北京:高等教育出版社,1989.

［14］靳德明．现代生物学基础［M］.北京:高等教育出版社,2004.

［15］张学方,等．园林植物育种学［M］.哈尔滨:东北林业大学出版社,1990.

［16］李惟基．新编遗传学教程［M］.北京:中国农业大学出版社,2002.

［17］梁红．植物遗传与育种［M］.北京:高等教育出版社,2002.

［18］尹新彦,等．一串红的栽培管理与花期控制技术［J］.河北林业科技,2004,12(6):45.

［19］王贵余．作物杂种优势利用的制种途径［J］.中国林业,2002,8:25-26.

［20］张明菊．园林植物遗传育种［M］.北京:中国农业出版社,2001.

［21］张玉静．分子遗传学［M］.北京:科学出版社,2000.

［22］赵寿元,乔守怡．现代遗传学［M］.北京:高等教育出版社,2001.

［23］浙江农业大学．遗传学［M］.北京:中国农业出版社,1999.

［24］刘国瑞,等．遗传学三百题解［M］.北京:北京师范大学出版社,1984.

［25］刘宏涛．草本花卉栽培技术［M］.北京:金盾出版社,1999.

［26］何启谦．遗传育种学［M］.北京:中央广播电视大学出版社,2001.

［27］杨明琪．三色堇栽培与品种介绍［J］.中国花卉园艺,2002(8):2.

［28］朱军．遗传学［M］.北京:中国农业出版社,2005.

［29］孟繁静．花的分子生物学［M］．北京：中国农业出版社，2000．

［30］彭晓明．色彩斑斓矮牵牛［J］．中国花卉园艺，2003，4：28-29．

［31］沈德绪．园艺植物遗传学［M］．北京：中国农业出版社，1985．

［32］王海英，王洁琼．金盏菊栽培技术［J］．农业科技与信息，2004，3．

［33］包满珠．园林植物遗传育种［M］．北京：中国农业出版社，2004．

［34］徐晋麟，等．现代遗传学原理［M］．北京：科学出版社，2001．

［35］许智宏，刘春明．植物发育的分子机理［M］．北京：科学出版社，1998．

［36］杨业华．普通遗传学［M］．北京：高等教育出版社，2000．